教育部高等学校计算机类专业教学指导委员会–华为ICT产学合作项目

数据科学与大数据技术专业系列规划教材

**华为信息与网络
技术学院指定教材**

NoSQL
数据库原理

侯宾◎编著

U0268848

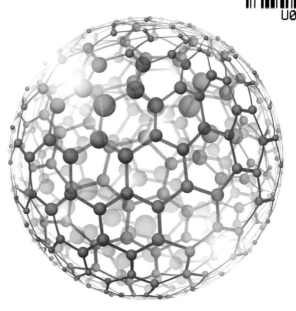

人 民 邮 电 出 版 社

北 京

图书在版编目（CIP）数据

NoSQL数据库原理 / 侯宾编著. -- 北京：人民邮电
出版社，2018.8（2022.6重印）
数据科学与大数据技术专业系列规划教材
ISBN 978-7-115-48306-5

Ⅰ. ①N… Ⅱ. ①侯… Ⅲ. ①数据库系统－教材
Ⅳ. ①TP311.138

中国版本图书馆CIP数据核字(2018)第169745号

内 容 提 要

本书对统称为 NoSQL 的分布式非关系型数据库原理和使用方法进行介绍。

第 1 章，首先介绍 NoSQL 数据库的起源背景和设计理念，以及相关技术概念。然后介绍大数据技术体系，以及 NoSQL 在该技术体系的地位和作用。

第 2 章，首先回顾关系型数据库的主要机制，然后介绍 NoSQL 数据库的常见技术原理，以及 NoSQL 的常见存储模式。

第 3 章，对 Hadoop 工具进行介绍，重点介绍 HDFS 的技术原理和基本使用方法。

第 4 章，介绍 HBase 的基本架构、基本使用方法和编程方法。

第 5 章，介绍 HBase 中核心技术原理，包括水平分区机制、数据写入机制、列族与合并机制等。对 HBase 中的高级管理方法、深入使用方法进行简要介绍，并对 HBase 的第三方插件与工具进行介绍。

第 6 章，介绍 Cassandra 的基本原理和使用方法。首先介绍 Amazon Dynamo 的相关原理，然后介绍 Cassandra 的安装配置与 CQL 语言。

第 7 章，介绍以 MongoDB 为代表的文档型数据库的原理和基本使用方法。

第 8 章，介绍其他一些知名的 NoSQL 数据库技术与工具。

本书帮助读者从理论和实践两方面深入理解 NoSQL 数据库的特点。在理论上，突出 NoSQL 数据库由于采用分布式架构和非关系型模式所产生的优势和限制；在实践上，给出命令行操作、Java 和 Python 语言编程等多种访问 NoSQL 数据库的示范方法。本书面向已经了解关系型数据库的原理和操作方式，且具有一定编程基础的读者。

◆ 编　著　侯　宾
责任编辑　刘　博
责任印制　彭志环

◆ 人民邮电出版社出版发行　　北京市丰台区成寿寺路 11 号
邮编　100164　　电子邮件　315@ptpress.com.cn
网址　http://www.ptpress.com.cn
三河市君旺印务有限公司印刷

◆ 开本：787×1092　1/16
印张：16.25　　　　　　　　2018 年 8 月第 1 版
字数：421 千字　　　　　　2022 年 6 月河北第 9 次印刷

定价：49.80 元

读者服务热线：(010)81055256　印装质量热线：(010)81055316
反盗版热线：(010)81055315
广告经营许可证：京东市监广登字 20170147 号

教育部高等学校计算机类专业教学指导委员会-华为ICT产学合作项目
数据科学与大数据技术专业系列规划教材

编 委 会

主　任　陈　钟　北京大学
副主任　杜小勇　中国人民大学
　　　　周傲英　华东师范大学
　　　　马殿富　北京航空航天大学
　　　　李战怀　西北工业大学
　　　　冯宝帅　华为技术有限公司
　　　　张立科　人民邮电出版社
秘书长　王　翔　华为技术有限公司
　　　　戴思俊　人民邮电出版社
委　员（按姓名拼音排序）

崔立真	山东大学	段立新	电子科技大学
高小鹏	北京航空航天大学	桂劲松	中南大学
侯　宾	北京邮电大学	黄　岚	吉林大学
林子雨	厦门大学	刘　博	人民邮电出版社
刘耀林	华为技术有限公司	乔亚男	西安交通大学
沈　刚	华中科技大学	石胜飞	哈尔滨工业大学
嵩　天	北京理工大学	唐　卓	湖南大学
汪　卫	复旦大学	王　伟	同济大学
王宏志	哈尔滨工业大学	王建民	清华大学
王兴伟	东北大学	薛志东	华中科技大学
印　鉴	中山大学	袁晓如	北京大学
张志峰	华为技术有限公司	赵卫东	复旦大学
邹北骥	中南大学	邹文波	人民邮电出版社

毫无疑问，我们正处在一个新时代。新一轮科技革命和产业变革正在加速推进，技术创新日益成为重塑经济发展模式和促进经济增长的重要驱动力量，而"大数据"无疑是第一核心推动力。

当前，发展大数据已经成为国家战略，大数据在引领经济社会发展中的新引擎作用更加突显。大数据重塑了传统产业的结构和形态，催生了众多的新产业、新业态、新模式，推动了共享经济的蓬勃发展，也给我们的衣食住行带来根本改变。同时，大数据是带动国家竞争力整体跃升和跨越式发展的巨大推动力，已成为全球科技和产业竞争的重要制高点。可以大胆预测，未来，大数据将会进一步激起全球科技和产业发展浪潮，进一步渗透到我们国计民生的各个领域，其发展扩张势不可挡。可以说，我们处在一个"大数据"时代。

大数据不仅仅是单一的技术发展领域和战略新兴产业，它还涉及科技、社会、伦理等诸多方面。发展大数据是一个复杂的系统工程，需要科技界、教育界和产业界等社会各界的广泛参与和通力合作，需要我们以更加开放的心态，以进步发展的理念，积极主动适应大数据时代所带来的深刻变革。总体而言，从全面协调可持续健康发展的角度，推动大数据发展需要注重以下五个方面的辩证统一和统筹兼顾。

一是要注重"长与短结合"。所谓"长"就是要目标长远，要注重制定大数据发展的顶层设计和中长期发展规划，明确发展方向和总体目标；所谓"短"就是要着眼当前，注重短期收益，从实处着手，快速起效，并形成效益反哺的良性循环。

二是要注重"快与慢结合"。所谓"快"就是要注重发挥新一代信息技术产业爆炸性增长的特点，发展大数据要时不我待，以实际应用需求为牵引加快推进，力争快速占领大数据技术和产业制高点；所谓"慢"就是防止急功近利，欲速而不达，要注重夯实大数据发展的基础，着重积累发展大数据基础理论与核心共性关键技术，培养行业领域发展中的大数据思维，潜心培育大数据专业人才。

三是要注重"高与低结合"。所谓"高"就是要打造大数据创新发展高地，要结合国家重大战略需求和国民经济主战场核心需求，部署高端大数据公共服务平台，组织开展国家级大数据重大示范工程，提升国民经济重点领域和标志性行业的大数据技术水平和应用能力；所谓"低"就是要坚持"润物细无声"，推进大数据在各行各业和民生领域的广泛应用，推进大数据发展的广度和深度。

四是要注重"内与外结合"。所谓"内"就是要向内深度挖掘和深入研究大数据作为一门学科领域的深刻技术内涵,构建和完善大数据发展的完整理论体系和技术支撑体系;所谓"外"就是要加强开放创新,由于大数据涉及众多学科领域和产业行业门类,也涉及国家、社会、个人等诸多问题,因此,需要推动国际国内科技界、产业界的深入合作和各级政府广泛参与,共同研究制定标准规范,推动大数据与人工智能、云计算、物联网、网络安全等信息技术领域的协同发展,促进数据科学与计算机科学、基础科学和各种应用科学的深度融合。

五是要注重"开与闭结合"。所谓"开"就是要坚持开放共享,要鼓励打破现有体制机制障碍,推动政府建立完善开放共享的大数据平台,加强科研机构、企业间技术交流和合作,推动大数据资源高效利用,打破数据壁垒,普惠数据服务,缩小数据鸿沟,破除数据孤岛;所谓"闭"就是要形成价值链生态闭环,充分发挥大数据发展中技术驱动与需求牵引的双引擎作用,积极运用市场机制,形成技术创新链、产业发展链和资金服务链协同发展的态势,构建大数据产业良性发展的闭环生态圈。

总之,推动大数据的创新发展,已经成为了新时代的新诉求。刚刚闭幕的党的十九大更是明确提出要推动大数据、人工智能等信息技术产业与实体经济深度融合,培育新增长点,为建设网络强国、数字中国、智慧社会形成新动能。这一指导思想为我们未来发展大数据技术和产业指明了前进方向,提供了根本遵循。

习近平总书记多次强调"人才是创新的根基""创新驱动实质上是人才驱动"。绘制大数据发展的宏伟蓝图迫切需要创新人才培养体制机制的支撑。因此,需要把高端人才队伍建设作为大数据技术和产业发展的重中之重,需要进一步完善大数据教育体系,加强人才储备和梯队建设,将以大数据为代表的新兴产业发展对人才的创新性、实践性需求渗透融入人才培养各个环节,加快形成我国大数据人才高地。

国家有关部门"与时俱进,因时施策"。近期,国务院办公厅正式印发《关于深化产教融合的若干意见》,推进人才和人力资源供给侧结构性改革,以适应创新驱动发展战略的新形势、新任务、新要求。教育部高等学校计算机类专业教学指导委员会、华为公司和人民邮电出版社组织编写的《教育部高等学校计算机类专业教学指导委员会-华为ICT产学合作项目——数据科学与大数据技术专业系列规划教材》的出版发行,就是落实国务院文件精神,深化教育供给侧结构性改革的积极探索和实践。它是国内第一套成专业课程体系规划的数据科学与大数据技术专业系列教材，作者均来自国内一流高校，且具有丰富的大数据教学、科研、实践经验。它的出版发行，对完善大数据人才培养体系，加强人才储备和梯队建设，推进贯通大数据理论、方法、技术、产品与应用等的复合型人才培养，完善大数据领域学科布局，推动大数据领域学科建设具有重要意义。同时，本次产教融合的成功经验，对其他学科领域的人才培养也具有重要的参考价值。

我们有理由相信，在国家战略指引下，在社会各界的广泛参与和推动下，我国的大数据技术和产业发展一定会有光明的未来。

是为序。

中国科学院院士　郑志明

2018 年 4 月 16 日

在 500 年前的大航海时代，哥伦布发现了新大陆，麦哲伦实现了环球航行，全球各大洲从此连接了起来，人类文明的进程得以推进。今天，在云计算、大数据、物联网、人工智能等新技术推动下，人类开启了智能时代。

面对这个以"万物感知、万物互联、万物智能"为特征的智能时代，"数字化转型"已是企业寻求突破和创新的必由之路，数字化带来的海量数据成为企业乃至整个社会最重要的核心资产。大数据已上升为国家战略，成为推动经济社会发展的新引擎，如何获取、存储、分析、应用这些大数据将是这个时代最热门的话题。

国家大数据战略和企业数字化转型成功的关键是培养多层次的大数据人才，然而，根据计世资讯的研究，2018 年中国大数据领域的人才缺口将超过 150 万人，人才短缺已成为制约产业发展的突出问题。

2018 年初，华为公司提出新的愿景与使命，即"把数字世界带入每个人、每个家庭、每个组织，构建万物互联的智能世界"，它承载了华为公司的历史使命和社会责任。华为企业 BG 将长期坚持"平台+生态"战略，协同生态伙伴，共同为行业客户打造云计算、大数据、物联网和传统 ICT 技术高度融合的数字化转型平台。

人才生态建设是支撑"平台+生态"战略的核心基石，是保持产业链活力和持续增长的根本，华为以 ICT 产业长期积累的技术、知识、经验和成功实践为基础，持续投入，构建 ICT 人才生态良性发展的使能平台，打造全球有影响力的 ICT 人才认证标准。面对未来人才的挑战，华为坚持与全球广大院校、伙伴加强合作，打造引领未来的 ICT 人才生态，助力行业数字化转型。

一套好的教材是人才培养的基础，也是教学质量的重要保障。本套教材的出版，是华为在大数据人才培养领域的重要举措，是华为集合产业与教育界的高端智力，全力奉献的结晶和成果。在此，让我对本套教材的各位作者表示由衷的感谢！此外，我们还要特别感谢教育部高等学校计算机类专业教学指导委员会副主任、北京大学陈钟教授以及秘书长、北京航空航天大学马殿富教授，没有你们的努力和推动，本套教材无法成型！

同学们、朋友们，翻过这篇序言，开启学习旅程，祝愿在大数据的海洋里，尽情展示你们的才华，实现你们的梦想！

华为公司董事、企业 BG 总裁　阎力大

2018 年 5 月

伴随着互联网的兴起，人们生产、收集数据的能力大大增强，也更加希望从数据中获得新价值。大数据业务不断出现，例如搜索引擎、推荐系统、位置服务与日志分析等。

传统的关系型数据库可能无法对这些新业务进行有效支撑。首先，关系型数据库的横向扩展能力较差，使之无法对不断增长的大数据进行有效管理；其次，关系型数据库的数据模型严格固定，使之对多源数据或复杂的数据类型的处理能力较差；最后，一些大数据业务对事务机制、一致性和完整性的要求较低，这使得关系型数据库的优势难以发挥作用，反而成为制约。

在这种背景下，多家互联网企业的技术团队不约而同地着手研发非关系型数据库，其核心理念是通过牺牲事务机制和强一致性保障机制，以获得更好的分布式部署能力和横向扩展能力；通过打破关系模型、创造新的数据模型，使其在特定大数据场景下，对特定业务数据的处理性能更佳。

随着新型数据库产品不断涌现，人们开始将一些流行的分布式、非关系型数据库统称为"NoSQL"，一般解释为"Not only SQL"。NoSQL 并非一个严谨的概念，它更像一个技术革新运动的口号，代表了一个趋势：大数据时代来临，我们必须为不同的业务场景选择更适合的技术工具，此时不再强调技术工具的全面，而是强调"取舍"。此外，NoSQL 并非是对关系型数据库或 SQL 语言的否定，而是对传统数据库的发展和补充。NoSQL 无法代替关系型数据库，就像关系型数据库也无法代替 NoSQL。

作为新生事物，NoSQL 在技术原理和使用方法上，都和传统数据库有所不同，而且，由于没有统一的标准，不同 NoSQL 产品之间的技术差别也非常大。这使得传统的数据库用户在产品选型和使用上无所适从，可能遇到以下问题。

第一，不理解不同 NoSQL 产品的设计理念和技术特点，因此难以进行产品选择。

第二，不理解分布式系统可能遇到的技术问题和解决方法，因此难以进行有效的部署、配置和优化。

第三，习惯使用 SQL 语句操作数据库，对新的数据库操作方法感到陌生。

针对这些问题，本书希望通过介绍 NoSQL 数据库的分布式架构、数据模型、数据管理策略等核心原理，使读者能够理解 NoSQL 数据库的特点，进而判断 NoSQL 的适用场景。通过介绍典型 NoSQL 数据库的部署方法、数据操作方法和编程访问方法，使读者学会在实际工作中初步运用这些工具。

本书的前两章介绍 NoSQL 基本原理，主要突出 NoSQL 数据库为进行分布式部署、实现高可用性、高效率和易用性等目标所采取的设计方法和功能取舍。

本书的后续章节分类介绍具体的 NoSQL 数据库，主要选择国内外较为流行的 HBase、Cassandra、MongoDB 和 Neo4j 等数据库进行讲解。

HBase 是一种经典的、基于列族的 NoSQL 数据库，一般会和著名大数据工具 Hadoop 共同部署、配合使用。由于 Hadoop 是大数据工具的一个事实标准，很多大数据工具都会保持和 Hadoop、HBase 的兼容性，这使得 HBase 的应用领域很广，构建各类解决方案的能力很强，在互联网、电信、电力、金融等行业均能看到其使用案例。

通过解读 HBase 的核心技术原理和使用方法，读者能够对 NoSQL 产生清晰的第一印象，也能够和其他 NoSQL 数据库进行对照学习。

Cassandra 也是一种基于列族的 NoSQL 数据库，其特点在于，一方面，采用了环形拓扑结构，避免了主节点单点失效问题；另一方面，提供了类似 SQL 的 CQL 语言。通过对 Cassandra 的学习，读者可以理解列族数据模型的优势和限制，理解这些特点和底层结构相关，和操作方法无关。

MongoDB 是一种基于文档模型的分布式 NoSQL 数据库，其特点在于可以利用单表存储复杂的数据结构，例如列的嵌套，而不必理会关系型数据库所要求的列原子性。此外，MongoDB 支持非常灵活的数据查询操作，且在大数据量的情况下，查询性能也很高。

Neo4j 是一个图数据库，其分布式部署能力较弱，但数据结构很有特色，适合存储节点和关系模型，例如社交网络上的关注关系、网页之间的链接关系等。

在内容侧重上，本书的覆盖面较大，介绍了多种软件的原理和部署、操作和编程方法。

在原理方面，本书尽可能介绍和 NoSQL 直接相关的、有特色的技术原理，并尽量用比较通俗的方式进行解释，避免对技术原理进行过于深入的分析。此外，本书给出了一些经典的技术论文，可供学习者做扩展阅读。

在部署方法上，本书主要介绍部署的核心步骤和基本方法，例如尽可能多地采用默认参数等，目的是突出分布式软件的部署需求和重点配置内容。详细步骤将通过配套实验等方式体现。

在使用方法上，本书主要介绍基本的库表操作、数据增删改查方法、数据批量操作方法等，并介绍不同软件所提供的特色功能。受篇幅所限，所介绍的方法在深度和覆盖面上均有所保留。

在编程方法上，本书提供 Java 和 Python 两种语言的示例。一般来说，通过 Java 编程可以实现更多功能和更高的效率；而 Python 语言更易使用，更容易进行功能验证，学习时可以根据需要进行取舍。为突出主题，本书并未对 Java 和 Python 的基础编程方法、开发环境以及如何导入依赖包等问题进行介绍。

考虑到篇幅和难度，本书对于进阶性内容涉及较少，这主要体现在以下几点，缺少分布式环境下的定制化部署、性能优化和运维管理等内容；缺少对多个大数据工具联合使用的方法和步骤的介绍；缺少对认证、授权等安全机制的配置方法介绍；缺少对高级编程方法的介绍等。这些问题要么涉及过多的基础、外延知识和操作步骤，要么所涉及的实践环境很难满足，或者和具体的商业化工具有关。

特别是考虑到一般情况下，实验环境可能有所限制，对于如何在分布式环境下进阶使用和维护 NoSQL 数据库等内容，本书介绍较少。

限于本人的能力和水平，以及写作时间仓促，书中必然存在错误、疏漏或欠妥之处。恳请各界读者批评指正，以便今后不断完善、改进！

编者

2018 年 3 月

目 录 CONTENTS

01

第1章　绪论

　　人类社会的进步离不开对信息数据的管理和使用。早期人们利用人工方式或文件方式来管理信息数据。20 世纪 60 年代，数据库以及数据库管理系统等概念相继出现，随后，关系型数据库出现并逐渐成熟，成为被最广泛应用的数据库管理系统。如今提到"数据库"这个名词时，很多情况就是默认指关系型数据库。

　　随着互联网、大数据等概念的兴起，关系型数据库也暴露出问题，例如，难以应对日益增多的海量数据，横向的分布式扩展能力比较弱等。因此，有人通过打破关系型数据库的模式，构建出非关系型数据库，其目的是为了构建一种结构简单、分布式、易扩展、效率高且使用方便的新型数据库系统，这就是所谓的NoSQL。如今 NoSQL 数据库在互联网、电信、金融等行业已经得到了广泛应用，和关系型数据库形成了一种技术上的互补关系。

　　为了更好地理解 NoSQL 的出现原因、基本特点和适用场景，本章首先从数据库和数据业务的相关概念进行介绍，进而对大数据的概念、现状和技术体系等方面进行讲解。

1.1 数据库的相关概念

数据库（Database，DB）一般指数据信息的集合，也可以看作按照数据结构来存储和组织信息数据的软件容器或仓库。数据库及其管理软件构成了数据库管理系统（Database Management System，DBMS），实现数据的管理和使用等功能。数据库管理系统及其运行的软硬件环境、操作人员乃至手册文档等内容，构成一个完整体系，称为数据库系统（Database System，DBS）。

在更多的场景中，"数据库系统"的概念，可以看作数据库管理系统的简称。而"数据库"的概念，既可代指数据库管理系统，也可以代指数据库管理系统下的信息数据集，甚至可以代指对数据库相关技术和研究领域的统称。

本书提到"关系型数据库"和"非关系型数据库"（NoSQL），实际都是数据库管理系统的具体形式，用来管理不同特点的数据，以及用来支撑不同的业务逻辑。而本书讨论的重点问题，就是非关系型数据库管理系统的原理和使用。

利用数据库可以构建各类应用——数据库应用系统（Database Application System，DBAS）就是指在数据库管理系统的支撑下建立的计算机应用系统。根据需求的不同，人们对数据的利用和处理方式可能各有不同，例如有些偏重数据查询，有些偏重数据处理，有些偏重通过探寻数据的规律对未来进行预测等，本节主要对数据库和数据应用中的基本概念和常见名词进行介绍。

1.1.1 关系型数据库管理系统

一般来说，数据库管理系统一般会提供数据的定义、操作、组织、存储和管理，以及数据库的通信、管理、控制和保护等功能，具体包括以下功能。

（1）数据定义：提供数据定义语言（Data Definition Language，DDL），用于建立、修改数据库的库、表结构或模式，将结构或模式信息存储在数据字典（Data Dictionary）之中。

（2）数据操作：提供数据操作语言（Data Manipulation Language，DML），用于增加（Create）、查询（Retrieve）、更新（Update）和删除（Delete）数据（合称 CRUD 操作）。

（3）数据的持久存储、组织和维护、管理：能够分类组织、存储和管理各种数据，可以实现数据的加载、转换、重构等工作；能够将大量数据进行持久化存储，能够监控数据库的性能。

（4）保护和控制：可以支持多用户对数据并发控制，支持数据库的完整性、安全性，支持从故障和错误中恢复数据。

（5）通信与交互接口：可以实现高效存取数据（例如查询和修改数据），可以实现数据库与其他软件、数据库的通信和互操作等功能。

历史上第一批商用的数据库管理系统诞生于 20 世纪 60 年代，这些系统一般基于层次模型或网状模型：例如 IBM 公司研发的、基于网状模型的信息管理系统（Information Management System，IMS）等。这些数据库系统的出现，改变了过去采用人工方式或文件方式管理数据的落后方式，提高了数据管理的效率，实现了更强大的数据访问方法，以及提供了细粒度的数据定义和操作方法，但这些数据模型需要使用者（通常是程序员）对数据格式具有深入的了解，且不支持高级语言，这使得数据操作的难度很大。

1970 年，IBM 公司圣何塞实验室的埃德加·弗兰克·科德（Edgar Frank Codd，1923-2003）发

表了名为"大型共享数据库的数据关系模型"（A Relational Model of Data for Large Shared Data Banks）的论文，首次提出数据库的关系模型。科德认为：在基于关系模型的数据库系统中，使用者不需要关心数据的存储结构，只需要通过简单的、非过程化的高级语言（例如 SQL 语句）就可以实现数据定义和操作，这样大大简化了数据操作的方法，提高了数据操作的效率。为了实现这一目的，数据的存储将独立于硬件，呈献给用户的则是被称为"关系"的、由行和列组成的二维表结构，如图 1-1 所示。

```
MariaDB [hive]> describe TBLS;
+-------------------+--------------+------+-----+---------+-------+
| Field             | Type         | Null | Key | Default | Extra |
+-------------------+--------------+------+-----+---------+-------+
| TBL_ID            | bigint(20)   | NO   | PRI | NULL    |       |
| CREATE_TIME       | int(11)      | NO   |     | NULL    |       |
| DB_ID             | bigint(20)   | YES  | MUL | NULL    |       |
| LAST_ACCESS_TIME  | int(11)      | NO   |     | NULL    |       |
| OWNER             | varchar(767) | YES  |     | NULL    |       |
| RETENTION         | int(11)      | NO   |     | NULL    |       |
| SD_ID             | bigint(20)   | YES  | MUL | NULL    |       |
| TBL_NAME          | varchar(128) | YES  | MUL | NULL    |       |
| TBL_TYPE          | varchar(128) | YES  |     | NULL    |       |
| VIEW_EXPANDED_TEXT| mediumtext   | YES  |     | NULL    |       |
| VIEW_ORIGINAL_TEXT| mediumtext   | YES  |     | NULL    |       |
+-------------------+--------------+------+-----+---------+-------+
11 rows in set (0.01 sec)
```

图 1-1　一个典型的关系型数据表结构描述

上述关系模型一般包括关系数据结构、数据关系操作和数据完整性约束三个基本组成部分。

（1）在关系数据结构中，实体和实体间联系都可以通过关系（即二维表）的方式来表示。我们可以通过实体关系模型（Entity-Relationship Model）来描述这些内容。

（2）在数据关系操作中，可以通过关系代数中的并、交、差、除、投影、选择、笛卡尔积等方式完成对数据集合（而不仅仅是单条记录）的操作。

（3）在数据完整性约束中，关系模型必须对实体完整性和参照完整性进行约束，数据库系统应当提供完整性的定义与检验机制，此外，用户还可以定义并检验与业务有关的完整性约束，这并非是强制要求。

建立在关系模型基础上的数据库管理系统，称之为关系型数据库管理系统（Relational Database Management System，RDBMS）。1976 年，第一个商用关系数据库系统问世。随后涌现出 Oracle 公司的 Oracle RDBMS、微软公司的 MS SQL Server、IBM 公司的 DB2，以及开源的 MySQL 数据库等诸多优秀的关系型数据库产品。

早期的网状和层次数据库被称为第一代数据库系统，关系型数据库则被称为第二代数据库系统。目前，关系型数据库的理论、相关技术和产品都趋于完善，但也仍在持续发展中，关系型数据库系统也是目前世界上应用最广泛的数据库系统，广泛应用在各行各业的信息系统当中。

除了提供数据库管理系统的一般功能，关系型数据库一般还会提供对事务（Transaction）的支持。事务是指一组数据操作必须作为一个整体来执行，这一组操作要么全部完成，要么全部取消。关系型数据库中的事务正确执行，需要满足原子性（Atomicity）、一致性（Consistency）、隔离性（Isolation）、持久性（Durability）四个特性，此外，关系型数据库需要提供事务的恢复、回滚、并发控制、死锁解决等问题。

1990 年，美国的高级 DBMS 功能委员会提出了"第三代数据库系统"的概念，希望以关系型数据库为基础，支持面向对象等特性，以及支持更多、更复杂的数据模型。第三代数据库系统没有统一的数据模型，存在多种技术路线和衍生产品，但从技术成熟度和产品影响力上都没达到关系型数据库的水平。

1.1.2　关系型数据库的瓶颈

随着各类互联网新业务的兴起，人们在工作和生活中利用信息数据的方式发生了很大改变。信息数据在互联网上产生之后，一般不会被删除或离线保存，而是会被在线使用和分享——例如我们可以查询到很久以前的新闻或微博，因而典型互联网业务的数据总量巨大，且保持持续增长。

2014 年有资料显示：一天之内互联网能够产生的内容可以刻 1.68 亿张 DVD，一天之内互联网能够发出 2940 亿封邮件，相当于美国邮政系统两年处理的纸质邮件数量。著名网站 Facebook，每天有超过 5 亿个状态更新，2.5 亿张以上的照片被上传……

通常情况下，关系型数据库应用系统可以通过不断升级硬件配置的方法，来提高其数据处理能力，这种升级方式称为纵向扩展（Scale up）。20 世纪 60 年代，英特尔公司的创始人戈登·摩尔（Gordon Moore）断言：当价格不变时，集成电路上可容纳的元器件的数目，每隔 18～24 个月会增加一倍，性能也会提升一倍。因此，升级硬件的方式可以使得关系型数据库的单机处理能力持续提升。但是近年来，随着摩尔定律逐步"失效"，计算机硬件更新的脚步放缓，计算机硬件的纵向扩展受到约束，难以应对互联网数据爆发式的增长。

有人提到："古时候，人们用牛来拉圆木，当一头牛拉不动时，他们不会去培育更大的牛，而是会采用更多的牛。"这种采用"更多的牛"的扩展方式称为横向扩展（Scale out），即采用多个计算机组成集群，共同对数据进行存储、组织、管理和处理。对于这个集群，应当有以下特征。

（1）能够对集群内的计算机及其计算存储资源进行统一的管理、调度和监控。

（2）能够在集群中对数据进行分散的存储和统一的管理。

（3）能够向集群指派任务，能够将任务并行化，使集群内的计算机可以分工协作、负载均衡。

（4）利用集群执行所需的数据查询和操作时，性能远超单独的高性能计算机。

（5）当集群中的少量计算机或局部网络出现故障时（类似某一头牛病了），集群性能虽略有降低，仍然可以保持功能的有效性，且数据不会丢失，即具有很强的分区容错性。

（6）可以用简单的方式部署集群、扩展集群（类似增加牛的数量），以及替换故障节点，即具有很强的伸缩性。

然而关系型数据库由于数据模型、完整性约束和事务的强一致性等特点，导致其难以实现高效率、易横向扩展的分布式部署架构，而关系模型、完整性约束和事务特性等在典型互联网业务中并不能体现出优势。例如：在管理海量的页面访问日志时，并不需要严格保障数据的实体完整性和引用完整性。

1.1.3　NoSQL 的特点

一些互联网公司着手研发（或改进）新型的、非关系型的数据库，这些数据库被统称为 NoSQL，常见的 NoSQL 数据库，包括 HBase、Cassandra 和 MongoDB 等。有些此类数据库及其模型早就存在，但是在互联网领域才获得了大的发展和关注度。

NoSQL 数据库并没有统一的模型，但通常都被认为是关系型数据库的简化，而非"第三代数据库"。NoSQL 数据库一般会弱化"关系"，即弱化模式或表结构、弱化完整性约束、弱化甚至取消事务机制等，其目的就是去掉关系模型的约束，以实现强大的分布式部署能力——一般包括分区容错性、伸缩性和访问效率（可用性）等。

和 Hadoop、Spark 等知名的大数据批处理不同，NoSQL 数据库一般提供数据的分布式存储、数据表的统一管理和维护，以及快速的分布式写入和简单查询能力等，一般不直接支持对数据进行复杂的查询和处理（例如关联查询、聚合查询等）。

在软件实现上，NoSQL 数据库通常具有两个特点。

一是流行的 NoSQL 软件很多诞生在互联网领域中，主要为满足互联网业务需求而生。这使得传统的电信、电力或金融等行业在利用 NoSQL 构建本行业的大数据应用时存在难度，一方面是由于技术人员可能对这些工具缺乏掌握；另一方面是由于这些软件工具在设计之初，并没有过多考虑传统行业中大数据业务的现状和需求。

二是知名的 NoSQL 软件一般是开源（Open Source）免费的，包括本书介绍的所有 NoSQL 数据库。这可以看作是强调开放和共享的"互联网精神"的体现。开源免费使得这些软件工具的使用成本大大降低，但也使得这些软件缺少商业化运作，缺乏完善的说明文档和技术服务，加之这些软件工具采用了新型的设计理念、数据结构和操作方法，使得这些软件工具的学习难度较高。此外，NoSQL 数据库的价值体现在利用分布式架构处理海量数据，而个人学习者难以构建分布式环境，也难以轻易获得海量的实验数据。

目前很多商业软件公司对原生的 NoSQL 软件进行了扩展、优化和企业级封装，并向传统行业和普通学习者进行推广。例如，整合多种大数据软件到一个平台，使之能够协同工作；构建易部署、易管理、易维护的大数据软件平台，使之满足大企业对 IT 服务规范化的需求，且简化管理难度；对原生大数据软件二次开发，使之支持 SQL 语句、事务机制等关系型数据库特性，以提高易用性，扩展应用范围；以及独立研发自己的 NoSQL 软件等。上述领域的知名公司和产品包括：华为公司的 FusionInsight，Cloudera 公司的 Cloudera Manager，以及受 Hortonwork 公司支持的开源软件 Ambari 等。

此外，很多公有云服务商也都提供了在线的 NoSQL 数据库（以及关系型数据库），用户可以在免安装、免维护的情况下使用这些数据库。例如：亚马逊的公有云服务 AWS 中，提供了名为 DynamoDB 的 NoSQL 数据库服务，阿里云、腾讯云等知名云服务商也均提供了在线的 Key-Value 数据库服务（NoSQL 数据库的一种）。

一家名为 db-engines 的网站通过采集知名搜索引擎、社交网络和招聘网站信息等方式，对全球数据库的流行度（popularity）进行评分和排名，如图 1-2 所示，位置靠前说明软件的流行度较高。

从 2017 年 9 月的排名来看，网站对 334 个数据库系统软件进行了评分，排名前 15 名中有 9 个关系型数据库（Database model 为 Relational DBMS），其中排前 4 位的均为关系型数据库。非关系型数据库则占 6 位，其 Database model 则有多种形式。

Rank			DBMS	Database Model	Score		
Sep 2017	Aug 2017	Sep 2016			Sep 2017	Aug 2017	Sep 2016
1.	1.	1.	Oracle ➕ 🛒	Relational DBMS	1359.09	-8.78	-66.47
2.	2.	2.	MySQL ➕ 🛒	Relational DBMS	1312.61	-27.69	-41.41
3.	3.	3.	Microsoft SQL Server ➕ 🛒	Relational DBMS	1212.54	-12.93	+0.99
4.	4.	4.	PostgreSQL ➕ 🛒	Relational DBMS	372.36	+2.60	+56.01
5.	5.	5.	MongoDB ➕ 🛒	Document store	332.73	+2.24	+16.74
6.	6.	6.	DB2 ➕	Relational DBMS	198.34	+0.87	+17.15
7.	7.	↑8.	Microsoft Access	Relational DBMS	128.81	+1.78	+5.50
8.	8.	↓7.	Cassandra ➕	Wide column store	126.20	-0.52	-4.29
9.	9.	↑10.	Redis ➕	Key-value store	120.41	-1.49	+12.61
10.	10.	↑11.	Elasticsearch ➕	Search engine	120.00	+2.35	+23.52
11.	11.	↓9.	SQLite	Relational DBMS	112.04	+1.19	+3.41
12.	12.	12.	Teradata	Relational DBMS	80.91	+1.67	+7.84
13.	13.	↑14.	Solr	Search engine	69.91	+2.95	+2.95
14.	14.	↓13.	SAP Adaptive Server	Relational DBMS	66.75	-0.16	-2.41
15.	15.	15.	HBase	Wide column store	64.34	+0.82	+6.53

334 systems in ranking, September 2017

图 1-2　db-engines 网站 2017 年 9 月的全球数据库流行度排名前 15 位

该排名无法作为"哪种数据库更优秀"的权威参考，但仍可以从一个侧面说明，关系型数据库仍是应用最广泛的数据库，而 NoSQL 数据库的应用范围也十分广泛，其类型和实现方式也是多种多样的。

事实上，NoSQL 数据库和关系型数据库是互补关系，在不限定场景的情况下，无法比较谁更强大。关系型数据库能够更好地保持数据的完整性和事务的一致性，以及支持对数据的复杂操作，在现实中拥有更普遍的适用领域。NoSQL 数据库做不到上述这些，但是可以更好地实现分布式环境下对数据的简单管理和查询，即在大数据业务领域具有更大价值。

最后需要说明的是，NoSQL 这个概念并不是一个严谨的分类或定义。在 20 世纪 90 年代，曾经有一款不以 SQL 作为查询语言的关系型数据库叫作 NoSQL，这显然和 NoSQL 当前的含义不同。之后在 2009 年的一个技术会议上，NoSQL 被再次提出，其目的是为"设计新型数据库"这一主题加上一个简短响亮的口号，使之更容易在社交网络上推广。

因此 NoSQL 更多的是代表一个趋势，而非对新型数据库进行严谨的分类和定义。有人将 NoSQL 解释为"No more SQL"或"Not Only SQL"等，但作为分类标准和定义来看，也都不严谨。

如果对公认被看作 NoSQL 的数据库系统特征进行归纳，可以得出 NoSQL 的一般特征包括：集群部署的、非关系型的、无模式的数据库，以及通常是开源软件等。

1.1.4　NewSQL 的概念

NoSQL 放弃了关系型数据库的很多特性，这使得传统的关系型数据库使用者感到不便，例如：NoSQL 难以实现在线的事务处理业务，NoSQL 数据库很多都不支持 SQL 语言，或者即便可以通过扩展组件来支持 SQL 语言，也只支持标准 SQL 语言的一个小的子集。因此有人提出结合关系型数据库和 NoSQL 数据库的优点，构建出新型的数据库形式，并称之为"NewSQL"。

NewSQL 一般被看作传统关系型数据库的延伸，是在关系型数据库系统的基础上通过吸收 NoSQL 的优点而形成。NewSQL 被描绘成既支持关系数据模型和强事务机制，也支持分布式并行结构（具有良好的伸缩性和容错性）的数据库形式，以及可以通过 SQL 语句进行查询等。目前，已经有很多企业宣布在进行 NewSQL 的设计、开发和使用，也有一些开源软件被发布出来，例如：TiDB 等。

从 NewSQL 的发展现状来看，有两个特点值得注意：一是 NewSQL 仍缺乏一个权威的定义，其归类也比较模糊，例如：一些文章会将某些内存数据库或者某些关系型数据库的扩展系统归类为 NewSQL；二是目前缺少知名度较高的 NewSQL 产品，这一点从 db-engines 网站的排名也可以看到。

从发展趋势上看，由于关系型数据库和 NoSQL 数据库总会存在"顾此失彼"的难题，因此 NewSQL 仍然是业界的一个不断探索与完善的重要方向，很多 NoSQL 数据库的设计者也在尝试提供对 SQL 语句的支持，以及对事务特性的部分支持。

1.1.5 NoSQL 的典型应用场景

NoSQL 可以在下面几种场景中应用。

（1）海量日志数据、业务数据或监控数据的管理和查询。例如，管理电商网站或 App 的用户访问记录、交易记录，采集并管理工业物联网中的数据采集与监视控制系统（Supervisory Control And Data Acquisition，SCADA）数据。这些数据一般会被持续采集，不断累积，因此数据量极大，可能无法通过单机管理。另外，这些数据结构简单，且缺乏规范，例如，从不同业务服务器或不同工业设备所采集的数据格式可能是不同的，这使得利用关系型模型描述数据变得困难。NoSQL 采用键值对、无模式的数据模型处理这类数据会简单一些。

（2）特殊的或复杂的数据模型的简化处理。例如，互联网中的网页和链接可以看作是点和线的关系，这样可以把互联网中网站和网页的关系抽象为有向图。NoSQL 数据库中有一类"图数据库"，专门对这种数据结构进行了优化。又比如，股票数据中有所谓的"F10"数据，即企业背景信息，该信息包含了相对静态的企业概况信息，也包含了动态的公告信息、股本结构变动信息等。这些背景信息的格式是不确定的、变化的，而且数据格式之间可能存在列的嵌套等情况。这种数据结构虽然也可以尝试用关系模型描述，但采用文档型数据库，则可能用一条记录就可以描述所有信息，并且支持记录结构的动态变化。

（3）作为数据仓库、数据挖掘系统或 OLAP 系统的后台数据支撑。

"数据仓库之父"比尔·恩门（Bill Inmon）提出，数据仓库是在企业管理和决策中面向主题的、集成的、与时间相关的、不可修改的数据集合。数据仓库可以从多个数据源收集经营数据（如系统日志、交易流水数据等），并且将数据进行预处理，如清洗、提取和转换等操作（ETL，Extract-Transform-Load），将数据转换为统一的模式。处理后的数据会根据决策的需求进行组织，形成面向主题的、集成化的、较稳定的数据集合，数据内容则反映了经营和业务的历史变化。

数据挖掘是从大量数据集中发现有用的新模式的过程。数据挖掘的核心技术之一是数据挖掘算法，例如决策树、逻辑回归、K 均值等。在大数据领域，数据挖掘也会考虑基于分布式计算引擎实现，例如著名的分布式计算框架 Apache Spark 中提供的 Mlib 模块，以及 Apache Hadoop 体系中的 Mahout 模块。

OLAP 是联机分析处理（On-Line Analytical Processing）。OLAP 可以看作是一种基于数据仓库系统的应用，一般面向决策人员和数据分析人员，针对特定的商务主题对海量数据进行查询和分析等。

与此相对的概念是联机事务处理（On-Line Transaction Processing，OLTP），即利用传统关系型数据库系统实现的、基于事务的业务系统。

NoSQL 通常没有 ETL、汇聚和数据挖掘等功能，也不包含数据挖掘引擎，需要将 NoSQL 与 MapReduce、Spark 等分布式处理框架结合使用。大部分数据预处理和数据挖掘工具也支持从多种 NoSQL 数据库中读取数据。特别是 NoSQL 数据库可能已经实现数据在多个节点上的均匀存储，这使得并行数据挖掘也变得相对容易。

如果采用 NoSQL 构建 OLAP 业务，虽然可以通过分布式部署支持很大的数据量，但其高级查询分析能力可能不足。也就是说，NoSQL 可以构建 OLAP 业务的部分模块，但实现完整的业务系统，需要结合其他技术实现。如果采用 NoSQL 构建 OLTP 业务，由于缺乏事务机制，可能只能实现较简单的业务操作，或者实现部分业务。

1.2 大数据的技术体系

大数据（Big Data）是以容量大、类型多、存取速度快、应用价值高为主要特征的数据集合，正快速发展为对数量巨大、来源分散、格式多样的数据进行采集、存储和关联分析，从中发现新知识、创造新价值、提升新能力的新一代信息技术和服务业态。（《促进大数据发展行动纲要》）

1980 年，美国作家阿尔文·托夫勒所著的《第三次浪潮》（*The Third Wave*）中预测了信息爆炸所产生的社会变革，并称之为"第三次浪潮的华彩乐章"。在 20 世纪 90 年代开始，数据仓库之父比尔·恩门（Bill Inman）以及 SGI 公司的首席科学家约翰·马什（John R Mashey），都开始使用大数据这个名词。

2006 年 8 月，谷歌公司提出了"云计算"（cloud computing）的概念，但含义既涵盖了现在的云的概念，如亚马逊的 EC2、S3 等云服务内容，也包含了现在大数据的内容，如 Hadoop 系统、MapReduce 架构等。大约在 2011 年以后，大数据的概念逐渐升温，大数据和云计算成为两个截然不同的名词，其内涵也逐渐固定下来——云计算强调通过网络和租用方式使用 IT 资源，大数据则强调对数据内容进行价值挖掘。

目前，大数据并没有一个统一的定义，大数据这个名词和 NoSQL 有类似之处，即都属于很好听、易炒作的名词，因此虽然流传广泛，但并不够严谨。随着时代的发展，热点名词可能会发生演变，例如 NoSQL 演变出 NewSQL、大数据演变出数据科学等概念，但名词之中包含的共性特点及发展趋势是较稳定的。和 NoSQL 一样，我们对大数据这一名词，也需要从其特征归纳、历史和发展趋势进行理解。

目前大数据已经获得全球政府和各行各业的广泛关注。美国在 2012 年发布的《大数据研究和发展计划》中，旨在提高从大型复杂数据集中进行价值挖掘的能力。欧盟、英国、日韩等也相继发布了自己的大数据战略规划。

2015 年 5 月，我国首次明确对大数据产业进行规划，同年 9 月，国务院则印发了《促进大数据发展行动纲要》，指明我国大数据发展的主要任务是：加快政府数据开放共享，推动资源整合，提升治理能力；推动产业创新发展，培育新兴业态，助力经济转型；强化安全保障，提高管理水平，促进健康发展。

在互联网行业和传统工商业，到处都能看到大数据的蓬勃发展和成功案例，无论是商业精准营销、城市的电力消耗预测、基因组测序研究还是公路拥堵分析等场景中，都可以看到大数据发挥的作用。"用数据说话"的理念也在深入各行各业，通过数据来证明结论、支持决策可以带来更低的创新成本，提高决策的可信度和管理的精细度。

在技术上，大数据业务需要完成数据采集、数据的存储和管理、数据查询、数据处理、数据分析和可视化展示等一系列基本环节。由于容量大、持续增长等原因，大数据业务系统一般会基于分布式系统构建，考虑到分布式系统可能存在的节点、网络故障，以及可能产生的传输瓶颈等问题，分布式系统的建设难度远大于单机系统。此外，还要考虑大数据安全与隐私保护，以及大数据交易与计费等扩展问题。

1.2.1　大数据的特征

大数据并非单指很多的数据（很多的数据可以用"海量数据"一词来描述），也没有明确的分类方法指出大于某个阈值的数据量可以称为大数据。目前公认的大数据具有四个特征，即 IBM 总结的"4V"。

（1）大容量（Volume）：数据总量大，新兴的互联网业务，如：社交网络、电商等都是会对大量数据进行使用的业务场景，而传统的天文探测、基因研究等也是会对大容量数据进行处理的应用。人们一般认为，大数据业务所涉及的数据量可以达到几百 GB，甚至 TB（1024GB）和 PB（1024TB）等级。

（2）多样化（Variety）：即大数据业务可能需要对多种数据类型进行处理，这些数据可能来自于多个业务系统，数据格式有所不同，或者是不同领域的数据，例如当我们搜索附近的评价好的餐厅时，提供服务的网站既需要处理位置数据也需要处理评分数据，以实现根据地理位置和用户评价的综合排序。此外多样性表示大数据业务可以对半结构化（例如日志）和非结构化数据进行处理（例如照片和视频等）。

（3）高速率（Velocity）：数据增长快且数据持续增长。常见的大数据业务领域，如互联网、电信、金融等，都会持续进行业务处理和交易，期间会持续产生大量的业务数据，陆续被采集到大数据系统中，这个过程不一定是实时的，但大多是持续的。大数据业务还需要根据业务需求及时更新、处理数据，例如搜索引擎，需要持续地采集网页数据，不断进行数据分析和处理，并且要在几毫秒内对数据索引进行扫描，向用户反馈结果。

（4）有价值（Value）：对大数据进行查询、统计、挖掘会产生很高的价值，但大数据通常被认为价值密度较低，即挖掘价值的过程较为困难。例如雅虎网站为了实现"搜索助手"功能（即在用户键入搜索词时，提示可能的搜索短语），需要对三年以上的搜索记录进行处理，且处理过程借助 Hadoop 系统实现分布式处理，并且需要对结果进行多次迭代运算，可见其处理过程的复杂性。但完成该功能可以使用户的搜索体验变得更好，价值也是明显的，如图 1-3 所示。

在上述特性之外，有人还提出大数据应具有数据全在线（Online）的特性，即全部的数据都处在可以被使用的状态，而非离线备份的状态。因为数据本身并不能产生价值，对数据的使用和分析才能产生价值，显然离线数据并不能被很好地利用。

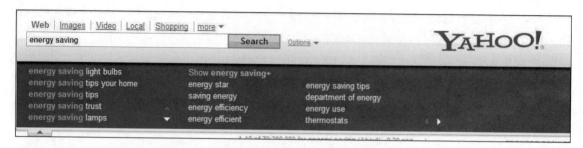

图 1-3 雅虎网站的搜索助手功能

数据全在线特性还可以衍生出大数据的"全集数据"特性，即大数据强调使用全部数据而非局部的、抽样的数据。在传统的统计学中，采用正确的抽样手段，可以在减少处理数据量的同时，仍然获得精准的统计分析结果。但在某些情况下，抽样可能存在困难，比如：原始数据具有稀疏性，或由于选择了不适合的方法，导致抽样数据的随机性较差等。因此，在大数据技术逐渐成熟、成本逐渐降低之后，很多企业会选择使用全集数据来进行分析，例如谷歌公司曾根据用户的搜索记录预测流感趋势，考虑到其用户来自许多不同的城市和地区，采用全集数据才可以最大限度地保证预测的精准性。

此外，还有人将 4V 中的 Value 替换为 Veracity，即真实性，强调数据应该是真实的、高质量的，或者 Validity（有效的）、Visualization（可视化的），都可以看作大数据常见特性的一种描述。

需要注意的是，上述特性并非严格限定，只是对大数据常见特性的一般性归纳。

1.2.2 大数据的采集

大数据一般通过交易系统、互联网服务、物联网终端等进行积累，这些数据源一般是数量众多的、分散部署的且持续的。大数据采集的过程就是把原始数据加载到分布式的大数据管理系统的过程。

数据的采集一般可以分为在线采集和离线采集两种方式。

在线采集是指直接监视数据源的变化，以实时或准实时的方式将产生的新数据获取，并装载到大数据系统中。装载的过程可能是"推"模式，即数据源主动将数据写入系统，也可能是"拉"模式，即数据分发服务主动查看数据变化并获取数据。

离线采集是指定期将数据从数据源上传到大数据系统中的方式，这种方式对生产系统（即产生数据的系统）影响较小，实现难度较低，但难以实现对数据的实时分析。

对于大数据的采集，最典型的场景为物联网和互联网。

以智能电表的数据采集为例：某直辖市有约 600 万户家庭使用智能电表，单条记录的数据大小为 100B，采集频率为 96 次/天。从智能电表采集的数据量一天为 57.6GB（600 万×1 记录/次×96 次/天×100B），试想如果加上未来大量的智能家电、电动汽车与储能设备等上报的信息，其数据量可能达到 500GB/天，而一年的数据量可能达到数百 TB，如果该城市在智能电表的基础上，又实现水表、燃气表等的自动采集，则所需采集、存储和处理的数据量还将倍增。

互联网是更常见的大数据源头。网站、电商和电信运营商等均会产生大量的日志信息，例如记录用户访问页面的情况，或商品的浏览购买记录等，网站可以直接收集这些信息。如图 1-4 所示，百度的平均日页面访问量（Page View，PV）达到 20 亿量级。

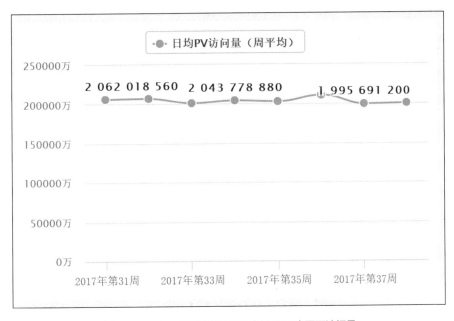

图 1-4　由 alexa 网站统计 2017 年 9 月百度页面访问量

1.2.3　大数据的存储

对海量数据进行存储，一般需要基于分布式架构，并支持通过网络方式访问。常见的外挂存储或网络存储方式有 DAS、NAS 和 SAN 等，如图 1-5 所示。

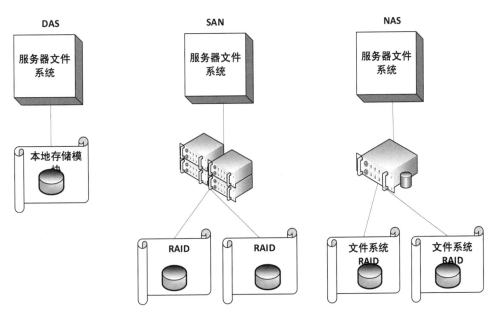

图 1-5　常见外部存储形式

DAS（Direct Attached Storage，直连式存储）：存储设备是通过电缆直接连到服务器。

NAS（Network Attached Storage，网络接入存储）：存储设备连接到网络中，通常是标准的 TCP/IP 网络。客户端通过网络文件存取协议（例如 NFS 等）存取数据。

SAN（Storage Attached Network，存储区域网络）：存储设备组成单独的网络，大多利用光纤连接。SAN 和 NAS 的主要差别在于，NAS 中的每台设备均独立维护自己的文件系统，而 SAN 中所有设备共享一套文件系统（元数据），每个设备只维护自身存储的数据块。

随着云计算概念的兴起，人们提出了"云存储"的概念，其核心思想是将存储作为服务提供出来，用户不再需要购买存储设备与管理软件，而是通过易用化的网络接口租用存储服务；用户不再需要对存储系统进行运维，而是付费让云存储服务商进行数据备份和系统维护。对于用户来说，云存储是易用的、可靠的、免维护的，并且是几乎无限的。对于云服务的提供者来说，云存储是大规模的、统一管理的、成本可控的。

从实现方式上说，基于云的存储服务有多种形式，以亚马逊的 AWS 云平台为例，云存储有以下常见类型。

（1）对象存储（Object-based Storage）：数据放入容器，客户端利用 Http 或 Restful 等应用层接口分别访问元数据和数据块。对象存储一般不会提供 POSIX 兼容的文件系统（例如：可以嵌套的目录结构）。

（2）文件存储：可以看作基于云模式实现的 NAS 服务，即可租用、免维护的网络文件系统服务。

（3）块存储（卷存储）：可以实现在云主机中挂载一个虚拟盘符的功能（例如将一个存储卷映射为 Windows 主机下的虚拟 D 盘），以及云主机镜像和快照存储等功能。

（4）键值对（Key-Value）存储：即在云平台上直接实现键值对形式的 NoSQL 数据库，免安装、免维护、用户可以直接使用。

（5）数据库存储：一般指在云平台上直接实现的关系型数据库。

（6）快照存储和镜像存储：对云平台上的虚拟机镜像和实例快照进行存储。一般基于块存储实现。

（7）消息队列存储：异步消息是分布式系统中的一种重要通信方式。消息的发送者一般会将消息发送到一个可靠的存储容器，并等待接收者收取该消息。此时要求存储容器是可靠的，消息不会丢失。

考虑到对大数据查询或处理时，如果将数据汇总到一处进行，显然是难以实现且效率低下的，因此在对大数据管理和使用时，通常会遵循"计算本地化"策略。所谓"计算本地化"，首先需要将数据存储在多个网络节点之上，各个节点既是存储节点也是处理节点，这和之前介绍的网络存储或云存储模式有所不同。

需要进行查询或处理时，将查询指令或处理数据所需的程序（通常不会很大，如几兆或几十兆字节大小）分发到各个节点，每个节点只处理或分析一部分数据，最好是本节点的数据。通过这种程序随数据移动的并行处理的方式，在较短时间内完成了处理任务。考虑到成本和易于部署等问题，节点可能会采用通用的 x86 架构服务器实现，如图 1-6 所示。

有些 NoSQL 系统会自行实现分布式存储，例如 MongoDB 系统；有些系统则会基于现成的分布式存储系统构建，例如 HBase 系统基于 HDFS 分布式文件系统构建，并将所有文件操作交给 HDFS，自身只负责数据库表的操作。

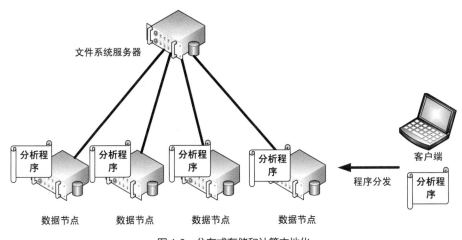

图 1-6　分布式存储和计算本地化

1.2.4　大数据的管理和使用

大数据的存储与管理实现了文件方式的大数据管理，但此时对数据的使用仍存在困难，因为无法直接看出数据结构和关系，即没有数据库表的概念。以网络日志类数据为例，原始数据可能是按行分割的超大文本文件，在进行分布式存储时，会将这些文件分块后进行分布式存储。这样的存储方式并不易于使用，因为用户不能直接看出每一行、列所表示的含义，也无法进行高效的数据查询和处理。

NoSQL 等工具会对大数据实现表格化管理、快速查询支持，以及提供数据库系统的集群的监控、扩展等维护管理功能。可以说 NoSQL 在大数据业务中的基本功能就是实现了分布式数据组织、管理和分布式数据查询。这主要通过两种方式实现。

第一是将日志等本身就是半结构化存储的大数据文件映射为表，即对文件进行纵向分割，对每个列定义其名称和属性，将这些名称属性作为元数据管理起来，这样就实现了对大数据文件的表格化管理。考虑到数据文件进行了分块存储，因此映射为表之后，也可以实现分布式查询。但此时通常难以实现快速的数据查询，查询可能需要遍历所有数据。

第二是要求数据按照自身所规定的格式进行存储，这里可能需要通过数据导入等方式将原始数据按照新的格式重新存储一遍。这种做法增加了数据写入的开销，但加快了特定情况下的数据检索能力。

除了数据查询，大数据还可能进行预处理、数据统计分析和数据挖掘等操作，这些操作一般也会在分布式环境下进行。

常见的数据预处理工具有 Apache Hadoop 的 MapReduce 模块、Apache Spark 等。常见的大数据挖掘和机器学习引擎有基于 Hadoop 的 Mahout、基于 Spark 的 Mlib、谷歌的 TensorFlow 等。

需要注意的是，NoSQL 数据库一般不提供大数据处理能力，只是作为数据源或目的配合其他大数据处理引擎使用。

1.2.5　数据可视化

大数据带动了"用数据说话"的理念，即利用数据来展示状态、证明结论和辅助决策等。利用文字描述数据结果，存在不够直观、不易解读等问题，利用适合的图表来展示结果，则显得直观、生动且重点鲜明。

良好的数据可视化方案既需要对数据和业务进行深入理解，也需要样式、色彩甚至动画等的良好设计。可视化从形式上可以大致分为统计图形和主题图两类。对于统计图形，主要通过柱状图、散点图等方式展示数据和指标，目前存在很多工具可以简化实现，例如常用的 MS Excel，Python 语言的扩展包 matplotlib，基于 JavaScript 的图表工具 Echarts 和 D3.js 等。对于主题图，则通过更加个性化的方式来展示数据态势和数据关系等。举一个简单的示例。

《中华人民共和国国民经济和社会发展第十三个五年规划纲要》（简称"十三五"规划）全文共有 64000 多个汉字，利用 Python 语言对其进行词频统计和分析，并利用图形展示分析结果，如图 1-7 所示。

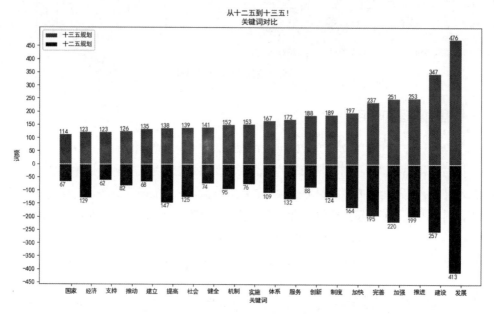

图 1-7 "十三五"规划中出现最频繁词语在"十二五"规划中出现的次数

对比图展示了"十三五"规划中出现最频繁词语在"十二五"规划中出现的次数，即展示了数据之间的关系。可以很直观地看出"创新"一词，在"十三五"规划中出现次数较多、词频排名靠前，但在"十二五"规划中则出现次数较少。

词云图则可以看作是一种主题图，展示的是数据的态势而非直观的数据结果。这种可视化方式可以增强数据结论的趣味性和冲击力，如图 1-8 所示。

图 1-8 "十三五"规划纲要词云图

1.2.6 大数据安全与治理

大数据背景下，数据的获取和分析都变得简单，更容易发生用户信息滥用和泄露等事件。因此需要对大数据的安全和隐私进行管理，这类研究起步较晚，还有一系列问题亟待解决。

常见问题如下所示。

（1）身份管理和访问控制

身份管理是指对用户身份（凭据）的管理和身份认证。访问控制是指按照用户的身份或属性来限制和管理用户对资源的访问权限。

大数据场景下，数据一般存储在集群环境中，且集群中的节点数量可能随数据量的增长而不断添加。此时既需要解决客户端访问集群时的认证授权问题，也需要解决集群之间各节点的认证授权问题，以防止攻击者冒充某个服务节点。

一些 NoSQL 数据库提供了基于用户名口令的认证与授权方式，实现客户端到服务器的认证授权。而 Hadoop 等大数据系统还提供基于 Kerberos 认证的身份管理和权限管理，一方面提供对客户端的身份认证，另一方面提供节点或组件之间的身份认证。

（2）大数据加密

大数据加密包含存储加密和传输加密两个方面。对于常规的数据存储加密，常见的策略是将加密的数据上传到存储平台，使用时下载到本地再解密。对于传输加密，不仅要解决加密算法的问题，同时也要解决秘钥传输和身份认证等一系列问题，但这些都可以通过成熟的 SSL、IPSec 等安全协议解决。

由于大数据体量庞大，对其进行加解密的开销也非常大，此外大数据的存储和使用经常是在同一平台上进行，较少被下载到本地，因此大数据的加密方案，必须从加密算法的效果、开销，以及加密策略的合理性等多个方面进行考量。在实际系统中，Hadoop 系统采用 SSL 协议和数据分块后进行透明加密等方式解决这些问题。

（3）隐私保护和准标识符保护

我国在 2013 年 6 月发布了《电信和互联网个人信息保护规定》，要求电信和互联网服务的提供者依规定保护个人隐私。该规定对云服务和大数据公开共享服务均有效。

由于大数据强调公开共享，以及对不同来源数据进行"跨界"分析，这和隐私保护产生了矛盾，因此数据拥有者一般会在公开共享数据之前进行数据脱敏。传统的数据脱敏方式可以将用户的姓名、身份证信息等敏感信息打乱或删减，但在大数据的场景下可能存在隐患，攻击者可能能够通过多份相关联的脱敏数据推测出某些个人信息。

对大数据隐私保护的研究中最为热门的是 k-匿名方法，这一技术要求公布后的数据中存在一定数量的不可区分的个体，使攻击者不能判别出隐私信息所属的具体个体，从而防止个人隐私的泄密，例如，将商品购买记录中的购买时间模糊到天或月，会使攻击者比对社交网络信息并推测关联的难度增大。这种保护隐私的手段是以降低数据的精确性、可用性和价值为代价的。

小结

本章介绍了数据库的相关概念，描述了 NoSQL、NewSQL 的起源和概念，以及 OLAP、OLTP、数据挖掘与数据仓库等相关概念，介绍了大数据的技术体系。随后从大数据的特征、采集、存储、管理和可视化与安全等方面，对面临的问题与主要技术进行了简单介绍。

思考题

1. 从发展趋势上看，NoSQL 是否可以取代关系型数据库？
2. 如何看待 NoSQL 数据库与 SQL 语言的关系？
3. NoSQL 和关系型数据库在设计目标上有何主要区别？
4. 请简要总结一下 NoSQL 数据库的技术特点。
5. 请结合网络资料，列举 10 个以上 NoSQL 数据库，并简单描述其基本特点。
6. NoSQL 数据库在大数据技术体系中的作用是什么？

02 第2章 NoSQL数据库的基本原理

　　本章介绍 NoSQL 数据库的重要机制和原理，以及 NoSQL 的常见模式。首先对关系型数据库进行介绍，以便在后续章节和 NoSQL 数据库进行对比，以此突出 NoSQL 的技术特点，并说明 NoSQL 和传统的关系型数据库不能相互替代，它们是针对不同场景的数据库管理工具。读者可以根据自身需要，对介绍关系型数据库原理的读物进行学习或复习，但这一部分不作为本章重点。

　　本章的重点问题在于对 NoSQL 数据库的数据模型、分布式部署机制、弱一致性原理、通信和事务机制等进行介绍，强调 NoSQL 为了实现分布式部署和数据多副本，以及高效的大数据管理，对数据查询的灵活性、事务和 ACID 机制等进行了妥协。在后续章节介绍具体 NoSQL 产品时，会将这些原理结合软件的具体实现方式进行说明。

　　NoSQL 的常见模式包括键值存储、文档式存储、列族存储以及图存储等。本章对这些模式进行了介绍，说明了这些模式和关系模型的差异，简述了各自的特点和适用场景，详细的分析将在后续章节结合具体软件说明。

2.1 关系型数据库的原理简述

本节对关系型数据库的技术特点进行"复习"。关系型数据库是理解 NoSQL 数据库原理的重要对照组。对照关系型数据库的技术特点和设计理念，可以更好地理解 NoSQL 在设计思路、使用方法和适用场景上的各种差异。在这个背景下，关系型数据库中需要关注的几个特点如下。

（1）关系模型。NoSQL 数据库一般不构建关系型数据库的面向行的二维表，这造成关系型数据库的应用设计方法也无法完全适用于 NoSLQ 数据库的应用设计。

（2）完整性和设计范式。大部分 NoSQL 数据库被称为面向聚合的数据库，或者无模式的数据库，因此对于完整性要求和常见的数据库设计范式，NoSQL 数据库并不会遵守。

（3）事务和 ACID。支持事务和所谓强一致性，是关系型数据库的重要特点，同时也是 NoSQL 的劣势。为了实现分布式部署和数据对副本，NoSQL 对事务和所谓强一致性进行了妥协，形成了适合自身的设计理念。

（4）分布式。关系型数据库虽然也可以进行分布式部署，但限制较多，无法提供和 NoSQL 一样大规模、易横向扩展的集群部署能力。

2.1.1 关系模型

数据模型是对现实世界的抽象。关系型数据模型中将现实世界定义为实体、属性和联系，主要存在如下抽象概念。

（1）实体（Entity）：指现实世界中的具体或抽象的事物。例如：一个学生、一名教师、一门课程。

（2）实体集（Entity Set）：一组具有相同特征的实体构成实体集。例如：全体学生、全体教师、全部课程。实体集可以分为强实体集和弱实体集。

（3）实体类型（Entity Type）：是具有共同要素的实体特征的集合。

（4）属性（Attribute）：指对实体的特性进行描述，例如学生的学号、班级、姓名等。属性一般要求具有原子性，即不可再分割。属性具有值域和数据类型两种特性。

（5）实体标识符：能够唯一标识一个实体的属性称为实体标识符，例如学生的学号，即数据库实现中的键（key）的概念。如果实体集中的全部标识符来源是独立的，则该实体集为强实体集，如果实体集中的部分标识符来自其他实体集（是其他实体集的属性），则该实体集为弱实体集。

（6）联系（Relation）：指实体之间的关系，以及实体内部属性之间的关系。

其中实体、属性和联系等概念与数据库中的表及行和列对应如下。

① 关系：即数据表的概念。

② 元组（Tuple）：可以看作实体属性的集合，即数据表中的一行。

③ 列：对应实体或联系的属性，具有原子性，列中的属性元素具有相同的类型和值域（Domain）。

在数据表设计中，需要确定所需的实体。实体是由若干固定的属性描述的，这些属性形成了数据表中列的概念。在使用数据表时，列需要提前设计好，列不可分割，属性具有原子性，列的类型和值域是固定的，即实体的属性特点是固定的、较少变化的。

此外，在关系型数据表设计中，一般认为实体集中所需的属性个数是有限的，且该实体集中的多数实体都具有这些属性值，即空值的情况是较少的。由于关系型数据库会为空值保留存储空间，因此较大数量的列数和较多的空值可能导致存储空间的浪费和数据库性能下降等问题，且有可能无法在数据表设计之初，确定所有所需的属性。

在常见的 NoSQL 数据库中，上述原则可能被打破，属性（列）的数量和格式是不固定的，甚至是无限的、无格式的。不需要在数据表设计之初就确定所有的属性，且数据库系统也不会为空值保留存储空间。

其次，实体之间具有较为固定的联系。联系可能是一对一、一对多或多对多等多种情况。联系可能是严格的，并存在自己的属性。联系的存在进而产生了数据依赖问题，或者说参照完整性问题，即一个数据表中的数据依赖于另一个数据表中的某个列。这种联系和依赖造成两个重要影响，一方面，关系型数据库会对完整性进行控制和约束，以保持其数据处于正确的状态，另一方面，用户可以在关系型数据库中使用联合查询，例如利用 SQL 语句中的 join 方法同时查询两个相关联表格的数据。

NoSQL 数据库中，通常会打破二维的"关系"，形成自己的数据结构。并且在 NoSQL 中，联系和依赖通常是弱化的，这意味着数据库的完整性检查较弱，同时联合查询功能较难实现。

2.1.2　关系型数据库的完整性约束

关系型数据库具有完整性约束机制，数据插入、修改或更新时会对数据进行检查，使数据库中的数据和联系保持一致性。

域完整性：指对列的值域、类型等进行约束。

实体完整性：实体集中的每个实体都具有唯一性标识，或者说数据表中的每个元组是可区分的，这意味着数据表中存在不能为空的主属性（即主键）。例如学生表中存在学号属性，可以唯一地标识一个学生实体，则学号属性就是学生表的主键。

参照完整性：表明表 1 中的一列 A 依赖于表 2 中被参照列的情况。例如成绩表（学号、课程号、成绩、学期）中，学号和课程号依赖于学生信息表（学号、姓名……）和课程信息表（课程号、课程名……）。

用户定义的完整性：是用户根据业务逻辑定义的完整性约束。例如，定义学生成绩不能小于 0 分或大于 100 分等。

关系型数据库会通过完整性约束机制，使得数据始终处于正确的状态。

由于 NoSQL 数据库的联系和依赖机制较弱，因此完整性约束机制也较弱，甚至在数据变动时不会进行完整性控制，但这些特性也为 NoSQL 带来更多的灵活性和高效率。

2.1.3　关系型数据库的事务机制

并发是指多个用户同时存取数据的操作。关系型数据库会对并发操作进行控制，防止用户在存取数据时破坏数据的完整性，造成数据错误。

事务（Transaction）机制是关系型数据库的重要机制。事务机制可以保障用户定义的一组操作序列作为一个不可分割的整体提交执行，这一组操作要么都执行，要么都不执行，当事务执行成功时，我们认为事务被整体"提交",则所有数据改变均被持久化保存,而当事务在执行中发生错误时,事务会进行"回滚",返回到事务尚未开始执行的状态。事务还可以被中止(Kill)或重启(Restart),以实现更有效的事务控制。

事务机制也是关系型数据库进行并发控制以及故障恢复的基本单元。

1. ACID 要求

ACID 是指关系型数据库事务机制中的 4 个基本属性,包括原子性(Atomicity)、一致性(Consistency)、隔离性(Isolation)和持久性(Durability)。

(1)原子性:整个事务中的所有操作,要么全部完成,要么全部不完成,不可以停滞在中间某个环节。事务在执行过程中发生错误,会被回滚(Rollback)到事务开始前的状态,就像这个事务从来没有执行过一样。

(2)一致性:事务在开始执行之前和全部完成或回滚之后,数据库的完整性约束没有被破坏,无论同时有多少并发事务或多少个串行事务接连发生。

(3)隔离性:多个执行相同功能的事务并发时,通过串行化等方式,使得在同一时间仅有一个请求用于同一数据,这会使得每个事务所看到的数据只是另一个事务的结果,而非另一个事物的中间结果。

(4)持久性:在事务完成以后,该事务对数据库所做的更改保存在数据库之中,不会被回滚,不会受到其他故障或操作的影响。

ACID 是关系型数据库事务控制机制的最重要特性,可以看作是一种强一致性要求,但强一致性在 NoSQL 数据库中则是重点弱化的机制。原因是当数据库保持强一致性时,很难保持良好的横向扩展性或系统可用性。

2. 并发控制和封锁机制

由于数据库应用可能是多用户的,当多个用户同时执行事务时,就产生了并发调度和并发控制等问题。并发调度指将多个事务串行化,并发控制则强调解决共享资源并发存取过程中产生的各类问题,问题如下。

丢失更新:如果两个事务对于读取同一数据进行修改,则后提交的修改可能覆盖前面提交的修改,使得前一个事务的修改提交丢失。

不可重复读或幻读:当第一个事务读取某个数据时,另一个事务对该数据进行了修改,使得第一个事务再次读取数据时,数据发生了变化,甚至数据条目也发生变化。

脏读:当第一个事务提交对数据的修改后,另一个事务读取了数据,此时第一个事务又因故撤回了修改,此时后一个事务所读取的数据和当前数据库状态不一致。

封锁是数据库中所采用的常见并发控制。封锁是一种软件机制,使得当某个事务访问某数据对象时,其他事务不能对该数据进行特定的访问。

基本封锁机制有共享锁和排他锁。

共享锁也称为读锁、S 锁(Share Locks)。若某个事务对数据对象加共享锁,则其他事务可以读取该对象,但不能进行修改。其他事务可以对该数据继续加 S 锁,但不能加 X 锁。

排他锁也称为写锁、X 锁(Exclusive Locks)。当某事务对数据对象加排他锁,则其他事务不能读取或修改该对象,也不能对该对象加入任何类型的锁。

从封锁的粒度角度来看，锁可能在数据库、表、页、行等多个级别。粒度小的锁可以提升并发性能，但系统的开销也更大。

从封锁的使用角度来看，还可以分为乐观锁和悲观锁。乐观锁依靠数据库而非程序来管理锁；悲观锁则需要程序直接管理锁。

在使用封锁的过程中，需要注意死锁问题。一种典型的死锁情况如下。

假设一个事务需要同时更新表 A 和表 B，为了保持事务原子性，需要同时获得两个表的访问权限，并对两个表封锁。但如果出现两个并发订单事务 1、2，如果事务 1 锁定了表 A，事务 2 锁定了表 B，则两个事务都无法获得足够的资源，并等待对方释放锁，这使得两个事务都无法继续进行下去，如图 2-1 所示。

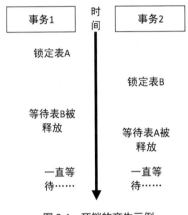

图 2-1　死锁的产生示例

预防死锁的方式如下。

（1）顺序法，即所有事务都必须按照相同的顺序对资源加锁等；

（2）超时法，即当一个事务加锁时间过长时就判断出现死锁；

（3）等待图法，即利用有向图的方式，将所有事务等待其他事务释放锁的关系表现出来，如果图中出现环路则判断出现死锁。

在使用锁定时，一般还需要约定封锁协议，例如如何加锁、如何释放等。例如：两阶段封锁（two-phase locking，2PL）是一个常见的封锁协议，它分为封锁和释放两个阶段，在封锁阶段不能释放任何锁，在释放阶段则不能再申请任何锁。

2.1.4　关系型数据库的分布式部署

常见的关系型数据库一般部署在单个主机上。如果出现性能瓶颈，则通过提升单机硬件性能等方式解决，例如更换主频更高的 CPU、加大内存和硬盘容量等。这种方式一般称为纵向扩展（Scale up）。这种方式在数据量超大的情况下很容易遇到瓶颈。

在"大数据"的场景下，以主机为基本单位的横向扩展显然是最方便的，即数据均匀分布在各主机上，各主机以通用（网络）接口等方式进行连接，当出现存储和处理瓶颈时，通过增加联网集群的主机数量提升性能。

但常见的关系型数据库产品不擅长进行横向扩展（Scale out），这主要和关系型数据库的数据模型、事务机制和具体的产品实现等有关。

关系型数据库常见的数据依赖检查、数据索引维护等，如果在数据分布在多个主机的情况下完成，需要向所有节点下达检查指令，并等待检查结束。在事务处理上，还需要保证数据的 ACID 机制，并且采用封锁来进行并发控制，同时防止死锁等情况发生。

此时，如果事务所涉及的数据分布在不同的主机上，则封锁（申请、释放、死锁判断等）、事务提交和回滚、预写日志等机制都需要通过网络来进行控制，当出现个别节点故障或网络丢包、延迟等情况时，可能造成较长时间的系统不可用（等待各个主机反馈事务状态），甚至整个集群瘫痪。

此外，关系型数据库支持各种灵活的联合索引机制。但是当数据表容量较大，且分布在多台主机时，联合查询的性能会受到很大影响，甚至不可接受。

因此，和常见的 NoSQL 数据库相比，关系型数据库的分布式实现总是受到较多限制。

一种常见的关系型数据库的分布部署方式称为读写分离机制。

读写分离机制会设置一个主服务器和多个从服务器。所有对数据库的修改都通过主服务器进行，因此写入时的完整性检查、锁和写事务的 ACID 保障等，都在主服务器进行。从服务器利用同步机制实时获取主服务器数据变化。从服务器通过分担主服务器读数据请求，来分担主服务器的压力。

这种读写分离机制也称为主从数据库机制，为了减少同步开销，一般会采用从主到从的单向同步机制，其关键问题是如何在主从之间保持数据一致。例如采用"发布订阅机制"，主服务器将数据更新发布到分发服务器，从服务器（集群）通过订阅方式获取感兴趣的数据更新。该机制的体系结构如图 2-2 所示。

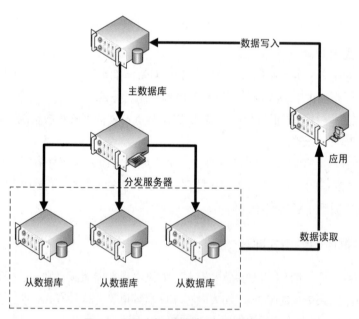

图 2-2　利用分发服务器实现主从数据同步

但无论采用何种同步方法，用户读取最新数据时，理论上总可能产生暂时的主从不一致情况。此外，数据同步过程会产生大量的数据读写开销。

除了读写分离机制，关系型数据库还可以通过分库和分表等方式，将大数据集分割成小的数据集（水平的按行分割或垂直的按列分割），并且将分割后的数据集分布在不同硬盘或主机上，实现有限度的负载均衡。

还有些解决方案是通过在关系型数据库上开发分布式中间件的方式实现，例如 MySQL Fabric 以及阿里巴巴的 Cobar 等。用户可以在不同主机上分别部署成熟的关系型数据库产品，中间件根据设计策略将数据分别部署在各个主机上，各主机上的关系型数据库只管理自身存储的数据，对全局情况并不了解。

中间件实现数据统一管理、数据定位、数据分片以及分布式故障恢复等功能，可见其复杂度甚至不亚于一个完整的 NoSQL 系统，这种解决方案也可以看作是关系型数据库和 NoSQL 思想的结合。水平分配的系统架构如图 2-3 所示。

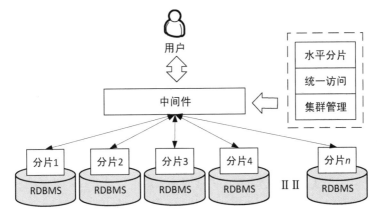

图 2-3　分布式中间件实现关系型数据库的分布式

2.2　分布式数据管理的特点

NoSQL 数据库主要面向传统关系型数据库难以支撑的大数据业务。这些业务数据一般存在如下特点。

（1）数据结构复杂。例如，对不同的业务服务器或工业设备进行实时数据采集，其数据结构、属性维度和单位等都可能存在差异。此时采用非关系型的数据描述方法，例如 XML、JSON 等可能会更加方便。此外，关系型数据库设计方法中的范式和完整性要求等，在 NoSQL 数据库设计中一般不会被遵循。

（2）数据量大，必须采用分布式系统而非单机系统支撑。此时 NoSQL 数据库需要解决以下问题。

① 如何将多个节点上的数据进行统一的管理。

② 如何尽可能将数据进行均匀的存储。

③ 如果增加节点或减少节点，如何使整个系统自适应。

④ 考虑到节点和网络可能发生错误，如何确保数据不丢失，查询结果没有缺失。

⑤ 如何尽可能提高数据管理能力和查询效率，如何尽可能提高系统的稳定性。

⑥ 如何提高系统的易用性，使用户在无需了解分布式技术细节的情况下，使用 NoSQL 数据库系统。

为解决上述问题，NoSQL 数据库通过降低系统的通用性，以及牺牲关系型数据库中的某些优势特点，如事务和强一致性等，以换取在分布式部署、横向扩展和高可用性等方面的优势。

本节从数据分片和数据多副本两个重要机制入手，解释分布式数据管理的技术特点与主要策略。

2.2.1　数据分片

为了处理大数据业务，NoSQL 数据库可能运行在分布式集群上，通过增加节点的数量实现分布式系统的横向扩展。目前常见的做法是利用廉价、通用的 x86 服务器或虚拟服务器作为节点，利用局域网和 TCP/IP 实现节点之间的互联，即集群一般不会跨数据中心、通过广域网连接（除非作为异地备份）。

将数据均匀分布到各个节点上，可以充分利用各个节点的处理能力、存储能力和吞吐能力，可以利用多个节点实现多副本容错等，但同时也会带来数据管理、消息通信、一致性，以及如何实现分布式事务等问题。

数据分布在多个节点上，当执行查询操作时，各个节点可以并行检索自身的数据，并将结果进行汇总。为了实现并行检索，需要解决两方面问题。

（1）数据被统一维护、分布存储。数据能够按照既定的规则分配存储到各个节点上。用户可能不知道整个集群的拓扑和存储状态，但由于数据是统一维护的，因此用户的查询可能这样被执行。

① 用户首先访问一个统一的元数据服务器或服务器集群，查找自己所需的数据在哪些节点上。用户或元数据服务器再通知相应节点进行本地扫描，Apache HBase 或 HDFS 分布式文件系统都采取了这种做法。

② 用户访问集群中的特定或任意节点，节点再向自身或其他节点问询数据的存储情况，如果所问询节点不知道相应的情况，则再利用迭代或递归等形式向别的节点询问，Cassandra 等 NoSQL 数据库采用了类似的机制。

（2）数据是均匀存储的，即数据平均分布在所有节点上，也可以根据节点性能进行调整。数据均匀存储有利于存储和查询时的负载均衡，但均匀性与存储策略、业务逻辑有很大关系。

假设一个存储集群中存在三台服务器，分别存储了北京、上海和广州三地的商品销售日志。如果用户查询"A 商品的销售情况"，那么三台服务器都会查询自身的数据，并将所有结果汇总到用户接口，此时的效率是比较高的。但如果用户查询"北京 A 商品的销售情况"，则只有存储北京数据的服务器开始执行，其他两台服务器不起作用，因为它们并没有存储相关的数据。

这种将数据"打散"，实现均匀分布的做法称为数据分片或数据分块，目的就是将大数据集切分成小的数据集，并均匀分布到多个节点上。数据分片需要从功能和策略两方面考虑。

在使用 NoSQL 数据库时，用户一般可以对分片大小、分片算法等策略进行配置。但分片功能一般是自动实现的，这包括：分片边界、存储位置等信息的维护；根据写入数据的特征，决定数据该归属哪一个分片，并将数据写入负责该分片的节点。此外，数据库系统还需要考虑当分片过大或系统扩展时，将分片进行进一步的切分等功能。

2.2.2　数据多副本

分布式集群可能经常存在两方面问题：局部网络故障和少量节点故障。局部网络故障有暂时的网络拥塞或者网络设备的损坏等；节点故障有节点的暂时故障或存储数据的永久损失等。

一方面，NoSQL 进行分布式部署时，集群规模可能达到上百或上千节点。假设每个节点的无故障概率是 99%，则在长期运行时，集群中出现故障节点的情况会经常出现。

另一方面，大数据领域的一些数据处理方法，会产生大量的网络数据传输，此时很有可能造成网络的拥塞，甚至造成某些节点暂时性的无法通信，使得该节点上数据处理的结果或中间结果丢失。

例如，分布式处理逻辑 MapReduce 的 Shuffle 过程，需要将 Map 阶段所有节点的数据分发到所有执行 Reduce 任务的节点上，假设有 n 个节点进行 Map 处理，m 个节点进行 Reduce 处理，则所谓 Shuffle 过程会产生 $n×m$ 个网络链接，而雅虎公司曾经在 3000 多个节点上执行 MapReduce 任务，Shuffle 过程的网络开销可想而知。

考虑到潜在支持的集群规模和数据规模，NoSQL 数据库一般会将出错看作是常态，而非异常，这就要求分布式的 NoSQL 数据库能够做到容错和故障恢复。

在容错方面，NoSQL 数据库通常会支持多副本，即将一个数据分片复制为多份，并复制到多个节点上，当少量节点故障或局部网络故障时，可以通过访问其他副本，使得数据仍保持完整，对数据的查询和数据处理任务能够正确返回所有结果。

如果将数据复制为多个副本，则产生两个问题。

（1）存储策略问题，即需要多少副本，如何存储这些副本。传统应用可能采用 Raid1（磁盘镜像）或 Raid5（采用 N+1 备份的方式）进行数据容错，但这些机制都运行在单机上，只能应对磁盘错误，无法应对系统故障或网络故障。NoSQL 等大规模分布式系统一般不会或不仅采用这种单机容错机制，而是将数据跨节点备份。在复制份数上，一般会采用可调整的数据副本策略，即支持用户根据业务需求调整副本数量，但系统一般会给出一个默认数量或推荐副本数量。

举例来说，在 HDFS 分布式文件系统中，默认采用三个副本。在存储策略上，采用一种叫机架感知的策略，将数据存储在本地（即数据第一次被写入的节点）、本机架的另一个节点，以及另一个机架上的节点。有关这种机制的详细内容将在下一章做介绍。

（2）如何实现多个副本的复制，如何保持多个副本的内容相同。当追加数据时，一般会先将数据写入一个副本，并将该数据复制足够的副本数，当修改数据时，也会先修改一个副本，再将修改同步到所有副本，使得所有副本的状态保持一致。这需要解决如下问题。

① 当用户发起写入和修改时，是可以向任意副本写入，还是只能写入指定副本？前者可以看作一种对等模式，后者可以看作一种主从模式。

② 当用户写入和修改时，需要所有副本状态一致，才判定写入成功，还是一个副本写入成功就判定写入成功？前者可以确保副本状态一致，但会产生低效率问题。

③ 如果在数据复制、同步的过程中出现故障，那就会造成副本不一致。如何解决副本不一致的问题？

④ 当用户读取数据时，是否需要对比不同副本之间的差异？如果发现差异如何处理？处理方法如何兼顾数据质量和效率？

对于上述问题，不同的系统会采用不同的策略，但很难得到一个完美的解决方案。下一节将介绍这一问题。

2.2.3　一次写入多次读取

当进行数据分片以后，NoSQL 通常还会实现两种机制，一是经常将数据视为"一次写入多次读取"，二是保持数据块（分片）中的记录是有序的，此外还可能对数据块使用索引或过滤机制，例如，布隆过滤器。

一次写入多次读取（Write Once Read Many，WORM）并非一种特定的技术，但对 NoSQL 的设计理念有重要影响。例如，一些分布式存储系统或 NoSQL 系统不支持对已存在的数据块（分片）中的记录进行更新、改写和删除，只是有限度地支持数据追加。所谓有限度，指系统可能不支持将记录追加到已有数据分块的末尾，而是只支持将数据写入新的分块，一旦数据分块（以分块文件形式存在）关闭，则不再支持追加。

这些机制看起来局限性很大，但考虑到很多大数据业务面对的是采集到的日志、网页、监控信息等数据，这些数据确实在采集（以及预处理）后不再进行修改，但可能进行各种各样的查询和分析，即符合一次写入多次读取的特征。

通过弱化数据更新和删除操作，使 NoSQL 在查询性能、数据持续分片能力和数据多副本维护等方面变得更加容易。

首先，NoSQL 一般会在一个数据块内对数据先排序再持久化存储，这使得块内查询效率更高。由于不支持数据改写，因此一旦存储完成，则不再需要维护数据块内的顺序性。

其次，如果希望将一个数据块拆分为两个小块（并存储到不同节点上），只需要从中间合适的位置切分即可，不需要进行额外的操作。

最后，数据块的多个副本状态一致后，一般不会再出现不一致性的状态，因为相同 ID 的数据块不会再发生变化。

虽然很多 NoSQL 在底层是一次写入多次读取的。但是在用户层面，可能仍然支持常规的增删改查操作，这主要是通过数据多版本的追加来实现的。例如，用户写入一个数据 a，假设其版本为 v1，该数据记录为：

（key，a，update，v1）

如果用户将该数据（相同 key）的数值从 a 改成 b，则可以追加一条记录：

（key，b，update，v2）

当进行查询时，系统会遍历所有分块，将相同 key 的数据都查询出来，但只将版本号最大的数据呈现给用户。

如果用户删除该数据，则可以再追加一条记录：

（key，b，delete，v2）

也就是为该记录打一个删除标记。

考虑到数据块中可能存储了过多的历史版本，或者过多的已被打上删除标记的数据，需要定期对数据块进行维护。维护的方法是将数据块整体读取，过滤掉不需要的记录，再整体写入新的文件中，该过程仍然是一个有限度的数据追加过程。

一次写入多次读取的另一个潜在的好处，是提高机械磁盘的 IO 性能和可靠性。这是因为，在数据块的写入过程中，（机械磁盘的）磁头是顺序访问磁盘的。如果支持随机改写和记录删除，且磁盘中有多个数据块（文件），则磁头每次写入需要首先访问 FAT 表获取文件所在扇区，然后再进行具体条目的改写或删除，这在数据操作频繁的情况下，可能造成 IO 瓶颈，以及磁盘加速老化。

当进行数据读取时，由于数据分块都是内部有序的，因此只需要对相关的数据块进行顺序遍历即可，甚至可以将整个分片整体读取到内存中以加速查询。显然这种顺序遍历的查询方法也存在局限性，但可以通过过滤器等技术提升遍历的效率，关于这一点可以参考 2.5.3 节介绍的布隆过滤器机制。

2.2.4　分布式系统的可伸缩性

大数据强调数据持续采集、数据全在线，因此分布式系统集群可能会逐渐出现容量和性能瓶颈。NoSQL 强调采用横向扩展的方式解决问题，即通过增加节点的方式提升集群的数据存储与处理能力。在集群扩展上需要解决如下问题。

（1）更新节点状态。即系统中的已有节点能够发现新加入的节点，并使其发挥作用。

（2）数据重新平衡。新节点加入后，数据存储系统需要重新评估集群的现状，将旧节点上的数据酌情转移到新节点上，使得数据在所有节点上均衡存储。此外，还需要解决重新平衡之后的数据查询和管理等问题。

一些 NoSQL 数据库可能会对数据进行分片，此时还需要考虑如何对分片进行重新规划，例如将比较大的分片进行再次切分等。

（3）对业务影响小。在应用中，一般强调集群扩展时对业务的影响最小，甚至做到集群不停止运行的情况下，可以动态地增加节点、平衡数据。此外对业务影响小还包含方便性的考虑，即升级时所用的硬件是通用的，配置过程是简单的。

在另一方面，如果集群中出现故障节点，需要将其移除。考虑到系统可能采用了多副本机制，在移除故障节点之后，必然出现部分数据副本数量不足的情况。此时仍然需要解决三个问题。

（1）更新节点状态。系统能够对失效节点定位，数据写入和查询请求不会再依靠失效的节点。

（2）数据重新平衡。系统将原本应存储在失效节点上的数据副本转移到其他健康的节点上。由于此时节点可能已经失效，因此需要从数据的其他副本复制得到新副本。

（3）对业务影响小。这主要理解为系统具有分区容错性，当出现故障节点以及移除故障节点之后，分布式系统仍然可以持续运行。

可见，当设计分布式系统集群的伸缩功能时，需要从集群状态维护、数据平衡和高可用性三个方面考虑。

复制数据需要占用节点和网络资源，此时可能会影响正在运行的业务，因此很多大数据系统会限制数据副本平衡时的资源占用。

2.3　分布式系统的一致性问题

在关系型数据库理论中，一致性存在于事务的 ACID 要求中，表示在事务发生前后，数据库的完整性约束没有被破坏。

在分布式系统中，"一致性"这个词汇包含两方面内容。

（1）数据的多个副本内容是相同的（也可以看作一种完整性或原子性要求）。如果要求多个副本在任意时刻都是内容相同的，这也可以看作一种事务要求，即对数据的更新要同时发生在多个副本上，要么都成功，要么都不成功。

（2）系统执行一系列相关联操作后，系统的状态仍然是完整的。

举例来说，用户 A 和 B 同时更新数据 D。设原始数据为 D1.0，正确的顺序是 A 先修改数据到 D2.0，B 在 A 的基础上更新，形成 D3.0。但由于 A 和 B 同时更新数据，则可能 A 和 B 都是基于 D1.0 更新了数据。此时，A 和 B 中后写入成功的数据会覆盖先写入的版本（而不是基于先写入的版本）。如果 A 和 B 分别向不同的副本写入数据，则会出现两个相互冲突的版本：D2.a 和 D2.b。

单机环境下的关系型数据库可以很好地解决上述问题，这也是关系型数据库的优势之一，即能够保障数据在任何时候都是完整的，是强一致性的。如果 NoSQL 要提供同样的特性，就必须在分布式架构和数据多副本情况下实现事务、封锁等机制。考虑到分布式系统可能面临网络拥塞、丢包或者个别节点系统故障等情况，分布式事务可能带来系统的可用性降低，或系统的复杂度提高等难题。例如：某个解封锁的网络消息出现丢包，使得被封锁数据一直处在不可读状态，导致用户一直等待。

需要说明的是，分布式系统的一致性经常在两个典型场景下讨论，一是大型网站设计，二是 NoSQL 大数据应用。这两种场景对一致性的讨论重点有一定差异。考虑到常见的大数据应用并不是非常需要传统的强一致性事务机制，很多实际的 NoSQL 数据库软件并不支持分布式事务，或者需要通过复杂的二次开发实现。此时，一致性问题仅涉及多副本的同步。

2.3.1　CAP 原理

CAP 是指分布式系统中的 Consistency（一致性）、Availability（可用性）、Partition tolerance（分区容错性）三个特性。CAP 原理是指在分布式系统中，CAP 三个特性不可兼得，只能同时满足两个。

CAP 原理最早出现在 1998 年，2000 年在波兰召开的可扩展分布式系统研讨会上，加州大学伯克利分校的布鲁尔（Eric Brewer）教授发表了题为 "Towards Robust Distributed Systems" 的演讲中，对这个理论进行了讲解。2002 年，麻省理工学院的赛斯·吉尔伯特（Seth Gilbert）和南希·林奇（Nancy Lynch）发表论文 "Brewer's Conjecture and the Feasibility of Consistent, Available, Partition-Tolerant Web Services"，证明了在分布式系统中，CAP 三个特性不兼得。

Consistency（一致性）是指分布式系统中所有节点都能对某个数据达成共识。具体到 NoSQL 系统中表示，主要关注数据的多个副本内容是否相同，Seth Gilbert 和 Nancy Lynch 的论文中也称之为 Atomic（原子性），以便和 ACID 中的术语相贴近。如果数据在系统中只有一个副本，那么共识可以轻易达成，但在多副本的情况下，就要在数据写入、读取等过程设计一致性策略。此外，在 NoSQL 数据库中，还会关注一致性的 "强度"，比如是否允许数据在短时间内不一致。

Availability（可用性），是指系统能够对用户的操作给予反馈。大多数软件系统都会对用户操作给予反馈，因此这里的可用性通常是指系统反馈的及时程度。也有一些 NoSQL 系统并不会对诸如数据删除等操作给予反馈，需要用户自行查询操作的结果。

Partition tolerance（分区容错性），也可称之为分区保护性。分区可以理解为系统发生故障，部分节点不可达或者部分消息丢包，此时可以理解为系统分成了多个区域。分区容错是指在部分节点故障，以及出现消息丢包的情况下，集群系统仍然可以提供服务，完成数据访问。也有人将分区理解为数据分区，分区容错是指通过数据分区实现容错，即多副本的方式，实现系统部分节点故障时可以完成数据访问。无论何种理解，都可以视为在系统中采用多副本策略。

CAP 理论认为分布式系统只能兼顾其中两个特性，即出现 CA、CP 和 AP 三种情况，如图 2-4

所示。兼顾 CA 则系统不能采用多副本，兼顾 CP 则必须容忍系统响应迟缓，兼顾 AP 则需要容忍系统内多副本数据可能出现不一致的情况。

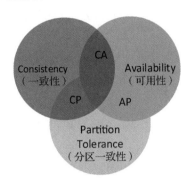

图 2-4　CAP 理论

举例来说，当用户读写数据时，强一致性原则要求系统需要同时写入所有数据副本，或检查所有数据副本的数据是否一致。可用性原则要求系统快速完成上述操作并给用户反馈。但如果此时出现部分节点不可达，则不可能保证所有数据都一致，如果强制要求所有数据都一致，则系统在故障恢复之前都无法给用户一个操作结果的反馈。

在实践中，CAP 原理不能理解为非此即彼的选择，一般会根据实际情况进行权衡，或者在软件层面以可配置的方式，支持用户进行策略选择。Brewer 曾经举过一个例子，某个 ATM 机与银行主机房发生网络故障，此时是否允许 ATM 出钞？如果允许则造成数据不一致，可能造成服务滥用和经济损失，不允许则造成服务不可用，影响用户体验，有损企业形象。在实际应用中，可以给 ATM 规定一个失联时出钞的上限，在可接受的数据不一致的情况下，提升一些用户体验。

CAP 原理也不能仅理解为整个分布式软件设计原则，在不同的层面、子系统或模块中，都可以根据 CAP 原理制定局部设计策略。例如，要求分布式系统中的每个节点，在自身数据的管理上是兼顾 CA 的，但在集群整体上是兼顾 CP 或 AP 的。

最后，CAP 原理和对于分布式系统一致性等原理，不仅适用于大数据、NoSQL 领域，也适用于网站的分布式架构设计和业务流程设计等方面。

2.3.2　BASE 和最终一致性

根据 CAP 原理，可以看到在分布式系统中无法得到兼顾一致性、可用性和分区容错性的完美方案。因此在 NoSQL 数据库的设计中会出现这样的难题。

（1）强一致性是传统关系型数据库的优势，体现在 ACID 4 个方面。很多人认为所谓数据库就应该是强一致性的。但是在 NoSQL 中是否仍要维持这样的特点？

（2）可用性（这里可以看作响应的延迟）是很多分布式系统中非常重要的指标。例如，知名电子商务公司亚马逊，根据统计数据得出结论：网页响应延迟 0.1 秒，客户活跃度下降 1%。NoSQL 的设计需求和大型电商网站有所差异，如果将其应用在此类系统的后端，则需要保证即便操作超大的数据集，响应时间也要非常短。

（3）分区容错性则是很多 NoSQL 必然要兼顾的。人们把大数据看作是"资产"，必然要求数据不能丢，并且数据要全在线，不能做离线保存，这样才能利用数据创造价值。因此支持分布式、多副本是大多数 NoSQL 系统的必选项。

为了解决上述难题，分布式系统需要根据实际业务要求，对一致性做一定妥协，此时并非放弃分布式系统中的一致性保障，而是提供弱一致性保障。具体要求可以通过 BASE 一词，从三个方面进行描述。

（1）Basically Available（基本可用）：允许分布式系统中部分节点或功能出现故障的情况下，系统的核心部分或其他数据仍然可用。例如，某些电商会在"双 11"等交易繁忙的场景下，暂时关闭商品评论等非主要功能。

（2）Soft-state（软状态/柔性事务）：允许系统中出现"中间状态"，在 NoSQL 中可以体现为允许多个副本存在暂时的不一致情况。

有人认为柔性事务的描述和后面的最终一致性相似，因此将"S"解释为 Scalability（可伸缩性），即要求在分布式场景下提供一致性和可用性的支持。

（3）Eventual Consistency（最终一致性）：允许系统的状态或者多个副本之间存在暂时的不一致，但随着时间的推移，总会变得一致。这种不一致的时间一般不会过长，但要视具体情况而定。最终一致性类似于通过银行进行非实时转账的场景，转账者的钱被划走后，可能需要 24 小时才能达到接收者的账户，在此期间，用户账户状态和转账前后是不一致的。

最终一致性可以看作是 BASE 理论的核心，即通过弱化一致性要求，实现更好的伸缩性、可靠性（多副本）和响应能力。NoSQL 和关系型数据库在一致性上的取舍差异，也体现出二者不能相互替代的特点。

2008 年，eBay 的架构师丹·普利切特（Dan Pritchett）撰写论文"BASE：An Acid Alternative"，对 BASE 原理进行了解释。论文主要面向大型网站（Web Applications），而非 NoSQL，但它们所面临的问题是相似的。另外，BASE 一词的提出，具有一定的宣传目的，因为在英文中，"acid"一词表示酸，"base"一词表示碱，提出者是为表达两种要求的对立性，刻意凑出这个缩写，并非严谨的概念描述，这和 NoSQL 一词情况类似。

在实际应用中，ACID 和 BASE 并非绝对对立，需要根据实际情况，在分布式系统的不同模块、子系统中采用不同的原则。对于实际的 NoSQL 软件，由于大多数放弃了对分布式事务的支持，因此其关注点更多是在多副本的最终一致性方面，即是否允许数据副本在短时间内或者故障期间出现不一致情况，但最终各个副本的数据会同步，这和网站等场景有一定区别。

2.3.3 Paxos 算法简介

在分布式系统下，有时会需要多个节点就某个问题达成共识，例如，多个节点需要共同更新一个属性配置，共同执行一条指令，或者在一个主从结构的分布式系统中，当主节点出现故障时，多个从节点选举出一个新的主节点（即对谁当新主节点这一问题达成共识）。

考虑到网络存在延时、中断和丢包等可能性，节点可能无法及时收到消息，并且节点可能对提议有不同意见，例如不同节点同时对某集群参数进行了不同配置。此时需要一种分布式一致性算法，使节点之间能够较快地对某个提议进行投票并达成共识。

Paxos 算法是由莱斯利·兰伯特（Leslie Lamport）提出的一种基于消息的一致性算法，也被称为分布式共识算法，该算法被认为是同类算法中最有效的，其主要目的是就某个提议，在多个节点之间达成共识。其基本思想也可以通过该作者在 1998 年发表的论文"The Part-Time Parliament"进行深入了解。

Paxos 中的基本角色如下。

（1）若干 proposer（提议者）：proposer 负责提出投票提议（proposal），以及给出建议的决议（或称为值，value）。

（2）若干（一般三个以上）acceptor（投票者）：acceptor 收到提议后进行投票，以少数服从多数的原则决定是否接受提议，以及是否批准该值。

Paxos 中可能还存在下列角色。

（1）若干 client（客户端）：提议的产生者，client 会将提议提交给任意一个 proposer，并由其提交投票。

（2）若干 learner（学习者）：learner 没有投票权但关心提议，它们只能观察投票结果，并更新自己的认识，获得被批准的决议（值）。

（3）若干 coordinator（合作者）和一个 leader（领导者）：在改进后的 Paxos 机制中存在这些角色，以更好地协调提议发起过程。

在实际系统中，通常只有客户端和服务端的概念。客户端一般扮演 client、proposer 和 learner 的角色，而服务端扮演 accepter、coordinator 和 leader 的角色。此外，一个节点也可能承担多个角色。

下面介绍 Paxos 的具体流程。

Paxos 算法实际分为多个阶段，这里简称为 prepare、promise、accept 和 accepted 四个阶段，如果系统中存在 learner，则还可以加入一个 learn 阶段。下面描述算法细节。

（1）第一阶段为发起提议阶段

proposer 向至少半数以上的 acceptor 发送 prepare 请求。由于可能会有多个 proposer 都期望对自己的提议进行投票，为了确保一次只处理一个提议，proposer 会将各自的提议进行编号，编号可以理解为递增的数字或时间戳等。proposer 会将提议和编号发向各个 acceptor。

acceptor 决定是否接受提议，并向 proposer 发送 promise 回应。收到提议的 acceptor 可能进行如下操作之一。

① 如果 acceptor 发现该提议的编号比之前接受过的提议编号更旧，则不会进行任何回应。

② 如果 acceptor 发现该提议的编号是目前最新的（大于之前接受过的最新编号），则会接受该提议，同时记录下这个编号，承诺拒绝接收任何编号更旧的提议及决议。此时 acceptor 向 proposer 发送 promise 回应。如果 acceptor 对该提议已经有过决议，则在回应信息中加入编号最新的一个决议，注意，如果该 acceptor 有历史决议，则理论上该决议应该已经得到过半数以上 acceptor 的批准；如果 acceptor 没有历史决议，则在回应信息中加入一个空值。

proposer 在一个时限之内收集 acceptor 的回应。

① 当发现半数以上 acceptor 进行了回应（即同意对该议题进行投票），算法进入第二阶段。

② 如果回应的 acceptor 未超过半数——可能由于网络、节点故障或编号太旧，则 proposer 需要更新提议的编号值，并再次重复第一阶段。

（2）第二阶段为决议的批准阶段

proposer 向至少半数以上的 acceptor 发送 accept 请求。由于在第一阶段，acceptor 会将历史决议或空值附加到回应信息中，因此，此时 proposer 可能进行如下操作之一。

① 如果有多个 acceptor 在回应信息中附带了历史决议，则找到编号最新的决议（理论上应该也是过半数的），将其发送给所有 acceptor，同时发送的还有上一轮使用的编号。

② 如果没有任何一个 acceptor 已有决议，则 proposer 将自己提议的决议发给所有 acceptor，同时发送的还有上一轮使用的编号。

acceptor 向 proposer 发送 accepted 回应。当 acceptor 在第二阶段收到 proposer 发送的期望决议后，会检查其编号是否符合最新原则。

① 如果该编号是最新的（大于等于之前接受过的最新编号），则批准该决议，持久存储，并进行确认。

② 如果该编号不是最新的（例如在此过程中其他 proposer 刷新了最新编号），则拒绝决议，并附带当前 acceptor 处的最新编号。

当 proposer 收到半数以上 acceptor 的 accepted 回应时，会有以下几种情况。

① 如果发现有更新的编号，则表示过程中其他 proposer 刷新了最新编号，于是更新自身编号，返回到第一阶段，重新提议。

② 如果不存在更新的编号，则认为该决议已经达共识。

③ 如果回应数量不足半数，可能由于网络或节点故障等原因，则更新自身编号，返回到第一阶段，重新提议。

④ 如果系统中存在 learner，则 learner 会通过主动或被动的方式，从 acceptor 处了解该提议的当前决议，并更新自身的认识。

在经典 Paxos 过程中，当 proposer 发现提议无法收到足够多的 promise 回应或 accepted 回应，理论上都会增加提议的编号，使之新一些，并重新提交 prepare 请求。因此当多个客户端同时期望进行提议时，它们可能会不断提升编号以抢占提议权，这可能造成投票效率降低，甚至产生活锁。

为解决这个问题，第二阶段提交中的 coordinator（协调者）角色被引入。coordinator 角色可能有多个，但其中有一个最权威的称为 leader（领导者）。客户端或 proposer 需要进行提议时，可以向任何一个 coordinator 提交提议，coordinator 会将其提交给 leader，由 leader 决定对哪个提议进行投票。此外，在第二阶段，需要批准的值也是由 leader 传递给各个 acceptor。这种机制避免了 proposer 自行增加编号所引起的活锁问题。

图 2-5 描述了引入 coordinator 和 leader 之后的 Paxos 协议流程。

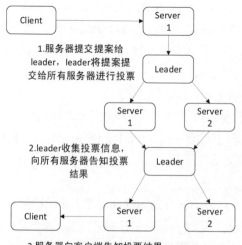

图 2-5 引入 leader 之后的投票流程

注意图 2-5 中的 server1 首先扮演了 proposer 的角色，其次在投票中扮演了 acceptor 的角色。此外，如果 leader 宕机，则 coordinator 可以通过心跳等机制发现这一问题，并共同选举新的 leader，选举过程可通过多种机制实现，这里并不关心。

Paxos 协议存在很多改进版本。其中较为著名的有 Fast Paxos 算法，该算法也是由 Paxos 原作者莱斯利·兰伯特在 2005 年提出的。简单来说，Fast Paxos 通过简化通信过程和赋予 leader 在发生冲突时具有决策权等方式，使得算法的收敛速度更快。

利用 Paxos 协议实现的著名系统有谷歌的 Chubby 和 Apache 软件基金会维护的开源软件 Zookeeper 等。其中 Zookeeper 在 Hadoop 和 HBase 等知名大数据工具中具有广泛应用，其实现了主节点高可用性（监控与选举）、集群配置管理等功能。此外，在很多 NoSQL 数据库中的数据多副本一致性、主节点选举等功能也是基于 Paxos 的思想实现的。

2.4　NoSQL 的常见模式

对于关系型数据库，虽然存在多种实际产品，但基本模型都来自基本的关系数据模型，大多实现了前文所述的 SQL 语言支持、事务机制、完整性保护等功能，针对不同数据库产品的设计方案也是相通或相近的。但 NoSQL 数据库则有很大不同，如前一章所述，NoSQL 一词可以看作各种分布式非关系型数据库的统称，并没有一个统一的模式。

NoSQL 在数据模型上的一个共同点就是不会采用传统意义上的行列结构，例如会采用嵌套的列结构（不满足列原子性要求），没有固定的列名和值域（不满足域完整性要求），不会预先定义表结构等。

常见的 NoSQL 数据模型具有以下几种形式：键值模式、列存储模式、文档存储模式和图存储模式。其中键值模式、列存储模式和文档存储模式的应用更加广泛，通常被称为面向聚合的数据模型，以区别于传统面向关系的数据模型。实际应用中，这几种模式可能是相互配合的关系，并无绝对的界限。

此外需要注意的是，NoSQL 数据库是为了满足大数据场景下的数据分布式查询与管理而产生的，和关系型数据库相比，NoSQL 数据库在通用性、事务能力上都存在较大差距，但在分布式部署和大数据检索等方面具有优势。因此，NoSQL 不能看作是关系型数据库的替代品，并且无论何种 NoSQL 数据模型，都不能看作是"更好"的模型，其优势和劣势都客观存在，需要根据业务场景和需求扬长避短、灵活运用。

2.4.1　键值对存储模式

键值对模式也就是 Key-Value 模式。在这种数据结构中，数据表中的每个实际行只具有行键（Key）和数值（Value）两个基本内容。值可以看作是一个单一的存储区域，可能是任何的类型，甚至是数组。在实际的软件实现中，可能会存储时间戳、列名等信息，也就是说，每个值可能都有不同的列名，不同键所对应的值，可能是完全不同的内容（完全不同的列）。因此，表的结构（表中包含的列、其值域等）无法提前设计好，也就是说这种键值模式的表是无结构的。在应用时，相同行键的行被看作属于同一个逻辑上的行（类似元组的概念）。

键值模式适合按照键对数据进行快速定位，还可以通过对键进行排序和分区，以实现更快速的数据定位。但如果对值内容进行查找，则需要进行全表的遍历，在大数据场景下效率较低。如果将键值模式部署在分布式集群上，可以根据键将数据分块部署在不同节点上，这样可以实现并行的数据遍历，查找效率会有明显提升。但如果进行关系型数据库中很常见的关联查询，则需要在键值数据库之上通过复杂的编程实现，受制于大数据场景下的数据总量，其关联查询效率也很难提高。

现实中，键值模式的 NoSQL 数据库通常不会支持对值建立索引，因为值对应的列不确定，且在分布式情况下进行增删改查时，需要对索引进行维护和重建，考虑到排序后的键就是天然的一级索引，值的索引可以看作是二级索引，该问题通常较难解决，一些 NoSQL 数据库可以通过二次开发的方式实现二级索引解决方案。

比较有名的键值存储模式有 levelDB 和 Redis 等。此外，在 Java、C#等编程语言中，会用到哈希表这种数据结构，实际也是采用了键值存储，哈希表通常以变量形式加载到内存中，以实现快速查找。

2.4.2 文档式存储模式

文档式（document）存储模式和键值存储模式具有一定的相似性，但其值一般为半结构化内容，需要通过某种半结构化标记语言进行描述，例如通过 JSON 或 XML 等方式来组织其值，键值存储则一般不关心值的结构。不同的元组对应的文档结构可能完全不同。文档中还可能会嵌套文档，以及出现不定长的重复属性，因此文档式存储也是无法预先定义结构的。

和键值模式相比，文档式存储模式强调可以通过关键词查询文档内部的结构，而非只通过键来进行检索。此外，由于文档允许嵌套，因此可以将传统关系型数据库中需要 Join 查询的字段整合为一个文档，这种做法理论上会增加存储开销，但是会提高查询效率。在分布式系统中，Join 查询的开销较大，文档式存储的嵌套结构的优势更加明显。

例如：

```
{
  "firstname": "billie",
  "lastname": "jean",
  "emailaddrs": [
    {"type": "work", "value": " billie @mycompany.com"},
    {"type": "home", "value": " jean @myhome.net"}
  ],
  "telephones": [
    {"type": "work", "value": "12345678"},
    {"type": "home", "value": "87654321"},
    {"type": "mobile", "value": "13812345678"}
  ],
  "addresses": [
    {"type": "work", "value": "abcd"},
    {"type": "home", "value": "xyz"}
  ],
}
```

上述文档描述了一个通讯录条目，在这个条目中嵌套记录了多个邮件、电话号码和地址，并且条目数量是不确定的。邮件、电话和地址的结构是嵌套的。如果利用关系型数据库，类似的结果有可能需要建立多个表格，并利用联合多表进行查询。而利用文档结构，可以在一个表中查询到所有信息，当用户添加新的地址或电话信息时，可以直接利用文档的嵌套和循环结构完成操作。

比较有名的文档式数据库有 MongoBD 和 CouchDB 等，这些数据库可以在分布式集群上实现文档式数据存储和管理。

文档式存储模式通常会采用 JSON（JavaScript Object Notation）或类似 JSON 的方式描述数据。一些基于列族模式的 NoSQL 也会利用 JSON 描述应用层数据。

JSON 是一种轻量级的数据交换语言。JSON 最被熟知的应用之一，是作为 JavaScript 语言中的对象和数组，这从它的英文名也可以看出。JSON 也被用来在 RESTFUL 风格的 Web 接口中进行数据交换。

JSON 对数据的组织方法和 XML 类似，独立于语言，具有自我描述性，但是比 XML 更简洁，对结构的要求也没有那么严谨，如下面的例子：

```
{ "mail" :
    { "from" : "Alice" ," to" : "Bob" },
    { "head" : "This is an email" ,
      "body" : " Hello! This is an email." ,
      "attachment" : " Hello! This is an attachment." }
    { "comment" : "This is a comment" }
}
```

JSON 中的元素可以看作是一种键值对的描述方式，以 ":" 为间隔，前面是键，后面是值，键需要用双引号包括。

JSON 支持如下一些数据简单的数据类型。

整数或浮点数：{ "year" :2018 }

字符串：{ "year" : "2018" }

对象：{ "year" : "2018" , "month" : "Jan" , "dayofmonth" : "1" }

逻辑值：{ "IsHoliday" : true}

空值：{ "IsHoliday" : null}

数组：{ "week" :["Mon" , "Tue" , "Wed" , "Thu" , "Fri" , "Sat" , "Sun"]}

一般认为，描述相同的数据结构，JSON 比 XML 更加简洁，JSON 的存储和处理效率更高。JSON 支持一些简单的数据类型，因此在描述数据时更加方便。JSON 没有保留字，不要求严格的树形结构。用 JavaScript、Python 等常见高级语言，可以非常方便地解析 JSON 数据。

2.4.3　列存储模式

列存储模式也可以称为面向列的存储模式，以区别于关系型数据库中面向行的存储模式，这种存储模式主要用在 OLAP、数据仓库等场合。

在面向行的存储模式中，数据以行（或记录）的方式整合在一起，数据行中的每个字段都在一起存储。但在面向列的存储模式中，属于不同列或列族的数据存储在不同的文件中，这些文件可以分布在不同的位置上，甚至在不同节点上，如图 2-6 所示。

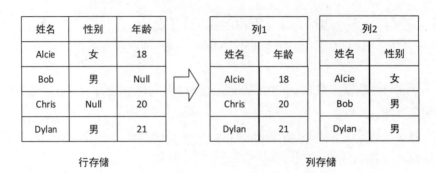

图 2-6　面向行和面向列存储的对比

在执行某些查询时，列存储模式更加有效，例如，查询某个列的前 1000 行数据，此时数据库只需要读取相应列的存储文件即可，不相关的列则不需要检索。如果采用关系型数据库，则相关行所有的字段都要被扫描或装载到内存中。上述处理方式对于检索行列数超大（如 10 亿条数据以上或几千个列以上）的稀疏宽表非常有效。但如果数据量较小，则并不具备明显优势。

在面向行的模式中，数据表中的每一行，所涉及的列或字段都是相同且不可分的。但在面向列的存储中，每一行所涉及的列都可以是不同的。

例如在一个 n 行 m 列的二维表中，每一行只在其中的一列有值，其他的列大多为空值，即这个表是稀疏的，必然出现大量的空值。在面向行的关系数据库中，如果出现空值，则数据库通常会预留空间以便后续有值写入，但这对于稀疏的宽表（列很多的表）则会造成存储的低效率。在面向列的存储中，如果出现空值，则数据库不会为其预留空间（见图 2-8）。如果执行 INSERT 或 UPDATE 操作，行存储则更加容易做修改和插入，因为会预先留存储空间，列存储则一般通过数据追加（Append）的方式实现。此外，利用列存储还可以通过数据字典的方式实现数据压缩。例如将某个列或某些列的值空间做成数据字典（表），在存储列值时，只需要存储数据字典中的值序号即可。

列存储模式一般仍是不预先定义结构的，这一点和键值存储类似。值得注意的是，列存储模式可能会通过"列族（column family）"的概念来组织数据，列族是若干列的集合，其数量和名称都是随意的。

比较有名的列存储数据库有谷歌的 Big Table 和 Dremal，斯通·布拉克（M. Stonebraker）提出的 C-Store 等。此外，一些基于文档和键值存储的数据库如 Cassandra 和 HBase 也同时运用了列存储的模式。

2.4.4　图存储模式

图存储模式来源于图论中的拓扑学。图存储模式是一种专门存储节点和边以及节点之间的连线关系的拓扑存储方法。节点和边都存在描述参数，边是矢量，即有方向的，可能是单向或双向的。例如，"李明的老师是张老师"，这个信息，可以将"李明"和"张老师"理解为节点，这两个节点存在一个单向的关系"x 是 y 的老师"。这种拓扑关系类似于 E-R 图，但在图存储模式中，"关系"和节点本身就是数据，而在关系型数据库中，"关系"和 E-R 图描述的是数据结构，如图 2-7 所示。

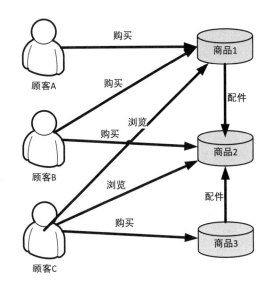

图 2-7　一个简单的图关系示意

拓扑图中一般需要记录如下内容：节点（或称顶点）的 ID 和属性，节点之间的连线（或称边、关系），边的 ID、方向和属性（例如转移函数等）。常见的点线拓扑关系有网页之间的链接关系，社交网络中的关注与转发关系等。

在图存储模式中，每个节点都需要有指向其所有相连对象的指针，以实现快速的路由。因此图存储模式比传统二维表模式更容易实现路径的检索和处理。此外，由于图数据库中的节点都是相互连接的，因此对数据进行分片和分布式部署较为困难。

图存储可以用在搜索引擎排序、社交网络分析和推荐系统等领域。常见的图存储数据库（或者图结构分析引擎）有 Neo4J 以及 Apache Spark 的 GraphX 模块等。

2.5　NoSQL 系统的其他相关技术

NoSQL 一般基于分布式系统实现数据管理与查询。为了使这些功能能够良好运行，以及扩展更多的功能，还需要使用更多的技术手段。本节主要介绍以下几种技术机制。

（1）如何在分布式数据管理的基础上进行分布式数据处理，特别是非实时处理任务。

（2）如何更有效地在分布式系统上进行通信，如何实现信息发布与通知等机制。

（3）如何确保各个节点的系统时间是一致的。

（4）如何更有效地提高数据块的检测效率。

2.5.1　分布式数据处理

大数据的处理和计算包含数据预处理、数据统计分析和数据挖掘等方面。

分布式处理需要解决几个问题，首先是将数据进行分割，其次是任务的调度、监控和管理，最后是分布式任务的执行。

在数据分割方面，Hadoop 和 Spark 等分布式大数据处理引擎通常会利用分布式文件系统实现数据切割，但也可以自己控制每个节点每次处理所读入的数据量。数据切割的原则一般是大小适合一次性读入内存。假设分布式文件系统已经将海量数据进行分块或分组，并分发到集群中的各个节点上，各个节点可以共同分别运行子任务，每个节点只处理一部分数据，以在较短时间内完成数据处理。

在任务的调度、监控和管理方面，任务的管理者需要将处理任务分解，指示每个节点处理子任务和待处理数据，同时还要在各个子节点上根据性能和任务分配子任务处理所需的 CPU 和内存资源，并且监控各个节点和子任务的状态，对出错的节点或子任务采取措施，例如指示其他节点重新执行子任务等。常见的分布式任务调度模块有 Hadoop 中的 Yarn，以及 Mesos 等。

在任务的执行方面，分布式处理引擎需要考虑如何充分地发挥分布式计算优势，并且向用户提供简化的接口，屏蔽底层分布式处理细节。

从上述描述可以看出，对数据进行复杂的分布式处理（或查询）的机制较为复杂，结果可能需要很长时间才能得到。NoSQL 通常只支持对数据进行简单的查询，力求实时或准实时地获取结果集，不会直接支持对数据进行复杂的查询或处理，例如关系型数据库中常见的跨表联合查询（包含 Join 的查询语句），以及数据的聚合、排序等。

NoSQL 数据库强调对数据的管理和查询能力，一般并不提供对数据进行分布式处理的引擎。这样 NoSQL 和分布式处理模块形成了分工，NoSQL 负责数据管理和简单查询，分布式处理则由 MapReduce、Spark、Tez 等专门模块负责。当 NoSQL 和这些模块结合时，需要对数据存取接口等进行适配，使处理模块能够对 NoSQL 数据表进行存取。

2.5.2　时间同步服务

在分布式应用中，经常需要确保所有节点的时间是一致的。例如，假设某分布式交易系统中存在多个业务处理节点，每个节点都会接受用户的交易请求。如果某用户连续发出多个订单，而这些订单可能被负载均衡服务发向不同业务处理节点，则这些节点需要根据订单的时间戳（timestamp）确定交易的顺序。当出现用户余额不足的情况时，只有时间戳较早的部分订单会被成功受理。但如果业务处理节点之间的时间不是一致的，则可能造成业务逻辑的混乱。

NTP（Network Time Protocol，网络时钟协议）是一种常见的分布式时间同步机制。NTP 可以被用在内网环境中，也可以用在互联网等公网环境中。NTP 的基本机制是设置一个时钟同步服务节点，其他节点作为客户端与其核准时间，并根据需要改写自身时间。

NTP 协议已经发展到版本 4，其精度可以达到毫秒级，并且已经成为国际标准（IETF RFC 5905）。Windows 系统和大多数 Linux 系统均支持 NTP 协议，既可以作为客户端，也可以部署 NTP 服务端。部署 NTP 客户端或服务端，通常可以通过系统自带程序或开源软件实现。此外，在互联网上也存在很多提供 NTP 时间同步服务的站点（称为 NTP 池），可以很方便地实现公网环境下的时间校准。

在分布式的 NoSQL 环境下，一般也需要通过 NTP 等方式实现时间同步。如果各个节点之间的时间差异过大，分布式系统可能无法正常运行，甚至无法正常启动。一般情况下，此时不需要将各个节点与标准时间精确同步，只需各节点之间保持时间同步即可。

2.5.3　布隆过滤器

布隆过滤器（Bloom Filter）是由布隆（Burton Howard Bloom）在 1970 年提出的，其目的是检查某个元素是否存在于集合（如数据块）中。它的优点是空间占用率低、检索速度高，缺点则是存在一定的误报率，当布隆过滤认为某元素存在于集合时，该元素可能并不存在，但如果布隆过滤认为该元素不存在于集合，则肯定不存在。

布隆过滤器并非分布式技术，但是在大数据场景下，即便使用了分布式存储，每个存储节点上的数据量依然很大。为方便维护，存储节点一般会将数据进行分块，如果为每个数据块建立一个布隆过滤器，则可以在数据检索时快速排除一部分块，从而提高该节点的查询效率，其代价则是额外占用一定存储空间或内存空间来存储二进制向量。

布隆过滤器利用一个定长的二进制向量和哈希函数构成。以下是其基本思想。

（1）通过哈希函数将数据块中存在的元素映射为二进制向量中的一个二进制位。

（2）二进制向量的长度一般是定值，但具体值可以根据用户需求调整。

（3）元素与二进制位的映射关系是多对一的。

（4）如果某个二进制位有对应的值，则该点为 1，否则为 0。

布隆过滤器的基本思想如图 2-8 所示。

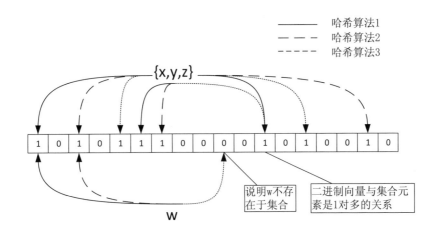

图 2-8　布隆过滤器的基本思想

当需要查询某元素是否存在于数据块中时，需要先将该元素进行哈希运算，根据运算结果找到二进制向量中对应的二进制位，看该位置的比特值。如果该值为 0，则被查询元素肯定不存在于该数据块。如果该值为 1，则被查询元素有可能出现在该数据块，但无法肯定，因为该比特可能对应的是其他元素。显然，当二进制向量长度一定时，误报率随数据块的增长而增大。

理论上说，即便布隆过滤器存在一定的误报率，但由于能够排除一部分肯定无用的数据块，因此效率得到提升。但如果能够进一步减小误报率，则查询效率会变得更高。

降低误报率的方法之一，是采用多个独立的哈希算法同时进行映射。在查询时有其中一个算法发现对应位置数值为 0，则说明被查元素不存在。方法之二是增大二进制向量的大小。简单来说，增加二进制向量的大小可以减少一个二进制位可能对应的元素个数，但这会提高空间占用，特别是在实际系统中，为了提高检索效率，可能会将二进制向量整体读入内存。

布隆过滤器的误报率 p、哈希算法的个数 k、二进制向量的大小 m 以及数据总量 n 之间的关系可以通过一组公式描述：

$$p \approx (1 - e^{-kn/m})^k$$

在实际系统中，数据块的大小和哈希算法的个数一般是给定的，而误报率可以由用户配置，例如：0.1 或 0.01，此时 m 的数值相差约一倍。

在后续将介绍的 NoSQL 系统中，如 HBase、Cassandra 和 MongoDB 等，都采用了布隆过滤器机制。另外需要注意的是，布隆过滤器不支持删除数据，无法同步更新二进制向量。但考虑到大数据场景通常是一次写入多次读取的，这种缺点的影响不大。

小结

本章首先回顾了关系型数据库的基本原理，重点在于关系模型、事务机制、ACID 一致性等，分析了关系型数据库的分布式部署能力。在学习 NoSQL 数据库原理时可以进行技术对比。

然后，本章介绍了 NoSQL 数据库中的常见技术，包括分布式数据管理中的分片和多副本，分布式系统的伸缩性，分布式系统下的一致性问题，NoSQL 的常见存储模式以及其他相关技术。

思考题

1. 在数据一致性问题上，ACID 和 BASE 的差别是什么？分别适合哪种场合？

2. 在分布式系统中采用数据多副本机制可以带来什么好处？需要解决哪些问题？

3. 什么是 CAP 原理？CAP 原理是否适用于单机环境？

4. Paxos 算法或类似机制是否可以用来监控分布式环境下各个节点的运行状态？如果可以，请简单描述该机制。

5. 采用键值对存储模式，是否可以认为，每行数据只有两个字段，即键字段和值字段？

6. 布隆过滤器的优缺点是什么？如果需要降低布隆过滤器的误报率，则需要付出何种代价？

03

第3章　HDFS的基本原理

本章为第 4 章和第 5 章内容的前导知识，介绍 Hadoop（HDFS 为主）的原理和基本操作方法。

Hadoop 是一个热门的大数据存储和分析工具，可以看作是大数据技术领域的事实标准。

Hadoop 本身并非 NoSQL 数据库，但得到广泛应用的 NoSQL 数据库 HBase 是基于 Hadoop 构建的。Hadoop 中的 HDFS 分布式文件系统解决了 HBase 的数据底层存储问题，实现了文件系统、数据分片、多副本容错、数据一致性等诸多功能。

只有在充分掌握 HDFS 原理的基础上，可以深入地理解 HBase 的原理。同时，掌握好 HDFS 的基本操作方法，才能更好地对 HBase 的底层存储进行管理和监控。

本书主要介绍各类 NoSQL 数据库，故并未对 Hadoop 及其相关软件等进行深入介绍，有兴趣的读者可以自行学习相关资料。

3.1 Hadoop 概述

Hadoop 的来源为谷歌的 3 篇经典论文，最初的应用场景为搜索引擎的底层技术支撑。Hadoop 目前的核心组件有分布式文件系统 HDFS、分布式处理框架 MapReduce，以及分布式资源管理框架 Yarn。从技术角度看，Hadoop 是各种抽象的分布式技术原理在具体软件实现上的优秀典型。深入学习 Hadoop 的相关技术和实现策略，有助于对其他分布式大数据系统的理解和掌握。

3.1.1 Hadoop 的由来

2003 年 10 月，谷歌公司在第 19 届 ACM 操作系统原理研讨会（Symposium on Operating Systems Principles，SOSP）上发表了论文 "The Google File System"，介绍了谷歌研发的面向大规模数据密集型应用的分布式文件系统，简称为 GFS。

2004 年 12 月，谷歌公司又在第 6 届操作系统设计与实现研讨会（Operating Systems Design and Implementation，OSDI）上发表了论文 "MapReduce：Simplified Data Processing on Large Clusters"，介绍了一种可以在 x86 通用计算机平台上进行分布式部署的大数据处理框架，即 MapReduce。

2006 年 11 月，谷歌公司又在第 7 届操作系统设计与实现研讨会上，发表了论文 "Bigtable：A Distributed Storage System for Structured Data"，介绍了一种处理海量数据的分布式 NoSQL 数据库架构，即 BigTable。

上述 3 篇论文被业界称为谷歌公司的"三驾马车"，所描述的技术可以在通用的计算机集群上实现大数据的存储、快速检索和分布式批处理，并且具有支持廉价硬件、集群容量大、易于横向扩展、易于使用等优点。

根据上述公开发表的论文，Apache 软件基金会（Apache Software Foundation，ASF）（其标志见图 3-1）发起了一个开源软件项目，即 Apache Hadoop。

图 3-1　Apache 软件基金会标志

有趣的是，Hadoop 这个名字来源于创始人道格·卡丁（Doug Cutting）的孩子为其玩具大象所起的名字，并非一个具有专业含义的名词或缩写。相应的，Hadoop 的标志就是一个黄色的大象，如图 3-2 所示。

图 3-2　Apache Hadoop 的官方标志

Hadoop 早期包含三个子项目：分布式文件系统 HDFS（Hadoop Distributed File System），分布式计算框架 MapReduce 和 NoSQL 数据库 HBase。可以看出这三个子项目恰好对应谷歌的三篇论文。

随着软件的发展更新，HBase 脱离了 Hadoop，成为了和 Hadoop 平级的 ASF 顶级开源软件项目。HBase 的底层存储仍基于 HDFS，两者之间仍然保持着紧密的联系。打开 HBase 软件包，会发现其中包含了多个 Hadoop 的类库（JAR 包）。

Hadoop 在超过 10 年的发展历程中，得到诸多 IT 公司的资金赞助和人力支持，例如，当时如日中天的雅虎公司认为这种工具的发展有利于同谷歌竞争，于是在 Hadoop 发展之初给予了极大的帮助，并将 Hadoop 的创始团队也招于麾下。2009 年，雅虎公司利用 3400 个节点部署 Hadoop 集群，并实现在 173 分钟内对 100TB 数据排序，成为当年的"Sort Benchmark"竞赛冠军，这对 Hadoop 的推广产生了极大的示范效应，证明了 Hadoop 可以在超大规模集群上稳定、高效地运行，实现长时间的分布式数据存储和处理。

Hadoop、HBase 均是由 ASF 资助的，类似由 ASF 赞助的软件还包括 Spark、Cassandra 等。这些软件中虽然有些存在一定的竞争关系，但大多可以配合使用，构建更复杂的系统，实现更丰富的功能。这些软件或组件是开源免费的，使得 ASF 旗下以 Hadoop 为核心的诸多大数据软件构成了一个庞大的"生态环境"，而 Hadoop 也成为了大数据领域的一项事实标准。

在很长一段时间内，Hadoop 几乎成为了大数据的代名词，甚至有人认为"搞大数据就是搞 Hadoop"，这当然是一种偏颇的观点，但也足以体现其影响力之大。很多新兴的大数据软件，都会考虑和 Hadoop 家族兼容，或者通过和 Hadoop 对比，证明自己更优秀。例如，分布式计算框架 Apache Spark，既保持了 HDFS 和文件系统的兼容，同时，也在网站首页上用对比图的方式显示自己比 MapReduce 更快。

3.1.2　Hadoop 的架构与扩展

Hadoop 的版本更新非常频繁。2017 年，Hadoop 发布了十多个新版本，这包含了三个主要版本分支，以及一些测试版本。

Hadoop 的版本号分为三段。截至 2018 年 2 月，Hadoop 的最新稳定版本为 Release 2.7.5、Release 2.8.3、Release 2.9.0 和 Release 3.0.0，即存在多个分支版本并行发展，以防止更新过快引起 bug 和兼容性问题等得不到及时修正。Hadoop 版本号中的第一位数字表示 Hadoop 主版本号，第二位数字一般表示进行了较大的功能改进，第三位数字则表示修正了一些小错误和完善了一些小功能等。对于一般使用者，大多数情况下只需要关注主版本号即可，例如，Hadoop 2.3.x 和 Hadoop 2.8.x 的绝大部分功能、接口和命令等都是完全一样的。

Hadoop 1.x 和 2.x 之间则存在极大差别，这体现在体系架构和调用接口等方面。一方面，为了实现分布式数据处理任务，既需要实现处理逻辑，也需要管理任务处理所需要的各种 CPU、内存资源，同时还需要对任务本身的处理过程进行监控。在 Hadoop 1.x 版本中，这些工作都由 MapReduce 模块来完成；在 Hadoop 2.x 中，引入了被称为 Yarn 的新模块来管理资源、监控任务处理过程，而 MapReduce 只负责分布式任务处理逻辑本身。另一方面，在软件调用接口等方面，Hadoop 2.x 也进行了调整和优化。

从目前来看，Hadoop 2.x 是目前最主流的 Hadoop 版本。2017 年才推出 Hadoop 3.x 的正式版本，并对 MapReduce、Yarn 和 HDFS 等组件进行了一定优化。

以 Hadoop 2.x 为例,其核心组成部分以及重要的外部扩展组件如图 3-3 所示。

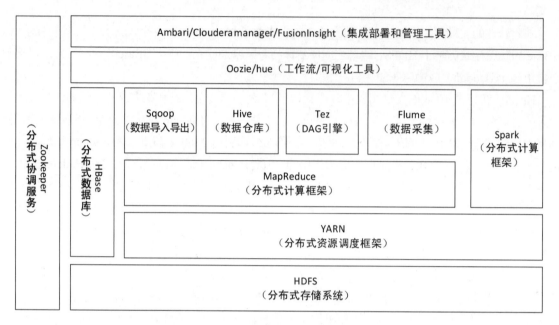

图 3-3　Hadoop 的核心组件及重要扩展项目

各种组件中,HDFS 文件系统是存储基础,负责对大数据文件和存储集群进行管理。HDFS 不能实现对数据的表格化管理和快速检索(随机读取),HBase 则可以在 HDFS 的基础上,将数据组织为面向列的数据表,并支持按照行键进行快速检索等功能。HBase 本身不对数据进行分布式处理,因此 HBase 和 Yarn、MapReduce 等组件是并行而非层次关系。

Yarn 负责对集群中的内存、CPU 等资源进行管理,同时负责对分布式任务进行资源分配和管理。Yarn 被看作是一个统一的集群资源与任务管理组件,它和具体的分布式处理方法无关,理论上开发者可以自行开发并部署自己的分布式处理框架,来替代 MapReduce。MapReduce 是分布式处理框架,可以通过 Yarn 在分布式集群中申请资源、提交任务,并按照自定义方式对数据进行处理。

Tez 和 Spark 可以看作是 MapReduce 的升级和替代产品。它们的功能部分重叠,存在一定的竞争关系,但它们都可以支持以 HDFS 和 HBase 作为数据源和输出,并通过 Yarn 向分布式集群提交分布式处理任务。

Hive 等外部项目可以实现对分布式处理架构的简化应用。Hive 可以将 HDFS 文件映射为传统的二维数据表,并且支持将 SQL 语句转化为 MapReduce 过程,其目的是将复杂的 MapReduce 编程转换为简单的 SQL 语句编写。与此类似的,Spark 软件中,SparkSQL 模块可以将 SQL 语句转化为 Spark DAG(Directed Acyclic Graph,有向无环图)计算。

Sqoop 和 Flume 则属于数据交互工具,前者基于 MapReduce 构建,实现关系型数据库和 HDFS、HBase 之间的分布式数据互转;后者可以实现将日志数据采集到大数据平台。

Oozie 和 hue 可以实现数据处理过程的工作流构建和可视化操作。

Zookeeper 可以实现各个服务集群的节点监控、高可用性管理和配置同步等功能。

Ambari 和 Cloudera Manager 以及华为的 FusionInsight 可以实现快速部署并简化运维 Hadoop

集群。

3.1.3　Hadoop 的部署需求

在承载环境方面，前文所述的以 Hadoop 为代表的开源大数据工具，一般都部署在通用的 x86 平台（包括 64 位平台）和 Linux 系统上。

虽然 Hadoop 基于 Java 语言开发，理论上应该是可以跨平台的，甚至 Hadoop 官方也提供了在 Windows 上编译并部署 Hadoop 的方法，但在实际应用时（所谓的在生产系统中）很少有人部署在 Windows 系统上，有以下几点原因。

首先，Hadoop 在开发时是基于 Linux 进行的，充分考虑了 Linux 的技术特点，而非 Windows。一些功能依赖于 Linux 系统自身实现，在 Windows 上运行时，某些功能可能无法正常执行。

其次，Hadoop 的扩展组件也大多基于 Linux 研发，因此在 Windows 上部署 Hadoop，可能无法继续部署所需的扩展组件。

最后，Windows 系统是收费的，特别是服务器所使用的 Window Server，价格较高，而 Linux 系统大多是免费的（并非所有都是免费的），考虑到大数据工具可能部署在几十或上百台服务器上，Linux 系统显然具有成本优势。

在学习和使用 Hadoop 等工具时，首先需要掌握常见的 Linux 命令，来完成基本的软件部署、配置和调试等操作。此外，深入掌握 Linux 系统原理和高级操作方法，有助于更好地学习 Hadoop 和大多数 NoSQL 软件，特别是进行性能优化和组件扩展。

另外，采用 Cgwin 等 Linux 模拟环境或使用非官方的扩展组件，也可以将某些 Hadoop 组件部署在 Windows 系统上，但这种方式一般只用于入门学习，由于和实际使用环境差异较大，因此很难进行深入学习，或进行实际应用。

在软件实现方面，Hadoop、HBase 以及相关系统大多采用了 Java 语言开发。因此在部署 Hadoop 及其配套组件之前，需要在操作系统中配置 Java 环境。Java（JDK）平台有多种实现，例如标准 Oracle Java 平台和开源的 OpenJDK 等，前者包含了 Sun 公司部分版权所有的功能，而后者经常内置在 Linux 操作系统中。Hadoop 及其常规组件一般都可以基于 OpenJDK 运行，但可能有个别扩展组件要求使用标准 Oracle Java 平台。Hadoop 对 Java 平台的版本也有所要求，并且要求会随着软件的更新升级而有所变化，例如，Hadoop 2.7.x 要求使用 Java 7（如 Oracle Java 1.7.x）以上版本。HBase 的 1.x 版本普遍支持 Java 7 以上版本，但最新的 2.x 版本则要求 Java8 版本。

一些传统观念认为 C/C++ 语言会比 Java 语言更加高效，因此，有人质疑在强调处理性能的大数据领域不使用 C/C++ 语言开发。主要原因有两方面。首先，Hadoop 作为分布式系统，其性能瓶颈很大程度上来自于网络传输，而非单机性能，因此即便 C/C++ 语言能够提高单机性能，集群层面的性能提升也是有限的。其次，Hadoop 是一个功能丰富、结构复杂的系统，Java 语言的开发性能较高，代码的可维护性较好，并且可以和 ASF 已有的 Java 类开源软件和类库相配合。

有关 Java 语言的基本特性，以及与 C/C++ 语言的对比，这里不做深入研究，但从实际情况看，Hadoop 和 HBase 在设计、部署、使用和优化时，都离不开对 Java 语言特性的理解。例如，Java 程序会在 Java 虚拟机（Java Virtual Machine，JVM）中运行，JVM 的启动、销毁和内存管理方式都会给 Java 程序的运行效率带来影响。

在网络环境方面，作为分布式系统，Hadoop 基于 TCP/IP 进行节点间的通信和传输；在数据传输方面，广泛应用 HTTP 实现，HTTP 并不是一种高效的协议，但历史悠久，应用广泛，具有成熟的开源模块，易用且稳定性较高；在监控、通知等方面，Hadoop 等分布式大数据软件则广泛使用异步消息队列等机制。

Hadoop 会在控制、心跳和数据传输等多种情况下使用网络，且 Hadoop 组件众多，运行时需要打开多个网络端口，这会给防火墙配置带来一定麻烦，如果由于疏忽忘记打开某个网络端口，可能会使得系统无法正常工作。初学者可以考虑在可信的内网环境下，关闭防火墙以简化配置难度。

此外，Hadoop 支持多种压缩算法，例如 gzipo、lzo、bzip2 和 snappy 等，可以通过配置数据压缩策略，降低使用 HTTP 传输数据时的网络开销。

3.2 HDFS 原理

HDFS 的全称为 Hadoop 分布式文件系统（Hadoop Distributed File System），是 Hadoop 系统的核心组件之一，其原理来自于谷歌 GFS（Google File System）的论文。HDFS 是一种具有高容错性的分布式文件系统，提供了类似 POSIX 模型的文件管理方法，但是可以部署在上千台通用的、相对廉价的 x86 服务器集群上，具有很强的分区可用性，并可以提供高吞吐量的数据访问。HDFS 认为集群中存在部分节点故障是常态而非异常，通过采用数据分块和多副本机制，保证在部分节点故障的情况下，数据不会丢失，服务不会中断。

从使用目的来看，HDFS 非常适合存储超大型数据文件，并对这些文件进行分布式处理。例如，某网站每天产生的日志量可能达到几十 GB，这些日志可能存储在一个或几个文本文件中。HDFS 擅长将这些文件分块存储，并向 MapReduce 框架提供高效的数据访问。

不过 HDFS 并不适合提供通用的网络存储或云盘服务，因为 HDFS 在文件随机更新和海量小文件管理等方面并不擅长。

HBase、Hive 以及 Solr 等分布式数据库或数据仓库均使用 HDFS 作为其底层存储系统。

3.2.1 HDFS 架构

HDFS 采用主从式的分布式架构。主节点称为 Namenode，负责存储文件的元数据，包括目录、文件、权限等信息和文件分块、副本存储等信息。此外，Namenode 会对 HDFS 的全局情况进行管理。从节点称为 Datanode，负责自身存储的数据块（block），各个 Datanode 对系统的整体情况则并不关心。Datanode 根据 Namenode 的指令，对本身存储的文件数据块进行读写，并且对数据块进行定期自检，向 Namenode 上报节点与数据的健康情况，Namenode 根据 Datanode 的上报信息，决定是否对数据存储状况进行调整，并将超时（默认为 10 分钟）未上报数据的 Datanode 标记为异常状态。

HDFS 的整体架构如图 3-4 所示。

图中包含三个主要角色，除了 Namenode、Datanode 之外，还包含 Secondary Namenode。在部署时，可以在不同的节点（主机）上分别部署不同的角色，也可以在一个节点（一台主机）上同时部署多个角色。例如，在一台主机上同时部署 Namenode、Datanode 和 Secondary Namenode，但同一台主机只部署一个 Datanode 角色。

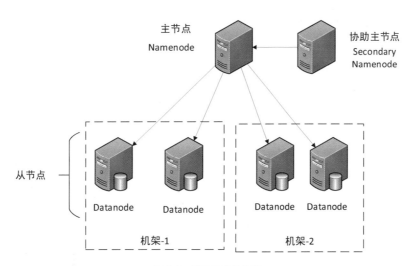

图 3-4　HDFS 整体架构

3.2.2　Namenode 的数据结构

Namenode 中将文件系统的元数据信息存储为 fsimage 文件。该文件在 Namenode 启动时被加载到内存中，之后该文件（及内存数据）一直保持只读状态。需要查询元数据时，可以直接在内存中读取信息；需要修改元数据时，则不能直接在内存或硬盘中修改 fsimage 文件，而是将修改事务写到一系列新的 editlog 文件中。editlog 文件会定期合并，形成新的 fsimage 文件，例如在 Namenode 再次启动时。

HDFS 各个角色一般部署在 Linux 系统之上，因此上述文件均存储在 Linux 本地文件系统中。文件在本地磁盘的存储状态如图 3-5 所示。

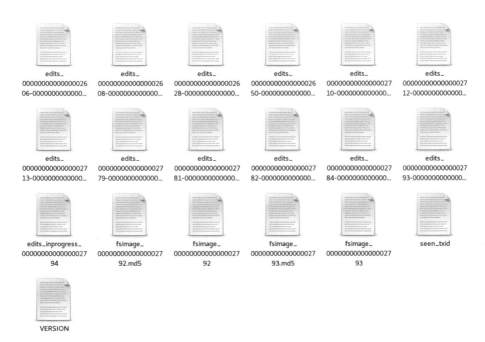

图 3-5　Namenode 中的元数据信息存储

47

如果 HDFS 中存储的文件过多，或者数据分块过多，则会造成 fsimage 文件过大。

在 fsimage 文件中，每一条目录、文件或数据块信息记录大约占用 150 字节。100 万个小文件占用的存储空间为 300MB，而当存储文件数量超过 1 亿时，fsimage 可能达到 20GB 以上。

当 Namenode 启动时，会先将 fsimage 读取到内存中，并检测集群的健康状态。当存储文件过多，或者分块过多（例如由于分块过小）时，会造成将其加载到内存时出现困难，启动过程缓慢，甚至节点崩溃的情况。可见，HDFS 并不适合存储海量小文件，在使用 HDFS 时，需要合理设置文件分块大小。

此外，为降低 Namenode 的压力，Secondary Namenode 角色可以负责将 fsimage 和 editlog 文件进行合并，形成新的 fsimage 文件。合并过程周期性自动进行，默认时间为 3600 秒，或者当前 editlog 达到 64MB 时进行合并，也可以通过控制命令手动进行。

在进行合并时，Secondary Namenode 会通知 Namenode 暂停使用当前的 editlog，Namenode 会将新记录写入一系列新的 editlog 文件。Secondary Namenode 将 fsimage 和 editlog 文件通过 HTTP 协议复制到本地，进行合并后，再将新的 fsimage 文件通过 HTTP Post 方式复制到 Namenode。Namenode 会用新的 fsimage 代替旧的文件，将其读入内存，如图 3-6 所示。

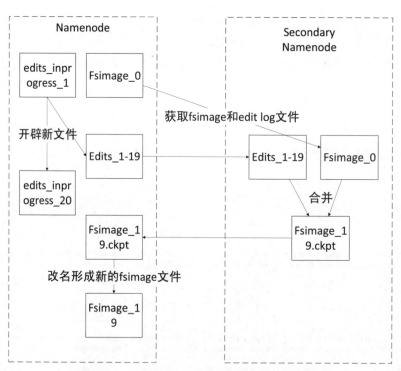

图 3-6　Secondary Namenode 合并 fsimage 的过程

3.2.3　数据分块和多副本机制

HDFS 采用了数据分块（block）存储和分块多副本两种重要的机制。文件分块机制使 HDFS 可以利用分布式方法存储大于单节点或单磁盘存储容量的文件。

HDFS 将文件分割成数据块，具体大小视用户配置而定，一般在 64～256MB，数值一般为硬盘块大小（Block Size）的整数倍。当文件小于整块大小时，会在元数据中占用一个分块 ID，但不会真正占用整块的硬盘空间。

写入文件时，Namenode 会指示客户端将文件切分成小块，并且将数据块存储在多个 Datanode 上，Namenode 会记录文件的分块存储情况。读取文件时，Namenode 会根据需要指示客户端到相应的 Datanode 读取所需的数据块。

数据分块存储在各个 Datanode 的本地文件系统中，路径由用户配置文件指定。存储状态如图 3-7 所示。

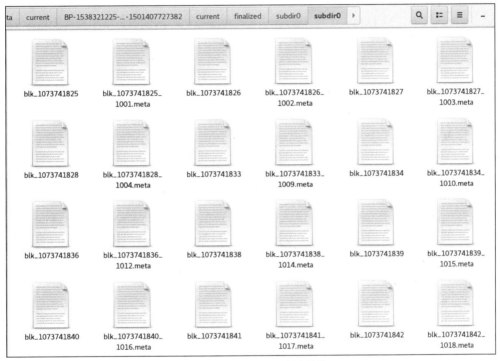

图 3-7　分块在 Datanode 的存储情况

图中的 blk_xxxxxxxxxx 即为分块文件，同名且后缀为.meta 的文件为分块的元数据信息。除了这些文件，Datanode 还可以本地保存若干集群信息、版本信息或临时文件等。

HDFS 将文件分割成小块的主要目的是，一方面有利于在分布式环境下的均匀存储和分区容错；另一方面，在利用 MapReduce 等分布式架构进行数据处理时，方便将数据一次性读入内存，当某个 Map 任务出现故障时，也有利于任务恢复。

如果用户配置的 HDFS 分块过小，则可能造成系统中分块太多，如前文所述，这会影响 Namenode 的启动速度，并增加 Namenode 的内存消耗。此外，过小的分块可能在读取文件时造成过多的寻址开销。

如果配置分块过大，则不能充分利用集群的分布式计算能力处理数据，例如，当需要处理的数据块过大，且集中在少量节点上时，数据存储节点的处理工作变得繁重，而其他节点由于无法获得数据而空闲下来。当出现诸如 Map 任务故障时，数据块过大会使得任务恢复等流程变得低效。

HDFS 还具有数据多副本机制。在默认情况下，HDFS 可以将数据块复制为三个副本，由 Namenode

选择并指示适合的 Datanode 完成复制和一致性检查工作。三个副本通过一种称为"机架感知（Rack Aware）"的策略进行存储。HDFS 默认部署在多个服务器节点上，这些服务器节点又部署在多个机架上，每个机架一般具有统一的电源和网络入口（例如机架上的节点都连接在同一个交换机上），当发生电源或网络故障时，可能影响机架上的全部节点。HDFS 将数据块写入一个节点后，会在同一个机架的另一个节点上保存副本，并在不同机架上的某个节点上再保存一个副本。这种做法的好处是，既考虑了节点故障，又考虑了发生机架故障时的容错性。此外，这种机制对提高 MapReduce 的性能也有好处。

需要注意的是，用户可以自由配置 HDFS 中的副本数量，但需要确认副本数量不大于 Datanode 节点的数量。例如，如果实验集群中只有两个 Datanode 节点，则需要配置副本数量为 1 或 2。数据多副本与机架感知机制如图 3-8 所示。

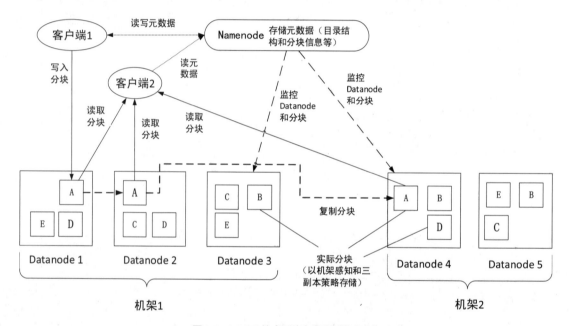

图 3-8　HDFS 的多副本与机架感知机制

3.2.4　数据读写原理

当数据写入时，Namenode 会指示客户端将数据块写入一个 Datanode，写入完成后，客户端会认为写入成功，并进行其他操作，并不关心副本的复制问题。Namenode 会指示该 Datanode 将数据块再复制到第二个 Datanode，复制完成后，第一个 Datanode 则不再关心其他副本的情况。Namenode 会再指示第二个 Datanode 将数据复制到第三个 Datanode，从而得到数据的三个副本。在三个副本复制完成之前，HDFS 不允许客户端读取该数据块。即 HDFS 对客户端提供了强一致性保障，但在副本复制过程中采用了最终一致性方式。

Namenode 会定期检查副本的存储情况，各个 Datanode 也会定期检查自身存储的数据块情况，并上报给 Namenode，当发现副本不足（如出现 Datanode 宕机）时，Namenode 会指示副本所在的 Datanode 将数据复制到新的 Datanode 节点上，使得集群中所有数据均保持三副本，如图 3-9 所示。

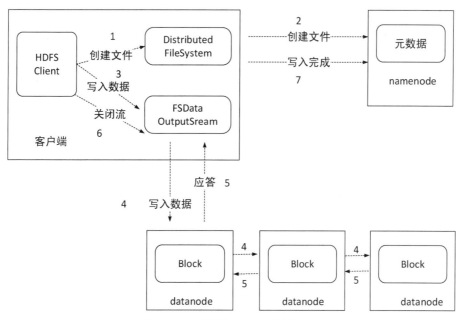

图 3-9 HDFS 的数据写入和副本复制过程

当客户端读取数据时，首先要向 Namenode 发起请求，Namenode 返回文件部分或全部的数据块副本列表及 Datanode 地址路径，客户端可以选择合适的 Datanode，依次读取数据，如图 3-10 所示。

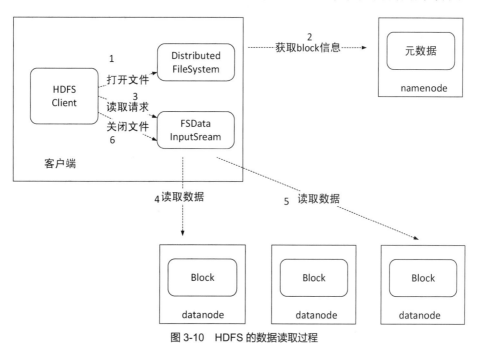

图 3-10 HDFS 的数据读取过程

3.2.5 HDFS 支持的序列化文件

HDFS 支持的文件类型有文本文件和序列化（sequence）文件两种。

HDFS 一般用来存储一次写入多次读取的半结构化文件，如日志、网络爬虫抓取的网页链接信息等，这些文件大多是逐行写入，以纯文本文件的方式进行记录。但如果想在一行中记录非文本信息（例如用 long 型结构保存的时间戳），则需要设计新的文件类型，将二进制类型序列化。HDFS 也设计了专门的编程接口和命令行接口对序列化文件进行操作。

序列化文件的格式如图 3-11 所示。

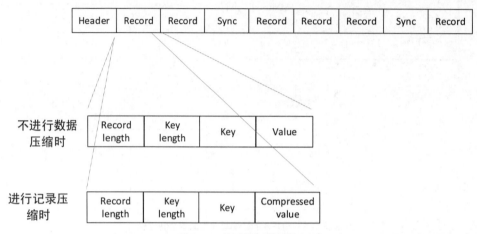

图 3-11　序列化文件格式

文件开头的 Header 记录文件的存储方式、版本号等信息。之后采用键值对的方式记录多条记录，每一个键值对具有记录长度（Record length）、键长度（key length）、行键（key）和数值（value）等信息。每隔若干条记录，会记录一个同步标识（Sync），目的是可以从任意位置识别记录边界。

序列化文件可以进行数据压缩，压缩的方式有三种。

（1）Uncompressed：没有进行压缩。

（2）record compressed（记录压缩）：对记录的 value 值进行逐条压缩（Header 中包含压缩算法信息）

（3）block compressed（块压缩）：将多个记录进行整块压缩，并在块的头部加入同步标记。

在 MapReduce 的 Map 过程中，其输出结果就是以序列化文件方式存储，并根据用户配置进行记录压缩。

序列化文件可细分为多种形式，其中 Map 文件（Mapfile）是一种特殊的序列化文件，其记录都已经按行键排序，并且加入了索引等辅助查询信息。HBase 的数据文件称为 HFile 格式，就是一种 Map 文件的改进形式。

3.3　部署和配置 HDFS

HDFS 的基本操作可以分为集群管理和文件系统操作两种类型，前者包括 Namenode 的格式化、集群启动和停止、集群信息查看等，后者包括对目录、文件和权限等内容的操作。

HDFS 中重要的命令行指令存于 Hadoop 解压目录下的 sbin 目录和 bin 目录，sbin 目录下大多为集群控制脚本（.sh 文件），bin 目录下大多为 Hadoop 的文件系统命令和其他管理维护工具。当执行相应命令时，需要确认当前所在目录，或将所需的目录写入 Path 环境变量。

如果采用集成工具管理 Hadoop，一般无需通过命令行进行集群控制和监控，但还会通过命令行操作文件系统。

HDFS 的信息可以通过命令行和 Web 两种方式进行查看。在默认情况下，Hadoop 使用 50070 端口作为 Web 访问端口，即通过浏览器访问 http://namnode:50070/，其中的 namnode 需要替换为 Namnode 实际的主机名或 IP 地址，50070 为 HDFS 默认的 Web 管理端口，用户可以在配置文件中更换这个端口。注意，随着 Hadoop 的版本演进，该端口可能会有变化。

3.3.1　部署 HDFS

安装、维护并使用 Hadoop 等大数据软件的方式有以下两种。

一是从开源软件的官方网站下载"原生"软件包进行安装，并通过安装其他开源软件等方式进行监控。这种方法的优势在于，完全基于免费软件实现部署，成本较低。由于一切配置、整合均由人工完成，理论上可以实现对集群每个细节的配置与调整。但这种方式的缺陷也很明显，即安装和管理难度大。难度主要来源于两个方面。

（1）配置优化难度。

Hadoop 的各种配置项可达上百个，虽然很多可以使用默认参数，但如果想根据数据特点和硬件配置进行优化，则需要对更多参数进行掌握、调整和测试。除了考虑配置项的取值，还需要注意在配置文件编写、复制等工作中可能出现的错误。

（2）组件整合难度。

在常见的大数据场景中，Hadoop 可能不会单独使用，而是会有多种开源软件相互配合使用。由于这些软件版本众多，且都是由相对独立的团队进行开发维护，因此很容易出现兼容性问题，如果这些问题都靠用户自行解决，需要建立一只具有较高水准的运维团队，其难度和开销都很大。

二是利用集成化软件对 Hadoop 集群进行部署和维护。此类软件通常是对 Hadoop 等开源软件进行封装，提前解决各个组件之间的兼容性问题，并且对部署和配置过程进行简化和易用化设计。此外，还可能会对 Hadoop 等工具进行强化和功能扩展。

本节简要介绍 Hadoop 和 HDFS 的安装过程，由于在不同环境下部署不同版本时的具体步骤有所不同，因此本节只介绍核心步骤与部署原则。

1. **集群规划**

Hadoop 一般部署在分布式环境下。在使用 Hadoop 或 HDFS 时，需要首先根据业务需求和已有的硬件资源，进行集群规划。主要包括以下内容。

（1）Hadoop 系统的规模。

根据当前数据量和未来一段时间内的数据增速，合理规划所需的节点数量、总存储能力等。由于 Hadoop 的横向扩展能力很强，扩展操作也比较方便，因此子节点数量和总存储能力不需要"一步到位"，可以根据实际情况进行逐步扩展。需要注意，Hadoop 默认使用三副本机制，因此总存储能力应该在存储需求的三倍以上。

（2）组件和角色规划。

① 确定随 Hadoop 安装哪些组件，例如，如果要实现 Namenode 的高可用性，就需要额外安装 Zookeeper 组件等。

② 确定组件中的不同角色分别安装在哪些节点上。例如，总共需要几个 Datanode，分别安装在

哪些服务器上，Namenode 是安装在独立的服务器上，还是和某个 Datanode 共享一台服务器等。

③ 根据角色规划确定所需的服务器性能需求，例如，Namenode 所在服务器可以适当加大内存，以适应 fsimage 的可能大小，并且安装多块硬盘，将元数据信息保存在多个硬盘路径上，防止单个硬盘发生故障等。

④ 由于 Hadoop 的横向扩展能力强，因此从节点一般不需要非常高的性能，当计算和存储能力不够时，很多时候可以通过增加从节点数量解决。

（3）配置规划。

对于不同的角色，对其存储信息所在的路径进行规划。Namenode 和 Datanode 一般都可以配置多个存储路径，前者可以实现多副本备份，后者可以实现多硬盘均匀存储。此外，对于各个角色的内存使用、端口占用以及分块大小、副本数量等都需要进行提前规划。

2. Linux 环境准备

HDFS 作为 Hadoop 的核心组件，一般随 Hadoop 一起整体部署。Hadoop 可部署在多台 x86 服务器上，节点数量甚至可以达到数千台以上。服务器一般采用 Linux 操作系统。

Hadoop 采用 Java 语言开发，因此在部署 Hadoop 之前需要安装 Java 运行环境。在 Hadoop2.7 之后，需要安装 Java 7 以上版本。此外，在/etc/profile 文件中需要配置 JAVA_HOME 环境变量，如：

```
export JAVA_HOME=/usr/lib/jvm/jre-1.7.0
```

由于 Hadoop 部署在多服务器上，主从节点之间、各从节点之间以及客户端到各个节点之间需要通过网络相互访问，这需要解决两个问题，首先，确保各个节点之间可以通过 TCP/IP 协议相互访问，其次，通过设置 DNS 或 hosts 文件等方式，使得主机名和 IP 地址绑定，即实现通过主机名即可访问对方。

Hadoop 以及各类配套模块需要使用大量网络端口，而一些 Linux 操作系统会自带 Iptable 等防火墙软件，设置不当可能造成某些功能无法正确运行。因此需要根据 Hadoop 的端口使用情况，合理设置防火墙软件，确保所需端口打开。在不考虑网络安全的情况下，也可以尝试彻底关闭防火墙软件，以简化部署过程。

例如在 CentOS 7 下，可以通过下列命令禁用并停止防火墙服务：

```
systemctl mask filewalld
systemctl stop filewalld
```

Hadoop 的某些指令需要通过 SSH 接口实现在一台主机控制集群所有节点（例如全部启动、全部停止等），因此在部署原生 Hadoop 时，通常会将所有节点的 SSH 服务打开，并配置为无密码访问，相关操作可以参见附录 1。如果采用集成化安装工具，如 Cloudera Manager、Amabri 或华为的 FusionInsight，则需要视软件的具体要求而定。

Hadoop 以及分布式 NoSQL 数据库要求各个节点之间的时间同步，否则会造成组件运行错误，或数据状态异常。最常见的集群时间同步方案是部署 NTP 服务，相关方法可参见附录 2。

完成服务器组网、操作系统安装与配置以及安装 Java 等工作之后，就可以安装 Hadoop 了。原生 Hadoop 软件以压缩包方式存在，只要在所有节点下载、解压，并按照部署规划正确填写配置文件，即可实现安装过程。

3. Hadoop 软件包部署

Hadoop 软件包有以下重要的子目录。

（1）sbin 目录主要存放 HDFS 和 Yarn 组件的集群控制命令。

（2）bin 目录存放 HDFS 的文件系统命令行工具以及 Yarn 等组件的命令行工具。

（3）etc/hadoop 目录存放 Hadoop 的配置文件。

（4）share 目录存放 hadoop 的各类库包（Jar），可以说是整个软件的核心部分。大部分版本会将 HTML 格式的官方文档存放在软件包的 share/doc 目录下。

Hadoop 软件包需要解压缩，并复制到所有节点上，一般情况下，在每个节点上的存储位置都是相同的，并给予足够的用户访问权限。其次是进行系统配置，即将规划的内容在 Hadoop 配置文件中体现出来。不同角色（节点）对配置文件内容有不同的要求，进行简单配置时，也可以将所有节点的配置文件写成一样的。下一节将介绍 HDFS 的配置文件。

3.3.2　HDFS 的基本配置

Hadoop 的配置文件大多以 XML 和 TXT 格式存在。默认存在于 hadoop 安装目录的 etc/hadoop 目录下，重要的配置文件有以下 6 个，本节对其中 4 个进行介绍。

（1）core-site.xml：Hadoop 全局的配置文件，也包含一些 HDFS 的宏观配置。

（2）dfs-site.xml：HDFS 配置文件。

（3）yarn-site.xml：YARN 配置文件。

（4）mapred-site.xml：MapReduce 配置文件。

（5）slaves：从节点列表。

（6）hadoop-env.sh：与运行脚本的环境变量相关的配置文件。

1. core-site.xml

一个最简单的 core-site.xml 文件示例如下：

```
<configuration>
 <property>
      <name>fs.defaultFS</name>
      <value>hdfs://node1:8020</value>
 </property>
 <property>
      ......
 </property>
      ......
</configuration>
```

配置文件包含在 <configuration> 和 </configuration> 标签之内，每个配置项包含在 <property> 和 </property> 标签之内，配置项之间是并列关系。每个配置项一般由一个 name 标签和一个 value 标签组成。

上述示例是一个 core-site.xml 的最简配置，配置项 fs.defaultFS 的值为 hdfs://node1: 8020，即 node1 节点为该集群的 Namenode，调用地址是 node1 节点上的 8020 端口。

2. dfs-site.xml

HDFS 的另一个重要配置文件为 dfs-site.xml，其 Namenode 节点和 Datanode 节点相关的配置项有所不同。

（1）Namenode 的主要配置项有以下 3 个。

① dfs.namenode.name.dir。指明 fsimage 和 editlog 等文件的存储位置，如/hdfs/name1/,/hdfs/name2/。配置值为一个或多个用逗号分割的本地路径，采用多个本地路径时，Namenode 会将元数据信息拷贝多个副本存放。

② dfs.blocksize。指明分块存储空间大小，例如配置为 268435456，即 256MB。在 Hadoop 2.7 以上版中，256MB 为分块默认值。

注意，用户可以在 HDFS 运行一段时间之后重新更改数据块大小。更改生效之前建立的文件分块的大小仍然为旧值，更改生效之后建立的文件分块大小为新值。即在一个 HDFS 系统中，可能存在不同大小的数据块。

③ dfs.replication。指明副本数量，默认为 3。

（2）Datanode 的主要配置项为：dfs.datanode.data.dir。指明 Datanode 中存储数据分块的目录位置，可以是一个或多个用逗号分隔的本地路径。

（3）Secondary Namenode 的主要配置项为：dfs.namenode.checkpoint.dir。指明 Secondary Namenode 中存储待合并的元数据副本信息的目录位置，可以是一个或多个用逗号分隔的本地路径。

3. slaves 文件

在 Namenode 节点还需要建立一个名为 slaves 的文本文件，里面记录所有 Datanode 子节点的主机名，用换行分割，如图 3-12 所示。

图 3-12　slaves 文件内容示例

4. hadoop-env.sh 文件

Hadoop 的配置文件还包括 hadoop-env.sh，其对运行脚本的环境变量进行定义。在该文件中，推荐对 JAVA_HOME 环境变量再进行一次配置，例如：

```
export JAVA_HOME=/usr/lib/jvm/jre-1.7.0-openjdk
```

此外，由于 Hadoop 还包含 Yarn 和 Mapreduce 等组件，因此在实际部署 Hadoop 时，还需要配置 yarn-site.xml 和 mapred-site.Xml 等文件，详情可参考 Hadoop 的官方网站和相关教程。如果采用 Cloudera Manager、Amabri 或华为的 FusionInsight 等集成安装工具，则一般可以通过网页进行配置，不必关心具体的配置文件位置和格式。

core-site.xml、dfs-site.xml、yarn-site.xml 和 mapred-site.xml 是 Hadoop 最主要的配置文件，可以配置上百种参数，如果使用软件默认值，则不需要在文件中重新描述，只有需要改变默认值时，才将配置项写到对应文件中，配置文件中的信息会覆盖软件默认值。在 Hadoop 的官方网站文档中，可以看到左边目录栏最下方的"Configuration"一节，记录了这 4 个配置文件所能配置的所有项目。

5. 配置机架感知策略

在当前的配置内容中，并不能实现"机架感知"，因为 Hadoop 集群并不知道各个节点所在的机架位置。

下面介绍一种实现机架感知的配置内容。

在 core-site 中建立两个配置项。

① net.topology.node.switch.mapping.imp，内容为 org.apache.hadoop.net.TableMapping，表示采用映射文件的方式实现机架映射。

② net.topology.table.file.name，内容为映射文件的路径和名称，如/topology.data。topology.data 的示例内容如图 3-13 所示。

```
192.168.1.200    /dc1/rack1
192.168.1.201    /dc1/rack1
192.168.1.202    /dc1/rack2
```

图 3-13　机架拓扑映射文件内容示例

文件为纯文本文件，内容分为多行两列，每一列记录一台主机的位置信息，列用 Tab 键分割，前一列是主机 IP，后一列是机架位置。机架位置为分级的树形结构，根据节点在树中的位置，确定节点之间的网络距离，在进行三副本存储和执行 MapReduce 任务时，会参考节点的网络归属（即机架位置）和网络距离。

3.3.3　集群的启动和停止

软件包 sbin 目录下的 start-dfs.sh 和 stop-dfs.sh 为 HDFS 的集群启动和停止命令。一般在 HDFS 的 Namenode 执行，负责启动/停止所有节点上的 Hadoop 角色。使用该命令的前提是，集群中的各个节点配置了可无密码访问的 ssh 服务。直接在命令行执行上述命令即可完成操作，无需附加参数选项。指令执行后，HDFS 服务会根据配置文件信息，通过 ssh 方式调用其他节点上的命令启动或停止相应的角色。

如果需要单独启动或停止一个 HDFS 进程，或者对单独的角色进行控制，可以通过下面的命令进行：

```
hadoop-daemon.sh start|stop namenode|datanode|secondarynamenode
```

HDFS 集群启动后，可以在各个节点命令行执行 jps 命令，查看启动是否成功，如图 3-14 所示，该图说明该节点成功运行了 3 个角色。

```
[root@node1 ~]# jps
82865 Jps
67766 DataNode
67915 SecondaryNameNode
67630 NameNode
[root@node1 ~]#
```

图 3-14　利用 jps 命令查看 HDFS 集群的运行情况

还可以通过 http://namnode:50070/查看系统的状态，例如，该系统的启动时间、版本、集群 ID 等信息，如图 3-15 所示。

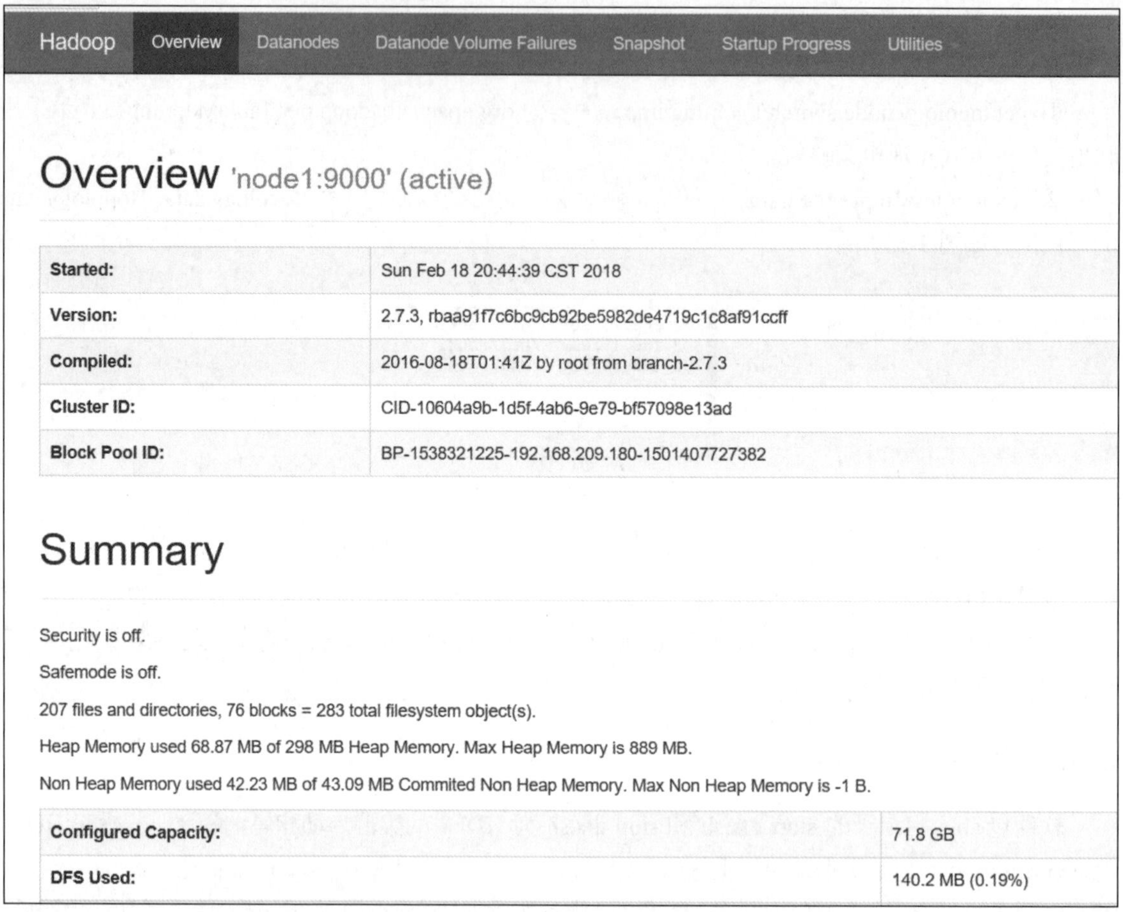

图 3-15　利用 Web 查看 HDFS 集群的运行情况

3.4　使用和管理 HDFS

使用 HDFS 可以通过 Java 或 C 语言编程，或通过命令行命令。查看 HDFS 的状态可以通过 Web 界面或命令行、编程方式实现。管理或控制 HDFS，一般通过命令行方式进行。一些第三方扩展工具则实现了通过 Web 界面进行操作、监控和管理 Hadoop 的功能。

作为文件系统，HDFS 的使用主要指对文件的上传、下载和移动，以及查看内容、建立或删除目录等。

查看 HDFS 状态，主要指查看节点的健康状态，查看存储容量，查看分块信息等。

控制 HDFS，主要指对系统进行初始化，增加或删除子节点，以及提高 HDFS 的可用性等。

3.4.1　管理和操作命令

HDFS 的命令行操作可以通过执行 hdfs 命令实现，即在命令行敲入 "hdfs"。hdfs 命令文件放在 Hadoop 目录下的 bin 子目录中，包含了 HDFS 绝大多数的用户命令，不带任何参数地执行 hdfs，可以看到所有可用的指令，如图 3-16 所示。

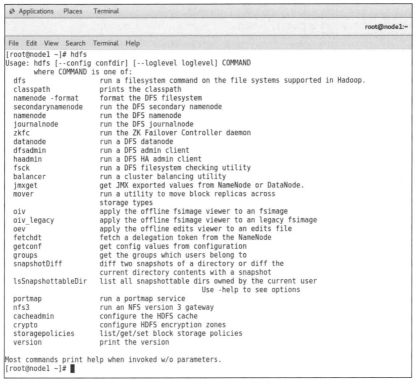

图 3-16　HDFS 的可用指令

上述指令有以下常用操作参数。

（1）dfs：HDFS 的文件系统操作指令。

（2）dfsadmin：HDFS 的集群管理指令，例如，如果查看机架感知状态，可以执行 hdfs dfsadmin –printTopology。

（3）fsck：HDFS 的集群检查工具。

（4）namenode-format：主节点格式化指令。

（5）balaner：数据平衡指令。

3.4.2　格式化 Namenode

在 HDFS 安装好初次启动之前，需要对 Namenode 进行格式化，可以利用如下命令进行：

```
hdfs namenode -format
```

执行效果如图 3-17 所示。

在输入信息时如果没有出现错误提示，则说明格式化成功，此时 Namenode 建立了 fsimage 文件，相当于对文件系统进行了初始化。

如果 HDFS 集群已经使用了一段时间，再次进行格式化时，需要将所有 Datanode 存储的数据块删除。Datanode 中的数据块存储目录可以从配置文件中查到。手动删除数据的原因是，Namenode 格式化之后，会形成新的集群 ID（Cluster ID），如图 3-17 所示，但 Datanode 中存储的集群 ID 仍是旧的，当 Datanode 向 Namenode 上报信息时，会由于集群 ID 不同而出现错误，导致集群启动失败。

```
18/02/18 21:23:49 INFO util.GSet: VM type        = 64-bit
18/02/18 21:23:49 INFO util.GSet: 1.0% max memory 889 MB = 8.9 MB
18/02/18 21:23:49 INFO util.GSet: capacity        = 2^20 = 1048576 entries
18/02/18 21:23:49 INFO namenode.FSDirectory: ACLs enabled? false
18/02/18 21:23:49 INFO namenode.FSDirectory: XAttrs enabled? true
18/02/18 21:23:49 INFO namenode.FSDirectory: Maximum size of an xattr: 16384
18/02/18 21:23:49 INFO namenode.NameNode: Caching file names occuring more than 10 times
18/02/18 21:23:49 INFO util.GSet: Computing capacity for map cachedBlocks
18/02/18 21:23:49 INFO util.GSet: VM type        = 64-bit
18/02/18 21:23:49 INFO util.GSet: 0.25% max memory 889 MB = 2.2 MB
18/02/18 21:23:49 INFO util.GSet: capacity        = 2^18 = 262144 entries
18/02/18 21:23:49 INFO namenode.FSNamesystem: dfs.namenode.safemode.threshold-pct = 0.999000012
18/02/18 21:23:49 INFO namenode.FSNamesystem: dfs.namenode.safemode.min.datanodes = 0
18/02/18 21:23:49 INFO namenode.FSNamesystem: dfs.namenode.safemode.extension     = 30000
18/02/18 21:23:49 INFO metrics.TopMetrics: NNTop conf: dfs.namenode.top.window.num.buckets = 10
18/02/18 21:23:49 INFO metrics.TopMetrics: NNTop conf: dfs.namenode.top.num.users = 10
18/02/18 21:23:49 INFO metrics.TopMetrics: NNTop conf: dfs.namenode.top.windows.minutes = 1,5,2
18/02/18 21:23:49 INFO namenode.FSNamesystem: Retry cache on namenode is enabled
18/02/18 21:23:49 INFO namenode.FSNamesystem: Retry cache will use 0.03 of total heap and retry
18/02/18 21:23:49 INFO util.GSet: Computing capacity for map NameNodeRetryCache
18/02/18 21:23:49 INFO util.GSet: VM type        = 64-bit
18/02/18 21:23:49 INFO util.GSet: 0.029999999329447746% max memory 889 MB = 273.1 KB
18/02/18 21:23:49 INFO util.GSet: capacity        = 2^15 = 32768 entries
Re-format filesystem in Storage Directory /root/work/hadoop_workshop/hdfs/name ? (Y or N) y
18/02/18 21:23:51 INFO namenode.FSImage: Allocated new BlockPoolId: BP-1048495406-192.168.209.1
18/02/18 21:23:51 INFO common.Storage: Storage directory /root/work/hadoop_workshop/hdfs/name
18/02/18 21:23:51 INFO namenode.FSImageFormatProtobuf: Saving image file /root/work/hadoop_work
18/02/18 21:23:51 INFO namenode.FSImageFormatProtobuf: Image file /root/work/hadoop_workshop/ho
18/02/18 21:23:51 INFO namenode.NNStorageRetentionManager: Going to retain 1 images with txid
18/02/18 21:23:51 INFO util.ExitUtil: Exiting with status 0
18/02/18 21:23:51 INFO namenode.NameNode: SHUTDOWN_MSG:
/************************************************************
SHUTDOWN_MSG: Shutting down NameNode at node1/192.168.209.180
************************************************************/
```

图 3-17　Namenode 格式化

3.4.3　Namenode 的安全模式

当 Namenode 启动时，需要将 fsimage 等信息读入内存，并且等待各个 Datanode 上报存储状态，在这个过程完成之前，Namenode 处在"安全模式"（safemode）中，此时 Namenode 为只读状态，即只能读取不能写入，当足够数量的节点以及数据块处在健康状态时，系统会自动退出安全模式，如图 3-18 所示。

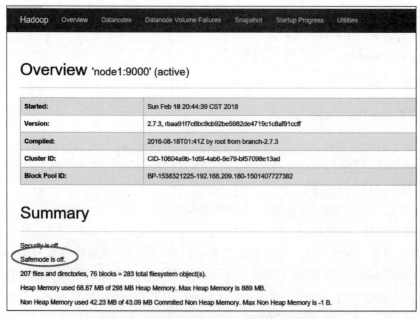

图 3-18　利用 Web 查看 HDFS 集群的运行情况

然而在一些特殊情况下，可能存在 Namenode 无法退出安全模式的现象，此时可以通过如下指令手动对安全模式进行管理：

```
hdfs dfsadmin -safemode [enter | leave | get | wait]
```

其中，leave 选项可以退出安全模式，enter 选项可以进入安全模式，get 选项可以获取是否处在安全模式中的信息，wait 选项则会一直等待到安全模式结束。

3.4.4　元数据恢复

由于 Secondary Namenode 在进行元数据合并时，保存了元数据的副本信息，因此当 Namenode 数据发生损坏时，可以利用 Secondary Namenode 中的数据进行恢复，具体流程如下。

（1）利用 stop-dfs.sh 命令停止整个集群。

（2）清空 Namenode 原有的元数据信息，路径可以从配置项 dfs.namenode.name.dir 中获得。

（3）如果 Secondary Namenode 和 Namenode 没有部署在同一节点上，需要将 Secondary Namenode 存储的副本信息复制到 Namenode，其路径和 Secondary Namenode 中的元数据副本的路径一致，可以从配置项 dfs.namenode.checkpoint.dir 中获得。

（4）执行 hadoop namenode -importCheckpoint，系统将检查副本数据，并将其复制到 dfs.namenode. name.dir 所指示的路径当中。

3.4.5　子节点添加与删除

考虑到大数据业务要求数据不断采集、不断积累，因此需要分布式存储系统和 NoSQL 数据库等实现方便的横向扩展（scale out）。HDFS 可以很方便地进行 Datanode 节点添加和删除。

（1）静态添加/删除 Datanode 的方法。

① 利用 stop-dfs.sh 命令停止整个集群。

② 在 Namenode 节点上的 slaves 配置文件中添加新的节点，或删掉旧的节点。添加新节点时，要确保新节点和其他节点之间主机名和 IP 地址可以相互访问，可以实现 ssh 无密码访问等，参见 Hadoop 集群的部署和配置过程。

③ 利用 start-dfs.sh 重新启动整个集群，在新节点配置正确的情况下，会随命令启动 Datanode 角色，并和 Namenode 连接。

④ 可以执行 hdfs balancer 命令。在节点之间进行手动的数据平衡。删除节点之后，Namenode 会自动检查副本数量，并选择新的节点存储不足的副本。

（2）动态添加 Datanode 的方法。

① HDFS 集群保持运行状态。

② 在 Namenode 节点上的 slaves 配置文件中添加新的节点。确保新节点和其他节点之间主机名和 IP 地址可以相互访问，可以实现 ssh 无密码访问等，参见 Hadoop 集群的部署和配置过程。

③ 在新节点执行 hadoop-daemon.sh start datanode，启动 Datanode 角色。

④ 在主节点执行 hdfs dfsadmin –refreshNodes，刷新节点列表，Namenode 会根据新列表和子节点建立联系。

（3）动态删除 Datanode 的方法。

① HDFS 集群保持运行状态。

② 提前在 hdfs-site.xml 中配置 dfs.hosts.exclude 属性，内容为一个本地文本文件的路径，该文件可以称为 exclude 文件，其结构和 slave 文件的相同，即为每行一个节点主机名的列表。记录在 exclude 文件中的主机，会在刷新之后被记作禁用状态（Decommissioning），并可以在 Web 界面中看到该状态。

③ 在主节点执行 hdfs dfsadmin –refreshNodes，刷新节点列表。

④ 将节点写入 exclude 文件，并执行 hadoop dfsadmin –refreshNodes 刷新节点列表。

添加/删除 Datanode 完成之后，可以通过以下两种手段查看结果。

（1）在命令行执行 hdfs dfsadmin -report 查看节点列表信息。

（2）通过 Web 界面，切换到 Datanodes 标签，可以查看子节点的列表，"In Operation" 表示正在使用的节点，"Decommissioning" 表示目前禁用的节点，如图 3-19 所示。

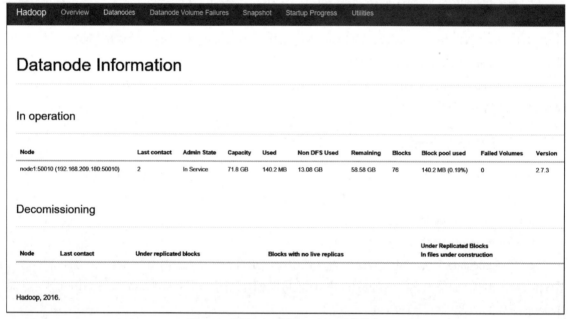

图 3-19　利用 Web 查看 Datanode 的信息

3.4.6　HDFS 文件系统操作

HDFS 提供了类似 POSIX 的命令行文件操作方式，可以通过执行 hdfs dfs 指令来进行各类操作，包括建立、删除目录、HDFS 上的文件复制、移动和改名、本地文件系统和 HDFS 系统之间的文件相互复制等、文件的权限操作等，如图 3-20 所示。

以下是一些常见操作。

（1）-ls，查看文件目录状态。

注意 HDFS 中没有当前目录的概念，因此在-ls 之后必须指明需要查看的目录。如果-ls 之后没有指明目录，则返回的是/user/当前用户名/文件夹下的内容。

示例 1：hdfs dfs -ls /hdfsdir/file1

示例 2：hdfs dfs -ls hdfs://node1:8020/hdfsdir/file1

```
 Applications    Places    Terminal

                                                                    root@node1:~

File  Edit  View  Search  Terminal  Help
Usage: hadoop fs [generic options]
        [-appendToFile <localsrc> ... <dst>]
        [-cat [-ignoreCrc] <src> ...]
        [-checksum <src> ...]
        [-chgrp [-R] GROUP PATH...]
        [-chmod [-R] <MODE[,MODE]... | OCTALMODE> PATH...]
        [-chown [-R] [OWNER][:[GROUP]] PATH...]
        [-copyFromLocal [-f] [-p] [-l] <localsrc> ... <dst>]
        [-copyToLocal [-p] [-ignoreCrc] [-crc] <src> ... <localdst>]
        [-count [-q] [-h] <path> ...]
        [-cp [-f] [-p | -p[topax]] <src> ... <dst>]
        [-createSnapshot <snapshotDir> [<snapshotName>]]
        [-deleteSnapshot <snapshotDir> <snapshotName>]
        [-df [-h] [<path> ...]]
        [-du [-s] [-h] <path> ...]
        [-expunge]
        [-find <path> ... <expression> ...]
        [-get [-p] [-ignoreCrc] [-crc] <src> ... <localdst>]
        [-getfacl [-R] <path>]
        [-getfattr [-R] {-n name | -d} [-e en] <path>]
        [-getmerge [-nl] <src> <localdst>]
        [-help [cmd ...]]
        [-ls [-d] [-h] [-R] [<path> ...]]
        [-mkdir [-p] <path> ...]
        [-moveFromLocal <localsrc> ... <dst>]
        [-moveToLocal <src> <localdst>]
        [-mv <src> ... <dst>]
        [-put [-f] [-p] [-l] <localsrc> ... <dst>]
        [-renameSnapshot <snapshotDir> <oldName> <newName>]
        [-rm [-f] [-r|-R] [-skipTrash] <src> ...]
        [-rmdir [--ignore-fail-on-non-empty] <dir> ...]
        [-setfacl [-R] [{-b|-k} {-m|-x <acl_spec>} <path>]|[--set <acl_spec> <path>]]
        [-setfattr {-n name [-v value] | -x name} <path>]
        [-setrep [-R] [-w] <rep> <path> ...]
        [-stat [format] <path> ...]
        [-tail [-f] <file>]
        [-test -[defsz] <path>]
        [-text [-ignoreCrc] <src> ...]
        [-touchz <path> ...]
        [-truncate [-w] <length> <path> ...]
        [-usage [cmd ...]]

Generic options supported are
-conf <configuration file>     specify an application configuration file
-D <property=value>            use value for given property
-fs <local|namenode:port>      specify a namenode
-jt <local|resourcemanager:port>    specify a ResourceManager
-files <comma separated list of files>    specify comma separated files to be copied to the map reduce cluster
-libjars <comma separated list of jars>     specify comma separated jar files to include in the classpath.
-archives <comma separated list of archives>     specify comma separated archives to be unarchived on the compute machines.

 root@node1:~              hadoop_conf              hdfs-site.xml (~/work/hadoop_conf...
```

图 3-20　HDFS 的文件系统指令

　　如果在 Namenode 上执行指令，可以采用示例 1 的目录书写方式，即隐去节点名称、端口号信息。如果在其他节点（如客户端节点）上执行指令，则可以采用示例 2 比较全面的书写方式，其他相似指令的写法相同。

　　（2）-mkdir，建立新目录。

　　示例 1：hdfs dfs -mkdir /hdfsdir/dir1

　　示例 2：hdfs dfs -mkdir hdfs://node1:8020/hdfsdir/file1

　　（3）-put 或-copyFromLocal，从本地文件系统向 HDFS 复制文件。

　　第一个参数为本地文件，第二个参数为 HDFS 文件或路径，当第二个参数为路径时，会在该路径下建立一个同名文件，此时要确认该路径已经提前建立好。

　　示例 1：hdfs dfs -put localfile/hdfsdir/hdfsfile

示例 2：hdfs dfs -put -f localfile1 localfile2/hadoopdir/

（4）-get 或 copyToLocal，从 HDFS 向本地文件系统复制文件。

第一个参数为 HDFS 文件，第二个参数为本地文件或路径。当第二个参数为路径时，会在该路径下建立一个同名文件。

示例 1：hdfs dfs -get /hdfsdir/hdfsfile localfile

示例 2：hdfs dfs -get /hdfsdir/hdfsfile localpath

（5）-mv 和-cp，在 HDFS 系统中进行文件移动或复制，参数为路径源地址和目的地址，均为 HDFS 路径。

示例 1：hdfs dfs -mv /hdfsdir/file1 /hdfsdir/file2

示例 2：hdfs dfs -cp hdfs://node1:8020/hdfsdir/file1

           hdfs://node1:8020/hdfsdir/file2

（6）-rm，删除文件或空目录，-rmr，以递归方式删除所有文件和子目录。如果在-rm 之后加上 "-r" 参数，则效果和-rmr 相同。

示例 1：hdfs dfs -rm -r /hdfsdir/dir1

示例 2：hdfs dfs -rmr hdfs://node1:8020/hdfsdir/file1

（7）-chown，更改文件归属，-chmod，更改文件权限。二者的用法类似 Linux 系统中的同名命令。如果需要对目录进行操作，则需要加上 "-R" 参数。

示例 1：hdfs dfs -chmod -R 700 /hdfsdir/dir1

示例 2：hdfs dfs -chown root hdfs://node1:8020/hdfsdir/file1

（8）-tail，显示该文件的最后 1KB 内容。由于 HDFS 可能存储 GB 或 TB 级的文件，因此利用该指令可以快速查看文件的大致内容和格式。

示例：hdfs dfs -tail /hdfsdir/file1

（9）-appendToFile，向现有的 HDFS 文件末尾追加文件，追加的内容可以是一个或一系列文件，也可以是 stdin 输入流。早期的 HDFS 并不支持这种操作，当文件写入或复制结束之后，就不能进行更改。新版加入了对追加内容的支持，但仍不支持对文件内容的随机改写。

示例 1：hdfs dfs -appendToFile localfile /hdfsdir/file1

示例 2：hdfs dfs -appendToFile localfile1 localfile2 /hdfsdir/file1

示例 3：hdfs dfs -appendToFile - hdfs://node1:8020/hdfsdir/file 1（通过 stdin 追加内容）

（10）-text，将序列化文件转化成文本显示出来。

示例：hdfs dfs - text /hdfsdir/file1

其他详细指令和示例可以通过官方网站参阅。

3.4.7　以 Web 方式查看文件系统

访问 http://namnode:50070/explorer.html，选择 "Browse the file system" 选项，可以对 HDFS 的目录结构进行查看，如图 3-21 所示。

单击目录名，可以进入该目录看到子目录和文件信息，例如文件的修改时间、副本数、文件的块大小，界面如图 3-22 所示。

Permission	Owner	Group	Size	Last Modified	Replication	Block Size	Name
drwxr-xr-x	root	supergroup	0 B	2017年7月31日 1:39:49	0	0 B	hbase
drwxr-xr-x	root	supergroup	0 B	2017年7月30日 17:47:13	0	0 B	region
drwxr-xr-x	root	supergroup	0 B	2017年8月21日 2:26:32	0	0 B	tez
drwx-wx-wx	root	supergroup	0 B	2017年9月26日 12:59:02	0	0 B	tmp
drwxr-xr-x	root	supergroup	0 B	2017年7月30日 21:09:10	0	0 B	user
drwxr-xr-x	root	supergroup	0 B	2017年7月30日 23:06:23	0	0 B	wc
drwxr-xr-x	root	supergroup	0 B	2017年7月31日 1:38:40	0	0 B	wc-out
drwxr-xr-x	root	supergroup	0 B	2017年7月31日 1:30:59	0	0 B	wc-out-cn
drwxr-xr-x	root	supergroup	0 B	2017年9月26日 12:59:02	0	0 B	wc-out-sort
drwxr-xr-x	root	supergroup	0 B	2017年7月31日 1:36:11	0	0 B	wc-out-submit
drwxr-xr-x	root	supergroup	0 B	2017年8月21日 2:28:43	0	0 B	wc-out-tez
drwxr-xr-x	root	supergroup	0 B	2017年7月31日 1:30:47	0	0 B	wccn

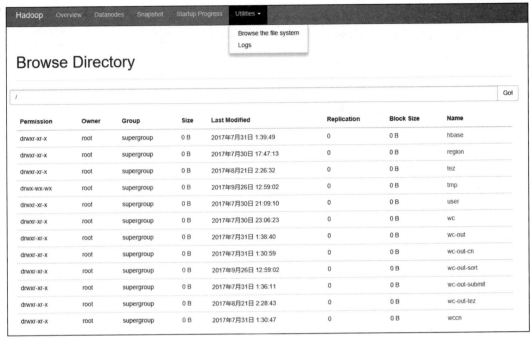

图 3-21　HDFS 文件系统的 Web 界面

Permission	Owner	Group	Size	Last Modified	Replication	Block Size	Name
-rw-r--r--	root	supergroup	1.3 MB	2017年7月30日 23:06:23	1	32 MB	Steve.txt

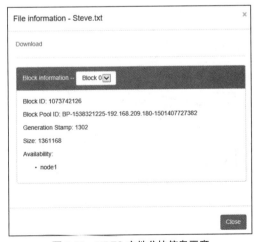

图 3-22　HDFS 文件系统的 Web 界面

单击文件名，可以看到该文件的分块信息并下载文件，界面如图 3-23 所示。

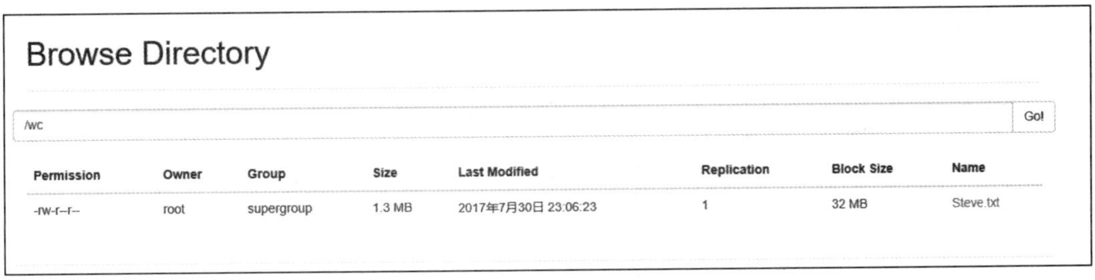

图 3-23　HDFS 文件分块信息示意

通过下拉菜单选择分块，可以查看该分块的 ID、大小和所在节点。结合图 3-22 可以看出，集群设置的分块大小（Block Size）为 32MB，但该文件只有一个分块"block0"，其实际大小为 1361168 字节（1.3MB），不会占用 32MB 空间，但会占用一个分块 ID。

3.5 MapReduce 原理简介

MapReduce 是谷歌公司提出的大数据并行处理计算模型和框架，同时也代表该计算模式在 Hadoop 中的软件实现。常见的大数据统计、分析功能大多可以转化为一轮或多轮 MapReduce 实现。

作为计算模型，MapReduce 可以看作函数式语言的延伸。MapReduce 将原始数据、中间结果以及最终结果都理解为键值对（key-value）。Map 和 Reduce 是两个处理过程，Map 过程对原始数据（分片）中的每条键值对进行处理，处理的逻辑由用户编写（例如：将一句话分成多个词），结果为一条或多条键值对。Reduce 过程将 Map 结果进行分类汇总，每个 Reduce 的输入为具有相同 key 值的一组 value。Reduce 的具体汇总方式由用户编写（如求和、求最大值、求平均值等），汇总结果只有一条键值对。

作为计算框架，MapReduce 解决了如何读取数据分块、如何读取每一条键值对、如何将 Map 结果发给多个执行 Reduce 过程的节点（该过程称为 Shuffle），以及如何存储结果等一系列问题。

作为软件实现，MapReduce 还解决了如何提交任务、如何进行任务调度、如何容错等一系列问题。在编程时，用户只需要编写每一轮运算中 Map 和 Reduce 过程的处理逻辑即可，不需要关注其他和业务逻辑无关的工作。作为软件实现，Hadoop 中的 MapReduce 模块与 HDFS 模块的结合非常紧密。一方面，默认情况下，Map 过程的输入为一个 HDFS 分块大小，也就是说 HDFS 分块大小对 MapReduce 的处理性能有一定影响。Reduce 的输出结果默认存储到 HDFS 之上。另一方面，HDFS 和 HBase 中的一些大规模数据复制、迁移等工作会借助 MapReduce 实现并行化。

图 3-24 描述了 MapReduce 的基本原理。

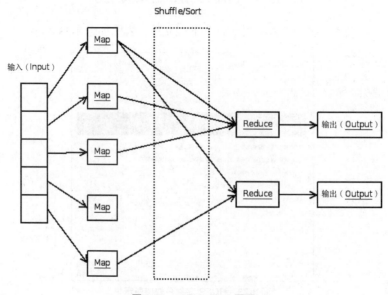

图 3-24　MapReduce 原理

下面通过一个示例描述 MapReduce 的处理过程。

假设需要对大量文章进行词频统计，即统计在这些文章中哪些词汇出现的次数比较多，如果利用 Hadoop 系统 HDFS 存储数据，并利用 MapReduce 分布式处理模型，大致的处理过程是这样的。

（1）将所有文章分为 n 份，分发到 n 个节点上。

（2）所有的节点都统计本节点上文章中各个词汇出现的频率，并且对结果按词语的字典顺序进行排序，这个过程即 Map 过程。

（3）所有的节点都按照统一的划分规则，将排序后的结果划分为 m 组，并且将结果分发到 m 个节点上，这些节点和前一步骤的节点是复用的。

（4）这 m 个节点中，第一个节点获取的是第 2 步所有节点的第一组数据，第二个节点获取的是第 2 步所有节点的第二组数据，以此类推。由于第 2 步所有节点按照统一的标准将数据划分为 m 组，因此在第 3 步中，每个节点从第 2 步 n 个节点获取的 n 个分组中，所包含的词汇是一样的。

（5）m 个节点分别对本地词汇进行词频统计。将 m 个节点的统计结果汇聚到一起，就得到了全部词汇的出现频率结果，可以将这些结果统一存储到 HDFS 文件系统上，这个过程即 Reduce 过程。

（6）第（5）步的结果只实现了词频统计，但其结果是按照词语的字典顺序排序，并非按照词频数量排序，这意味着用户无法直接看到出现频率最高的词频是哪些。要完成词频排序，需要再进行一轮 MapReduce 操作。

（7）可以将第（5）步的结果分为 k 份，分发到 k 个节点。每个节点根据词频数从大到小将本地词汇进行排序（而非词汇的字典顺序），并将结果按照统一规则划分为 j 份（包括词语和频率两列信息）。这是第二轮 Map 过程。

（8）每个节点将第（7）步得到的 j 份结果分发到 j 个节点上，规则和第（4）、（5）步类似，此时，j 份数据中的第 i 块数据，其所有词频数都大于第 $i+1$ 块的，因为数据是先按词频排序后再进行分割的。换句话说，本步骤中，第 i 个节点所获取的所有词语频度，都大于第 $i+1$ 个节点。j 个节点对获得的 k 份数据按照词频排序。

（9）将第（8）步中所有节点的结果统一输出到 HDFS，就可以得到按词频多少排序的统计结果。一般情况下结果为文本文件，将文件从 HDFS 下载打开，内容如图 3-25 所示。

1	11043	the
2	7137	to
3	6416	and
4	5760	a
5	5376	he
6	4765	of
7	4144	was
8	3597	that
9	3501	jobs
10	3373	in
11	3062	it
12	2274	s
13	2241	his
14	2123	i
15	2030	with
16	2004	had
17	1855	for
18	1558	on
19	1482	at
20	1327	but

图 3-25　英文文献词频统计和排序的结果示意

从上述处理过程可以看出，中间结果经历了多次存储和分发过程。

对于中间结果的存储过程，如果中间结果较少，可以尝试将其缓存到各个节点的内存中，如果中间结果较多，数据无法完全缓存到内存中，需要溢写到硬盘上。在利用 Hadoop 系统实现上述业务时，在两次 MapReduce 操作之间（第（6）步），中间结果会存储到 HDFS 分布式文件系统上，数据会被切分成块，均分在分布集群中的主机上，数据块在默认情况下会存储 3 份副本，以保持数据可靠性，这会造成较大的存储开销，并延长总处理时间。

在很多情况下，分布式数据处理任务可能需要经过多次迭代运算才能得到最终结果，这要求所有节点不断将本次处理完的数据汇总到一起，再按新的规则分发到各个节点进行下一轮运算。这种情况需要利用网络进行大量的数据传输工作，因此网络而非节点的处理能力成为分布式处理的主要瓶颈。雅虎公司曾经建立过包含 4000 个节点的 Hadoop 集群，试想，如果上述的中间结果分发在如此大的集群中（假如上述步骤中的 m、n、j、k 等的取值都在 1000 以上），那么所建立的网络连接数量和数据传输总量都是非常可观的（例如在第（3）步，集群中会陆续产生 $m×n$ 个网络连接），这对整体性能的影响是巨大的。

在实施 MapReduce 时需要注意，Map 过程可以单独使用，但 Reduce 过程不可以单独使用。进一步，Map 过程之后可以接另一个 Map 或 Reduce 过程，但 Reduce 过程之后，结果必须写入 HDFS，如果需要继续处理，则必须开始新的一轮 MapReduce，重新从 HDFS 中读取数据，这使得 MapReduce 的处理过程可靠性高但效率较低。

Spark 和 Tez 等软件模块均在 MapReduce 的基础上进行了改进，形成了更加高效的分布式计算框架。其改进重点之一就是多个处理过程的中间结果不是必须要写入 HDFS。

MapReduce 一般用于进行数据批处理。而在 NoSQL 数据库中一般不会使用 MapReduce 进行实时查询，这主要是由于 MapReduce 采用 Java 进程机制实现，其启动速度较慢，难以满足查询的实时性要求。此外由于没有索引或存储格式上的配合，MapReduce 只能通过遍历全部数据等方式进行查询，在数据量极大的情况下很难实时获得结果。

因此，有关 MapReduce 和 Yarn 等模块的详细原理，并不属于 NoSQL 的核心原理，本书不再进行深入介绍。

3.6 Hive 分布式数据仓库

Hive 是基于 Hadoop 实现的分布式数据仓库系统，可以用来实现大数据场景下的分布式数据统计和预处理（ETL）等功能。Hive 可以将 HDFS 文件映射为二维数据表，并且支持将 SQL 语句（实际是 Hive QL 语言，简称 HQL）转化为 MapReduce 或 Tez 过程，其目的是将复杂的 MapReduce 编程转换为简单的 SQL 语句编写。

Hive 也是由 ASF 维护，目前也是和 Hadoop、HBase 等软件平级的独立开源软件。

在数据映射方面，Hive 可以将 CSV、TSV 等具有分隔符的文本文件（如自定义的网站访问日志）映射为不同的列，并且将这些列解释为整型、浮点型等数据类型，尽管这些数据原始都是以字符串的形式存储的。数据映射的信息一般会存储到关系型数据库中，如 MySQL 或 Oracle 等。

对数据进行表映射的最终目的是支持利用 HQL 语言操作数据。HQL 的语法和 SQL 语言类似，但受限于数据特点和 HDFS 的自身特性，并不能提供全部 SQL 语言的功能。例如，由于 HDFS 不支持随机插入数据，因此 HQL 并不支持 Update 和 Insert 等方法，只支持将外部数据导入表中（即复制到 HDFS 上并进行表结构映射），考虑到 HDFS 上的数据基本都是一次写入多次读取的，因此这种特性并不会带来过多困扰。

HQL 支持数据导入、条件查询、数据聚合、排序、多表联合查询等功能，使得用户不需要编写 MapReduce 代码即可完成上述功能，甚至不需要理解 MapReduce 的原理，这为很多传统的数据分析人员提供了极大便利。

由于 Hive 最终是将用户编写的 HQL 语言转化为 MapReduce 过程，因此其性能也必然受制于 MapReduce，这使得 Hive 的实时检索能力很弱。因此，Hive 一般不会被当作 NoSQL 数据库使用，而是作为数据仓库工具或 MapReduce 的替代性工具使用。Hive 的架构如图 3-26 所示。

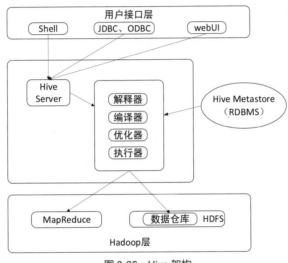

图 3-26　Hive 架构

小结

本章先对 Hadoop 的生态圈、架构和特点以及 HDFS 的架构原理、技术特点等进行了介绍。然后，介绍了 Hadoop 的安装和配置方法，以及 HDFS 的基本命令和管理方式。最后，简要介绍了 MapReduce 和 Hive 的基本原理。

思考题

1. Hadoop 1.x 和 Hadoop 2.x 版本的主要差别是什么？
2. HDFS 是否属于 NoSQL 数据库？请分析一下 HDFS 作为数据库的不足之处。
3. 如果在单机环境下安装 Hadoop，是否可以设置数据三副本机制？原因是什么？
4. Namenode 节点和 Datanode 节点是否会出现单点故障？
5. 是否可以利用 hdfs 命令编辑文本文件？原因是什么？
6. MapReduce 是否适用于数据实时查询？原因是什么？

04 第4章 HBase的基本原理与使用

　　本章介绍 HBase 的基本数据模型、拓扑结构和部署配置方法，并介绍通过命令行和编程方式使用 HBase 的基本方法。

　　HBase 是一种列存储模式与键值对存储模式相结合的 NoSQL 软件，但更多使用列存储模式。HBase 是 Hadoop 家族的重要成员，提供了分布式数据表和更高效的数据查询能力，弥补了 HDFS 只能进行文件管理以及 MapReduce 不适合完成实时任务的缺陷。

　　HBase 利用 HDFS 实现数据分布式存储、数据分块以及多副本等，因此 HBase 本身并不再关心这些内容。但 HDFS 是基于"一次写入多次读取"机制设计的，HBase 在此基础上实现了对记录的更新和删除，这也是 HBase 的一个亮点。

　　作为 NoSQL 数据库，HBase 不支持 SQL 语言，不支持事务、关联查询等功能。使用 HBase 可以通过命令行或 Java 编程等方式。此外，HBase 还通过 Thrift 协议支持 Python 语言访问。

4.1 HBase 概述

HBase 最初作为 Hadoop 的子项目在 2007 年被创建，其原理来自于谷歌公司的 Bigtable。BigTable 并没有成为独立的开源软件，而 HBase 则在长期的发展演进中得以不断完善，成为一种知名度高、应用广泛的 NoSQL 软件系统。HBase 的标志如图 4-1 所示。

图 4-1 HBase 的官方标志

HBase 可以部署在本地磁盘、HDFS 或一些网络存储服务上，默认部署在 HDFS 上，HBase 不需要管理实际的数据存储，只需要对数据结构和文件格式等进行管理，这和 MongoDB、Cassandra 等 NoSQL 数据库有所不同。此外，HBase 最早作为 Hadoop 的子项目存在，目前在 HBase 的安装包中仍包含访问 Hadoop 组件所需的各类库包，这为 HDFS 与 HBase 的联合部署提供了很大的方便。

从分布式存储的角度看，HDFS 的主要优势在于以下 3 点。

（1）将大文件分块，实现元数据统一管理，数据分布式存储，且具有良好的横向扩展性。

（2）实现数据的多副本存储，不必担心由于节点或网络故障造成的数据不可用。

（3）隐藏分块、副本等存储细节，上层应用可以通过类 POSIX 接口实现文件读写。

但如果仅用 HDFS 进行数据管理，也存在一定的问题。

（1）HDFS 不支持对数据的随机改写，早期甚至不支持对文件末尾的追加。因为 Hadoop 认为其所处理的数据是一次写入多次读取的，支持随机读写可能造成系统性能下降或复杂度上升等。

（2）HDFS 没有数据表的概念，假设其存储的文件是 CSV 或 TSV 结构，即采用逗号或 Tab 键分割的多列数据，HDFS 无法定义各个列名等信息。

（3）HDFS 无法针对行数统计、过滤扫描等常见数据查询功能实现快捷操作，一般需要通过 MapReduce 编程实现，且无法实现实时检索。

HBase 是一种面向列模式的 NoSQL 数据库，底层的数据文件一般仍采用 HDFS 存储，但其文件结构和元数据等由自身维护。为了实现并行的数据写入和检索，其元数据（分区信息）采用分布式方式管理，因此 HBase 在数据和元数据层面都是分布式的。具体来说，HBase 具有以下优点。

（1）采用面向列（列族）加键值对的存储模式。

（2）可以实现便捷的横向扩展。HBase 可以利用 HDFS 实现数据的分布式存储以及集群容量的横向扩展。对于元数据管理能力的扩展，则可以通过数据分片的方式进行。

（3）可以实现自动的数据分片。即用户并不需要具备分布式系统的理论知识，也不需要关注数据是如何在分布式集群上进行存储的，因为分片是由集群自动维护的。当用户进行数据查询时，并不需要提前知道数据存储在哪个节点上，或者其元数据由哪个节点管理，用户只要说明检索要求，软件系统会自动进行后续的操作。当用户进行集群扩展后，软件系统也可以自动对分区进行再平衡。

（4）可以实现严格的读写一致性和自动的故障转移。即数据和元数据都采用了多副本机制，其副本之间的同步、故障检测与转移等机制都可以自动实现。

（5）可以实现对全文的检索与过滤。HBase 不仅可以看作面向列的数据结构，同时也是基于键值对模型的数据结构。但 HBase 不仅可以实现基于键的快速检索，还可以实现基于值、列名等的全文遍历与条件检索（基于过滤器实现）。

（6）支持通过命令行或者 Java、Python 等语言来进行操作。可以支持 Spark 和 MapReduce 读取数据和写入数据，即作为这些分布式处理架构的数据源和目的。

4.2 HBase 的数据模型

HBase 采用的是一种面向列的键值对存储模式，如表 4-1 所示。

表 4–1   **HBase 的数据结构示意**

Key	Column Family：basic			Column Family：advanced		
	Columns			Columns		
001	Column qualifier	Value	Timestamp	Column qualifier	Value	Timestamp
	playername	Micheal Jordan	1270073054	Nickname	Air Jordan	1270073054
	Uniform Number	23	1270073054	Born	February 17, 1963	1270073054
	Position	Shooting guard	1270073054	Career points	32292	1270073054
002	Name	Value	Timestamp	Name	Value	Timestamp
	Firstname	Kobe	1270084021			
	Lastname	bryant	1270084021			
	Uniform Number	8	1270084021			
	Position	SG	1270084021			
	Uniform Number	24	1270164055			

表 4-1 中有两行记录，其行键为 "001" 和 "002"，其他所有信息均可以看作是这两行记录中的字段，或者列。

表中有两个列族（Column Family），列族的名字必是可显示的字符串。每个列族中含有若干列（Columns）。列族可以看作 HBase 表结构（Schema）的一部分，需要在建表时预先定义。

对于面向列的存储模式，列则不属于表结构，HBase 不会预先定义列名及其数据类型和值域等内容。每一条记录中的每个字段必须记录自己的列名（也称列标识符，Column qualifier）以及值（Value）和时间戳（Timestamp）。这和关系型数据库有很大的不同，在关系型数据库中，表结构（Schema）是独立存储的。

上述记录方式在关系型数据库中可能会采用以下方式进行记录，如表 4-2 所示。

表 4–2   **面向行的记录方式**

Rowkey	Player name	First name	Last name	Uniform Number	Position	Nick name	Born	Career points
001	Micheal Jordan	NULL	NULL	23	Shooting guard	Air Jordan	February 17, 1963	32292
002	NULL	Kobe	bryant	8	SG	NULL	NULL	NULL
002	NULL	Kobe	bryant	24	SG	NULL	NULL	NULL

关系型数据库中需要将表的结构预先建立，如果需要添加新的列，则需要修改表结构，这可能会对已有数据产生很大的影响。此外，每一行记录在每个列都需要预留存储空间，因此对于稀疏数据来说，表中会产生大量"NULL"值，如果表中含有成千上万的列，则会消耗大量的存储空间。

HBase 并不需要预先设计列的结构，当添加新的列时，只需要在新记录中记录这个列名即可，不会对已有的数据产生任何影响。由于 HBase 每条记录都记录了自己的列名，如果某一行数据不存在某个列，则不会记录该键值对。因此 HBase 不需要对不存在的数据项记录"NULL"值。这使得 HBase 可以支持数以万计的列名，且并不会在数据稀疏的情况下为"NULL"值消耗存储空间。

表 4-3 所示的是表 4-1 中描述列族 HBase 的实际存储方式。

表 4-3　　　　　　　　　　　　　　HBase 的数据存储方式

Rowkey	Qualifier	Value	Timestamp
001	playername	Micheal Jordan	1270073054
001	Uniform Number	23	1270073054
001	Position	Shooting guard	1270073054
002	Firstname	Kobe	1270084021
002	Lastname	bryant	1270084021
002	Uniform Number	8	1270084021
002	Position	SG	1270084021
002	Uniform Number	24	1270164055

逻辑上的两行数据，在实际上被保存为 8 个键值对，或称为单元格（cell）。单元格是由行键、列名、值和时间戳来确定的最小存储单元。键值对的实际存储方式如图 4-2 所示。

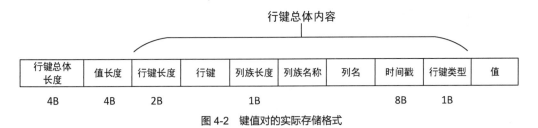

图 4-2　键值对的实际存储格式

每一行数据，或者说每一个键值对包含了行键（Row）、列族名称（Column Family）和列标识符（Column Qualifier），即列名、时间戳、行键类型（Key Type）与值（Value）。

除了值，其他部分可以看作行键总体内容。由于键、列名和值等信息都是不定长的，因此需要记录其长度，从长度字段的 4B 可以看出，键和值的最大长度都是 32KB（字符串长度）。行键类型表明当前记录所表示的行为，例如新增（Put）、删除（Delete）、删除列（DeleteColumn）、删除列族（DeleteFamily）等。

HBase 数据的每一行都有一个时间戳，这主要用来表示数据的更新和版本。例如，行键"002"中的 Uniform Number 列被存储了两次，形成了两个 cell。这代表该数据进行了更新，数值 24 的时间戳大于数值 8，则说明 24 是一个更新之后的值。

当进行数据查询时，HBase 可以查询出某个数据的所有可用版本，再根据查询条件将不需要的数据版本过滤掉，这就是 HBase 的数据更新机制。由于 HBase 默认使用 HDFS 进行数据存储，并且 HDFS

不支持数据更新，因此 HBase 采用时间戳机制来实现数据改写。另外，由于 HBase 避免了原位置数据改写，因此减少了数据更新时的读写开销，降低了产生硬盘碎片的可能性。

在 HBase 中可以实现数十亿条数据场景下，对行键的分布式实时查询。但如果需要对列名或值进行条件检索，则需要对全表进行扫描，其开销较大。

4.3 HBase 的拓扑结构

和 Hadoop 类似，HBase 也采用了主从式的拓扑结构，其主要组件包括一个主节点（称为 Master 或 Hmaster）和若干个从节点（称为 Regionserver 或 Hregionserver）。这里的主从节点均指进程角色，而非物理上的服务器节点。

除此之外，HBase 还需要借助 Zookeeper 集群来实现节点监控和容错。为实现 Master 节点的高可用性（high available，HA），可能会部署多个 Master 节点，其中一个为活跃（active）节点，其他为待命（standby）节点。

Zookeeper 是一个提供分布式协调服务的开源软件，可以实现节点监控、配置同步和命名服务等功能。HBase 软件包中自带了 Zookeeper 服务，但也可以在集群中使用独立安装的 HBase 服务。

HBase 的典型架构如图 4-3 所示。

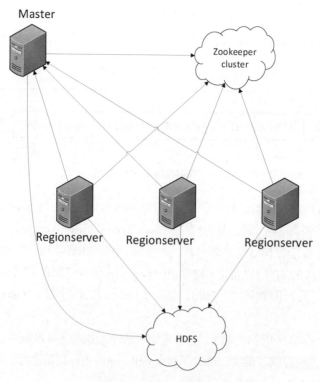

图 4-3　HBase 的拓扑结构

Zookeeper 是一个分布式协调服务，可以实现节点监控、活跃主节点选举、配置维护等功能。在 HBase 集群中，Zookeeper 主要实现两方面功能，一是维护元数据的总入口，以及记录 Master 节点的地址；二是监控集群，如果 Hregionrever 出现故障，则通知 Master，Master 会将其负责的分区移交给其他 Regionserver。另外，当活跃 Master 节点故障的情况下，Zookeeper 会在备用 Master 节点中选举一个新的活跃 Master 节点。

Master 节点是所有 Regionserver 的管理者，负责对 Regionserver 负责的数据范围进行分配，但不负责管理用户数据表。

Regionserver 是用户数据表的实际管理者，在分布式集群中，数据表会进行水平分区，每个 Regionserver 只会对一部分分区进行管理，负责数据的写入、查询、缓存和故障恢复等。用户表最终以文件形式存储在 HDFS 上，但如何写入并维护这些文件，则是由 Regionserver 负责的。

Zookeeper、Master 和 Regionserver 都只是逻辑上的节点（或称为角色），在一台服务器上可以同时部署这三种角色，但在同一服务器上，一般每种角色只部署一个。

4.4　HBase 部署与配置

HBase 是开源软件，可以免费获取软件包，并获取技术文档。HBase 的版本更新方式和 Hadoop 类似，均采用三级版本号，如 HBase 1.2.5。部署 HBase 可以通过原生软件包或集成管理环境完成，本节介绍如何通过原生软件包进行部署。

HBase 的部署过程如下。

（1）配置 Hadoop

HBase 采用 HDFS 作为底层存储，因此在部署和运行 HBase 之前，需要先部署和运行 Hadoop。HBase 也可以进行单机部署，将数据存储在本地，不过这样一般只用于测试。

和 Hadoop 相同，HBase 也是基于 Java 语言开发，各角色需要运行在 JVM 环境中。HBase 对于操作系统、Java 环境、网络环境等配置要求和 Hadoop 也是类似的，因此，为了简化安装过程，加速对 HDFS 的访问，HBase 一般也会部署在 HDFS 的 Namenode、Datanode 所在的各台服务器上。此时，只需要对 HBase 自身进行规划和配置即可。

（2）HBase 的目录结构

HBase 的软件包下载后解压，并进行配置即可使用。在软件包中有三个重要的子目录。

bin 目录中存放集群控制命令，以及启动 HBase shell 的指令。

lib 目录中存放 HBase 的各种库包（Jar 包为主），即 HBase 的核心组件所在目录。

conf 目录中存放各类配置文件。其中最重要的配置文件是 hbase-site.xml 文件，在本章后续部分以及下一章中，当提到配置项时，如果没有特别说明，则都在 hbase-site.xml 文件中配置，格式和 Hadoop 的 Core-site.xml 等文件格式相同。如下面例子所示：

```
<configuration>
      <property >
      <name>hbase.rootdir</name>
      <value>hdfs://node1:8020/hbase</value>
      </property>
   ......
   </configuration>
```

conf 目录中的重要配置文件还包括设置脚本环境变量的 hbase-env.sh 文件，其作用和写法与 Hadoop-env.sh 文件类似。

（3）HBase 的配置文件

对 HBase 进行配置，需要进行如下配置。

在文本形式的配置文件 hbase-env.sh 中的适当位置加入下列选项。

（1）export JAVA_HOME=/usr/java/jdk1.8.0_91，该选项指明 Java 环境的根目录。

（2）export HBASE_MANAGES_ZK=true，该选项指明是采用独立的 Zookeeper 集群还是采用 HBase 自带的 Zookeeper 集群提供分布式协调服务。

如果当前应用系统中只有 HBase 需要用到 Zookeeper，可以将该选项设置为 true，这样 HBase 会使用自带 Zookeeper 提供所需服务，省去单独配置 Zookeeper 的步骤。如果有多个组件用到 Zookeeper，则可以独立部署 Zookeeper 服务，此时需要将该选项设置为 false。

hbase-site.xml 是 HBase 最主要的配置文件，可以配置数十种参数，但如果使用软件默认值，则不需要在文件中重新描述一遍。HBase 详细的配置内容达到数十项，可以参考官方网站的介绍。

在 hbase-site.xml 中配置以下 3 个最基本的选项。

① hbase.rootdir，该选项指明 HBase 数据在 HDFS 上的根目录。所配置的路径必须是可以被 HBase 访问到的 HDFS 地址和端口，以及有足够访问权限的目录，如 hdfs://node1:8020/hbase。为了使 HBase 了解 Hadoop 的配置情况，在手动部署 HBase 时，通常会将 Hadoop 的主要配置文件，如 core-site.xml 和 hdfs-site.xml 等，复制到 HBase 的配置目录下。

② hbase.cluster.distributed，该选项指明将 HBase 部署在单机上还是集群上，其值可以为 true 或 false。在集群化部署时，应将值设置为 true。

③ hbase.zookeeper.quorum，Zookeeper 的节点列表，以逗号隔开，如 node1,node2,node3。Zookeeper 服务的默认端口为 2181，默认情况下只需要指明服务器主机名即可访问。

在 conf 目录下名为 regionservers 的文件中配置 Regionserver 列表。regionservers 是一个纯文本文件，内容和格式与 Hadoop 的 slaves 文件相同，即每行一个 Regionserver 主机名。

为简单起见，可以将 HBase 的安装目录，包括上述一系列配置文件，复制到集群中的各个节点上。

部署完成后，可以在 Master 所在节点执行/bin/start-hbase.sh，将整个集群启动；若停止整个集群，则执行 bin/stop-hbase.sh 命令。启动之后可以通过命令行键入 jps 命令，查看各角色的启动情况，如图 4-4 所示。

```
[root@node1 ~]# start-hbase.sh
node1: starting zookeeper, logging to /root/work/hadoop_workshop/log/hb
node1: SLF4J: Failed to load class "org.slf4j.impl.StaticLoggerBinder".
node1: SLF4J: Defaulting to no-operation (NOP) logger implementation
node1: SLF4J: See http://www.slf4j.org/codes.html#StaticLoggerBinder fo
starting master, logging to /root/work/hadoop_workshop/log/hbase/hbase-
node1: starting regionserver, logging to /root/work/hadoop_workshop/log
[root@node1 ~]# jps
43424 HRegionServer
25491 DataNode
25671 SecondaryNameNode
43224 HQuorumPeer
43515 Jps
25356 NameNode
43294 HMaster
[root@node1 ~]#
```

图 4-4　通过 jps 命令查看 HBase 的启动情况

图 4-4 中的 HMaster 和 HRegionserver 即为 HBase 的主从节点角色，HQuorumPeer 为 Zookeeper 服务节点。从图中还可以看出，该服务器还运行了 HDFS 的主从节点角色。

在 HBase 正常启动后，可以查看 HBase 的运行情况。其中字符串 hamster 需要替换为 Hmaster 的实际主机名或 IP 地址，16010 为 HBase 默认的 Web 监控端口，可以通过配置文件修改，早期 HBase 使用的则是 60010 端口。HBase 的 Web 监控界面如图 4-5 所示。

图 4-5　通过 Web 界面查看 HBase 的运行情况

在首页中有以下 4 类主要信息。

（1）Master 节点，即当前节点的主机名。

（2）Regionserver 的列表和基本信息。

（3）备用 Master 节点的列表。

（4）当前可见的用户表列表及其基本信息。

在 Web 页面的顶端可以看到图 4-6 所示的主菜单。

图 4-6　HBase Web 界面主菜单

通过菜单可以看到用户表的详细信息（Table Details）、日志信息（Local logs）以及 HBase 的配置参数（HBase Configuration），这其中也包含了大量默认参数的取值，可供集群优化时参考。

此外，HBase 成功安装并启动后，可以从 HDFS 看到 HBase 所使用的目录，默认情况下为 /hbase，如图 4-7 所示。

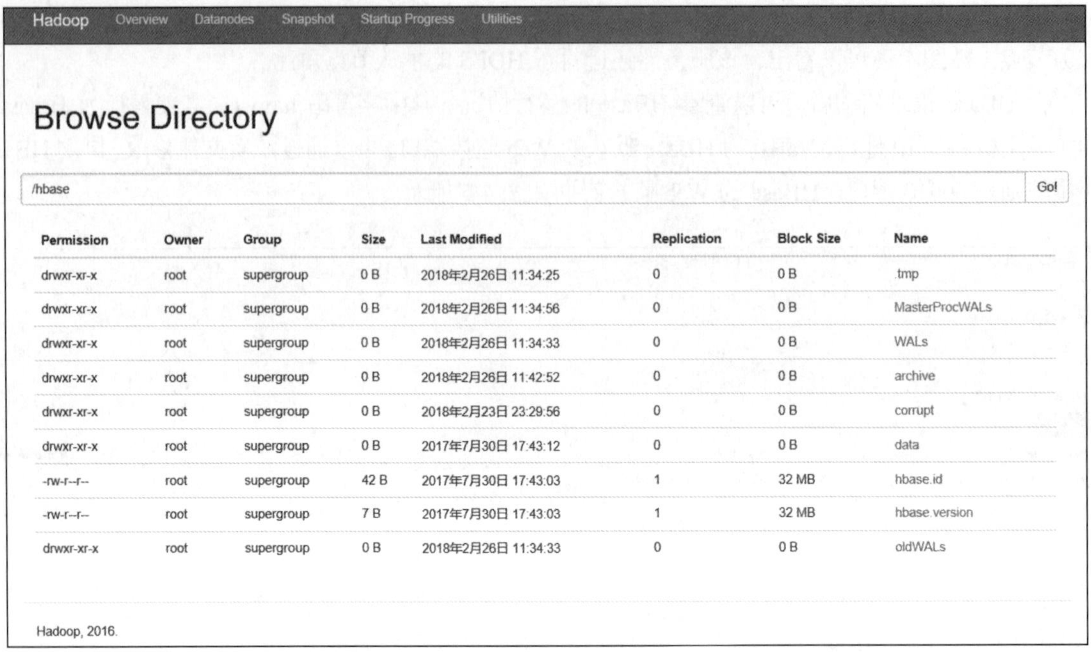
Hadoop　Overview　Datanodes　Snapshot　Startup Progress　Utilities

Browse Directory

/hbase　Go!

Permission	Owner	Group	Size	Last Modified	Replication	Block Size	Name
drwxr-xr-x	root	supergroup	0 B	2018年2月26日 11:34:25	0	0 B	.tmp
drwxr-xr-x	root	supergroup	0 B	2018年2月26日 11:34:56	0	0 B	MasterProcWALs
drwxr-xr-x	root	supergroup	0 B	2018年2月26日 11:34:33	0	0 B	WALs
drwxr-xr-x	root	supergroup	0 B	2018年2月26日 11:42:52	0	0 B	archive
drwxr-xr-x	root	supergroup	0 B	2018年2月23日 23:29:56	0	0 B	corrupt
drwxr-xr-x	root	supergroup	0 B	2017年7月30日 17:43:12	0	0 B	data
-rw-r--r--	root	supergroup	42 B	2017年7月30日 17:43:03	1	32 MB	hbase.id
-rw-r--r--	root	supergroup	7 B	2017年7月30日 17:43:03	1	32 MB	hbase.version
drwxr-xr-x	root	supergroup	0 B	2018年2月26日 11:34:33	0	0 B	oldWALs

Hadoop, 2016.

图 4-7　从 HDFS 中查看 HBase 的存储情况

4.5　子节点伸缩性管理

HBase 具有良好的横向扩展性，可以做到集群运行时添加或删除 Regionserver，这一点和 Hadoop 类似。由于 HBase 的监控机制和 Hadoop 不同（基于 Zookeeper），在横向伸缩的操作上甚至更加简单。

动态添加的主要步骤如下。

（1）在新节点部署配置 HBase 软件，并配置 Regionserver，确认配置中的 HMaster 地址等参数正确，确保网络通畅。

（2）在 Master 中名为 Regionserver 的列表文件中添加新节点的主机名。注意要确保 Master 可以通过主机名访问到新节点。

（3）在新节点运行：

```
hbase-daemon.sh start regionserver
```

（4）可以通过 hbase shell 中运行 status 命令确认操作。

动态删除 HBase 节点的主要步骤如下。

① 在需要删除的节点上执行：

```
hbase-daemon.sh stop regionserver
```

② 或者执行“优雅退出”（参数为主机名）：

```
graceful_stop.sh HOSTNAME
```

优雅退出意为该节点不再接受新的服务请求，但也不会立刻停止对已连接客户端的服务。当所有已连接客户端请求均已完成后，则退出进程。

当节点退出进程后，Master 会通过 Zookeeper 发现这一情况，并将该节点负责的分区重新分配给其他 Regionserver 管理。考虑到 HBase 的所有底层文件都存储在 HDFS 上，因此 Regionserver 的重新分配不涉及大量的数据迁移，可以在较快时间内完成。

4.6　HBase 的基本操作

4.6.1　HBase Shell

HBase Shell 是一个基于 Ruby 语言开发的命令行操作环境。在 HMaster 主机上，可以通过命令行键入 hbase shell，进入 HBase 的命令行环境，进入 HBase Shell 后会看到类似如下形式的命令提示符：

```
hbase(main):002:0>
```

在 Shell 模式下，可以对集群、数据表和数据进行各项常规操作（如集群的宏观情况）进行查看，可以使用如下命令。

（1）version：显示当前 HBase 的版本号。

（2）status：显示各主节点的状态，之后可以加入参数。

（3）whoami：显示当前用户名。

退出 Shell 模式时，可以采用以下命令。

exit 或 quit：退出 HBase Shell。

上述命令的执行效果如图 4-8 所示。

```
hbase(main):012:0> version
1.2.5, rd7b05f79dee10e0ada614765bb354b93d615a157, Wed Mar  1 00:34:48 CST 2017

hbase(main):013:0> status
1 active master, 0 backup masters, 1 servers, 0 dead, 10.0000 average load

hbase(main):014:0> whoami
root (auth:SIMPLE)
    groups: root

hbase(main):015:0>
```

图 4-8　HBase Shell 的命令示例

HBase shell 可以完成集群管理、表和数据读写等基本操作。

4.6.2　表和列族操作

HBase 的表结构（schema）只有表名和列族两项内容。但列族的属性很多，在建立和修改表结构时，可以对列族的数量和属性进行设定。

在 HBase Shell 中操作表有以下 Shell 命令。

① create：创建表

② alter：修改表结构

③ describe：描述表结构

④ exist：确认表是否存在

⑤ list：显示所有表名列表

⑥ disable/enable：禁用/解禁一个表

⑦ disable_all/enable_all：禁用/解禁所有表

⑧ is_disabled：确认表是否被禁用

⑨ drop/drop_all：删除一个或全部表

⑩ truncate：禁用、删除并重建一个表

下面对上述几个常用命令做详细介绍。

1. 创建表

在创建表时，必须要指明两个参数：表名和列族的名字，列族可以不止一个。同时可以对表和列族指明一些参数。创建表采用 create 命令，示例命令如下：

```
create 'player','basic'
create 'player','basic'.'advanced'
create 'player1', 'basic', MAX_FILESIZE => '134217728'
```

第一条命令指示建立一个名叫 player 的表，其中含有一个列族 basic。第二条命令在 player 表中建立了两个列族，由于没有对列族参数进行定义，因此此列族均使用默认参数。第三条命令对表中所有列族设定，所有分区单次持久化的最大值为 128MB。

注意，在 HBase Shell 语法中，所有字符串参数都必须包含在单引号中。此外，在 HBase Shell 中，对于参数的大小写敏感，执行：

```
create 'PLAYER','basic'
create 'player','basic'
```

结果会建立两个不同的表。同理，同一个表中不能有同名的列族，下面命令会报错：

```
create 'player','basic','basic'
```

但下面的命令可以通过：

```
create 'player','basic','Basic'
```

如果需要在建表时指定列族的参数，则可以以如下方式：

```
create 'player', {NAME => 'basic', VERSIONS => 5, BLOCKCACHE => true}
```

其中大括号内是对列族'basic'进行描述，定义了"VERSIONS => 5"，意思是对于同一个 cell，保留最近的 5 个历史版本。BLOCKCACHE 设为 true，意思是允许读取数据时进行缓存。对于建表时未指定的列族参数，则采用默认值。

注意大括号中的语法，NAME 和 VERSION 为参数名，不需要用括号引用。符号"=>"表示赋值，basic 是字符串类型，用单引号包括，5 是数值类型，true 可看作布尔类型，均没有用单引号包括，其他命令语法都是类似的。

2. 查看表名列表

创建表之后，可以通过 list 命令查看当前所有表名，如图 4-9 所示。

```
hbase(main):006:0> list
TABLE
NEWTABLE
P1
Player
Region_HHBASE
SYSTEM.CATALOG
SYSTEM.FUNCTION
SYSTEM.SEQUENCE
SYSTEM.STATS
player
t_wc_out
xyz
11 row(s) in 0.0150 seconds
```

图 4-9　list 命令示意

或者采用 exist 命令查看：

```
exist 'player'
```

3. 描述表结构

还可以通过 describe 命令查看选定表的列族及其参数。

```
describe 'player'
```

效果如图 4-10 所示。

```
hbase(main):008:0> describe 'player'
Table player is ENABLED
player
COLUMN FAMILIES DESCRIPTION
{NAME => 'basic', BLOOMFILTER => 'ROW', VERSIONS => '1', IN_MEMORY => 'false',
KEEP_DELETED_CELLS => 'FALSE', DATA_BLOCK_ENCODING => 'NONE', TTL => 'FOREVER',
 COMPRESSION => 'NONE', MIN_VERSIONS => '0', BLOCKCACHE => 'true', BLOCKSIZE =>
 '65536', REPLICATION_SCOPE => '0'}
1 row(s) in 0.0240 seconds

hbase(main):009:0>
```

图 4-10　describe 命令示意

上述详细信息也可以在 HBase 的 Web 界面中查看，如图 4-11 所示。

Tables

User Tables　System Tables　Snapshots
12 table(s) in set. [Details]

Namespace	Table Name	Online Regions	Offline Regions	Failed Regions	Split Regions	Other Regions	Description
default	NEWTABLE	1	0	0	0	0	'NEWTABLE', {NAME => 'cf1'}, {N
default	P1	1	0	0	0	0	'P1', {NAME => 'Basic'}, {NAME =
default	Player	1	0	0	0	0	'Player', {NAME => 'basic'}
default	Region_HHBASE	1	0	0	0	0	'Region_HHBASE', {NAME => 'cf

图 4-11　通过 Web 界面查看表结构

4. 修改表结构

如果在创建之后，要对表结构进行修改，如增加列族或修改列族参数，可以使用 alter 命令。下列两条指令都会在表中增加一个 advanced 列族。

```
alter 'player', 'advanced'
alter 'player', 'basic', {NAME => 'advanced', IN_MEMORY => true}
```

如果 basic 列族存在，则下列指令会修改其参数。注意，如果修改已存有数据的列族属性，则 HBase 需要对已有数据进行修改，如果已有数据量很大，则修改可能占用较长时间。

```
alter 'player', {NAME => 'basic', IN_MEMORY => true}
```

删除一个列族，以及其中包含的数据，可以采用下列一种写法。

```
alter 'player', 'delete'=>'advanced'
alter 'player', {NAME=>'advanced', METHOD=>'delete'}
```

注意：表中至少要包含一个列族，表中只有一个列族时，无法将其删除。注意在语法规则上，关键字 delete 需要加单引号。

5. 删除表

受 HBase 数据写入机制的影响，在删除表之前，需要先将表禁用，再进行删除：

```
disable 'player'
```

可以用 is_disabled 指令查看禁用是否完成：

```
is_disabled 'player'
```

删除表：

```
drop 'player'
```

下列命令可以顺序完成禁用、删除表和所有数据，并按原结构重新建立空表，也就是说将原有表中所有数据清空：

```
truncate 'player'
```

4.6.3 数据更新

1. 数据插入

在命令行中，可以实现插入和修改单条记录，其命令都是采用 put，例如：

```
put 'player', '001', 'basic:playername', 'Micheal Jordan',1
put 'player', '002', 'basic:firstname', 'kobe'
put 'player', '002', 'basic:lastname', 'byrant'
```

上述命令中，第一个参数是表名。

第二个参数为行键的名称，一般为字符串类型。

第三个参数是列族和列的名称，中间用冒号隔开。列族的名称必须是已存在的，否则 HBase 将会报错。列名则可以是任意值，因为列名并不是表结构的一部分。

第四个参数为 cell 的值，由于 HBase 是无数据类型的，因此只写入字符串即可。

第五个参数为时间戳，或者数据版本号，数值越大表示时间或版本越新。如果省略这个参数，则系统会自动插入当前时间作为时间戳。

2. 数据更新

如果 put 语句中的 cell 是已经存在的，即行键、列族列名已经存在，但不考虑时间戳，此时执行 put 语句，则视为数据更新。

```
put 'player', '001', 'basic:playername', 'air Jordan',2
```

在默认情况下，数据发生更新后，旧版数据将不可见。但如果在建表时对列族制定了属性"VERSIONS => n"，则用户可以查询到同一个 cell，最新的 n 个数据版本。

3. 数据删除

删除数据采用 delete 命令，其语法和 put 类似，必须指明表名和列族名称。第三个参数列名和第四个参数时间戳则是可选参数。

```
delete 'player', '002', 'basic'
delete 'player', '002', 'basic:lastname'
delete 'player', '002', 'basic:lastname',2
```

第三条命令指明了时间戳 2，其效果是所有时间戳小于等于 2 的数据都会被删掉，而不是只删除时间戳等于 2 的数据。

此外，从语法可以看出，delete 命令的最小粒度是 cell，且不能跨列族删除。如果想删除表中所有列族在某个行键上的数据，即删除一个逻辑行，则需要用 deleteall 命令。

```
deleteall 'player','002'
deleteall 'player','002',1
```

deleteall 不需要指定列族和列的名称。

分析 HBase 的数据结构和 HDFS 原理可知，HBase 并不能做到实时删除数据，当 HBase 删除数据时，可以看作为这条数据（相关的键值对）put 了新的版本，该版本具有一个删除标记（tombstone）。

4. 计数器

使用 incr 命令可以将 cell 的数值在原值上加入指定数值，例如以 10 为单位计数：

```
incr 'player','001','basic:scores',10
```

连续使用两次上述命令，其累加效果如图 4-12 所示。

```
hbase(main):021:0> incr 'player','001','basic:scores',10
COUNTER VALUE = 10
0 row(s) in 0.0390 seconds

hbase(main):022:0> get 'player','001','basic:scores'
COLUMN                          CELL
 basic:scores                   timestamp=1519669629650, value=\x00\x00\x00\x00\x00\x00\x00\x0A
1 row(s) in 0.0150 seconds

hbase(main):023:0> incr 'player','001','basic:scores',10
COUNTER VALUE = 20
0 row(s) in 0.0120 seconds

hbase(main):024:0> get 'player','001','basic:scores'
COLUMN                          CELL
 basic:scores                   timestamp=1519669653724, value=\x00\x00\x00\x00\x00\x00\x00\x14
1 row(s) in 0.0230 seconds
```

图 4-12　HBase 的计数器效果示意

使用 get_counter 命令可以查看计数器的当前值。

```
get_counter 'player','001','basic:scores'
```

4.6.4　数据查询

HBase 中只有以下两种基本的数据查询方法。

① get：根据行键获取一条数据。

② scan：扫描一个表，可以指定行键范围或使用过滤器限制范围。

1. 按行键获取数据

get 命令的必选参数为表名和行键名。

```
get 'palyer', '001'
```

也可以同时指明列族名称、时间戳的范围、数据版本数、以及使用过滤器。

```
get 'palyer', '001',{COLUMN=>'basic'}
get 'palyer', '001',{COLUMN=>'basic', TIMERANGE =>[1,2]}
get 'palyer', '001',{COLUMN=>'basic', VERSIONS => 3}
get 'palyer', '001',{COLUMN=>'basic', TIMERANGE =>[1,2] , VERSIONS => 3}
get 'player', '001',{FILTER => "ValueFilter(=,'binary:Michael Jordan 1')"}
```

图 4-13 展示了在 get 语句中使用限定词 VERSIONS 的效果。注意：上述第三条 put 数据时，没有手动填写时间戳，系统以当前时间自动生成一个长整型的时间戳。

```
hbase(main):043:0> put 'player','001','basic:playername', 'Micheal Jordan 1',1
0 row(s) in 0.1380 seconds

hbase(main):044:0> put 'player','001','basic:playername', 'Micheal Jordan 2',2
0 row(s) in 0.0050 seconds

hbase(main):045:0> put 'player','001','basic:playername', 'Micheal Jordan 3'
0 row(s) in 0.0170 seconds

hbase(main):046:0> get 'player','001',{COLUMN => 'basic' ,VERSIONS => 3}
COLUMN                                   CELL
 basic:playername                        timestamp=1519665514308, value=Micheal Jordan 3
 basic:playername                        timestamp=2, value=Micheal Jordan 2
 basic:playername                        timestamp=1, value=Micheal Jordan 1
3 row(s) in 0.0070 seconds
```

图 4-13　get 语句的效果示意

2. 数据扫描

如果不指定行键，则 HBase 只能通过全表扫描的方式查询数据。

```
scan 'player'
```

指定列族名称。

```
scan 'player', {COLUMN => 'basic'}
```

指定列族和列名。

```
scan 'player', {COLUMN => 'basic:playername'}
```

指定输出行数。

```
scan 'player', {LIMIT => 1}
```

指定行键的范围，当采用多个限定条件时，中间用逗号隔开表示 AND 关系。

```
scan 'player', { STARTROW=> '001',ENDROW =>'002'}
```

指定时间戳或时间范围。

```
scan 'player', { TIMESTAMP => 1}
scan 'player', { TIMERANGE => [1, 3]}
```

使用过滤器。

```
scan 'player', FILTER=>"RowFilter(=,'substring:0')"
```

指定对同一个键值返回的最多历史版本数量。

```
scan 'player',{ VERSIONS=> 1}
```

上述限定条件也可以联合使用，中间用逗号隔开，进一步限制扫描的范围。

在大数据场景下，执行 scan 方法时需要扫描的数据量可能较大，因此查询效率也会低于基于行键的 get 方法。

3. 行计数

采用 count 指令可以计算表的逻辑行数。

```
count 'player'
```

从 HBase 的数据结构可以看出，一个逻辑行可能由多个实际的行（即 cell）组成，相同行键的 cell 看作一个逻辑行，无论其归属哪个列族。因此 HBase 表中的函数并不能直接统计，而是需要进行全表扫描计数，如果发现重复的行键，则不纳入计数，如果有 cell 标记为删除，则不纳入计数。因此和关系型数据库不同，HBase 表的行计数是一个开销较大的过程，在大数据场景下可能需要持续很长时间，一般情况下，HBase 会使用 Hadoop 的 MapReduce 架构，进行分布式扫描和计数。

通过以下指令，可以在统计完 10000 行之后，在屏幕上显示进度。

```
count 'player', INTERVAL => 10000
```

4.6.5　过滤查询

在进行查询时，无论是 get 方法还是 scan 方法，均可以使用过滤器（filter）来显示扫描或输出的范围。在 HBase Shell 中使用：

```
show_filters
```

可以看到当前支持的过滤器类型，如图 4-14 所示。

```
hbase(main):011:0*
hbase(main):012:0* show_filters
DependentColumnFilter
KeyOnlyFilter
ColumnCountGetFilter
SingleColumnValueFilter
PrefixFilter
SingleColumnValueExcludeFilter
FirstKeyOnlyFilter
ColumnRangeFilter
TimestampsFilter
FamilyFilter
QualifierFilter
ColumnPrefixFilter
RowFilter
MultipleColumnPrefixFilter
InclusiveStopFilter
PageFilter
ValueFilter
ColumnPaginationFilter
```

图 4-14　HBase 中的过滤器

在使用时，过滤器一般需要配合比较运算符或比较器共同使用。

比较运算符是指大于 ">"、小于 "<"、等于 "="、不等于 "!="、大于等于 ">="、小于等于 "<=" 等运算符。

比较器有以下几种。

（1）BinaryComparator：完整字节比较器，如 binary:001，表示用字典顺序依次比较数据的所有字节。

（2）BinaryPrefixComparator：前缀字节比较器，如 binaryprefix:001，表示用字典顺序依次比较数据的前三个字节。

（3）RegexStringComparator：正则表达式比较器，如 regexstring:a*c，表示字符串 "a" 开头，"c" 结尾的所有字符串。只可以用等于或不等于两种运算符。

（4）SubstringComparator：子字符串比较器，如 substring:00。只可以用等于或不等于两种运算符。

（5）BitComparator：比特位比较器。只可以用等于或不等于两种运算符。

（6）NullComparator：空值比较器。

在 HBase Shell 中可以按下面语法使用过滤器。

```
scan 'player', FILTER=>"RowFilter(=,'substring:0')"
scan 'player', {FILTER=>"RowFilter(=,'substring:0')"}
```

即用 FILTER=> "过滤器（比较方式）" 的方式指明所使用的过滤方法，整体可以用大括号引用，上述两条语句是等价的。

在语法格式上，过滤的方法用双引号引用，而比较方式用小括号引用。

比较方式中包含了比较运算符或比较器，以及其他相关参数，例如被比较的字符串等。在上述例子中，等号为比较运算符，单引号中的"substring:0"为比较器。

下面介绍一下常见过滤器的用途。

1. 行键过滤器

（1）RowFilter：可以配合比较器及运算符，实现行键字符串的比较和过滤。例如显示行键前缀为 0 开头的键值对，进行子串过滤只能是等值或不等值两种方式，不支持采用大于或小于：

```
scan 'player ', FILTER=>"RowFilter(=,'substring:0 ')"
```

显示行键的字节顺序大于等于 001 的键值对，进行 binary 方式比较时，支持大于和小于运算符：

```
scan 'player ', FILTER=>"RowFilter(>=,'binary:001 ')"
```

如果在 player 表中存在两个行键 001 和 002，上述命令显示的结果如图 4-15 所示。注意是按键值对显示。

```
hbase(main):060:0>  scan 'player', FILTER=>"RowFilter(=,'substring:0')"
ROW                              COLUMN+CELL
 001                             column=basic:playername, timestamp=1519665514308, value=Micheal Jordan 3
 001                             column=basic:scores, timestamp=1519669653724, value=\x00\x00\x00\x00\x00\x
 002                             column=basic:firstname, timestamp=1519671448200, value=kobe
 002                             column=basic:lastname, timestamp=1519671457797, value=byrant
2 row(s) in 0.0250 seconds

hbase(main):061:0>  scan 'player', FILTER=>"RowFilter(>,'binary:001')"
ROW                              COLUMN+CELL
 002                             column=basic:firstname, timestamp=1519671448200, value=kobe
 002                             column=basic:lastname, timestamp=1519671457797, value=byrant
1 row(s) in 0.0090 seconds
```

图 4-15　行键过滤器效果示意

（2）PrefixFilter：行键前缀比较器，一种更简单的比较行键前缀（等值比较）的命令，具体如下：

```
scan 'player', FILTER=>"PrefixFilter('0')"
```

（3）KeyOnlyFilter：只对 cell 的键进行过滤和显示，不显示值，扫描效率比 RowFilter 高一些。

（4）FirstKeyOnlyFilter：只扫描相同键的第一个 cell，其键值对都会显示出来，如果有重复的行键则跳过。可以用来实现对行键（逻辑行）的计数，和其他计数方式相比，其速度较快，如图 4-16 所示。

```
hbase(main):007:0> scan 'player' ,{ FILTER=>"KeyOnlyFilter()"}
ROW                              COLUMN+CELL
 001                             column=basic:playername, timestamp=1519665514308, value=
 001                             column=basic:scores, timestamp=1519669653724, value=
 002                             column=basic:firstname, timestamp=1519671448200, value=
 002                             column=basic:lastname, timestamp=1519671457797, value=
2 row(s) in 0.0280 seconds

hbase(main):008:0> scan 'player' ,{ FILTER=>"FirstKeyOnlyFilter()"}
ROW                              COLUMN+CELL
 001                             column=basic:playername, timestamp=1519665514308, value=Micheal Jordan 3
 002                             column=basic:firstname, timestamp=1519671448200, value=kobe
2 row(s) in 0.0380 seconds
```

图 4-16　KeyOnlyFilter 和 FirstKeyOnlyFilter 效果示意

（5）InclusiveStopFilter：在使用 STARTROW 和 ENDROW 进行设定范围的 scan 时，结果会包含 STARTROW 行，但不包含 ENDROW 行，使用该过滤器替代 ENDROW 条件，可以返回终止条件行。

```
scan 'player' ,{ STARTROW=> '001',ENDROW =>'002'}
scan 'player' ,{ STARTROW=> '001', FILTER => "InclusiveStopFilter ('binary:002')"}
```

在数据表中只有 001 和 002 两行数据的情况下，图 4-17 显示了不同语法的返回数据差异。

```
hbase(main):037:0> scan 'player' ,{ STARTROW=> '001',ENDROW =>'002'}
ROW                                 COLUMN+CELL
 001                                column=basic:playername, timestamp=1519665514308, value=Micheal Jordan 3
 001                                column=basic:scores, timestamp=1519669653724, value=\x00\x00\x00\x00\x00\x00\x00\x14
1 row(s) in 0.0600 seconds

hbase(main):038:0> scan 'player' ,{ STARTROW=> '001',FILTER=>"InclusiveStopFilter('binary:002')"}
ROW                                 COLUMN+CELL
 001                                column=basic:playername, timestamp=1519665514308, value=Micheal Jordan 3
 001                                column=basic:scores, timestamp=1519669653724, value=\x00\x00\x00\x00\x00\x00\x00\x14
 002                                column=basic:firstname, timestamp=1519671448200, value=kobe
 002                                column=basic:lastname, timestamp=1519671457797, value=byrant
2 row(s) in 0.0560 seconds

hbase(main):039:0> scan 'player' ,{ STARTROW=> '001',ENDROW =>'003'}
ROW                                 COLUMN+CELL
 001                                column=basic:playername, timestamp=1519665514308, value=Micheal Jordan 3
 001                                column=basic:scores, timestamp=1519669653724, value=\x00\x00\x00\x00\x00\x00\x00\x14
 002                                column=basic:firstname, timestamp=1519671448200, value=kobe
 002                                column=basic:lastname, timestamp=1519671457797, value=byrant
2 row(s) in 0.0090 seconds
```

图 4-17　InclusiveStopFilter 过滤器效果示意

2. 列族和列过滤器

（1）FamilyFilter：列族过滤器。例如：

```
scan 'player', FILTER=>"FamilyFilter(=,'substring:basic')"
```

（2）QualifierFilter：列名（列标识符）过滤器。例如：

```
scan 'player', FILTER=>"QualifierFilter(=,'substring:name') "
```

（3）ColumnPrefixFilter：列名前缀过滤器。例如：

```
scan 'player', FILTER=>"ColumnPrefixFilter('f')
```

（4）MultipleColumnPrefixFilter：相当于可以指定多个前缀的 ColumnPrefixFilter。例如：

```
scan 'player', FILTER=>"MultipleColumnPrefixFilter('f','l')"
```

假设表中存在 firstname 和 lastname 两个列标识符，则上述两种过滤器的效果如图 4-18 所示。

```
hbase(main):030:0> scan 'player', FILTER=>"ColumnPrefixFilter('f')"
ROW                                 COLUMN+CELL
 002                                column=basic:firstname, timestamp=1519671448200, value=kobe
1 row(s) in 0.0190 seconds

hbase(main):031:0> scan 'player', FILTER=>"MultipleColumnPrefixFilter('f','l')"
ROW                                 COLUMN+CELL
 002                                column=basic:firstname, timestamp=1519671448200, value=kobe
 002                                column=basic:lastname, timestamp=1519671457797, value=byrant
1 row(s) in 0.0200 seconds
```

图 4-18　两种列前缀过滤器的对比

（5）TimestampsFilter：时间戳过滤器。支持等值方式比较，但可以设置多个时间戳。例如，只查询时间戳为 1 和 2 的键值对：

```
scan 'player',{ FILTER=>"TimestampsFilter(1,2)"}
```

（6）ColumnRangeFilter：列名范围过滤器。例如：

```
scan 'player',{FILTER => "ColumnRangeFilter ('f',false,'lastname', true)"}
```

过滤器参数中，单引号内容为起始和中止列名。参数中的 false 和 true 指明结果集中是否包含起始或中止列名。如果表中存在 firstname 和 lastname 两个列名，则上述语句执行效果如图 4-19 所示。

```
hbase(main):058:0> scan 'player',{FILTER => "ColumnRangeFilter('f',false,'lastname',true)"}
ROW                                 COLUMN+CELL
 002                                column=basic:firstname, timestamp=1519671448200, value=kobe
 002                                column=basic:lastname, timestamp=1519671457797, value=byrant
1 row(s) in 0.0060 seconds
```

图 4-19　列名范围过滤器的执行效果

根据字典顺序比较原则，firstname 大于起始条件 f，lastname 则和终止条件相同，关键字 true 指示将该列输出。

（7）DependentColumnFilter：参考列过滤器。设定一个参考列（即列名），如果某个逻辑行包含该列，则返回该行中和参考列时间戳相同的所有键值对。例如：

```
scan 'player',{FILTER => "DependentColumnFilter('basic', 'firstname',false)"}
```

过滤器参数中，第一项是需要过滤数据的列族名，第二项是参考列名，第三项是 false 说明扫描包含"basic:firstname"这一列，如果是 true 则说明在 basic 列族的其他列中进行扫描。

3. 值过滤器

（1）ValueFilter：值过滤器。

下面语句利用 get 或 scan 方法，找到符合值条件的键值对。

```
get 'player', '001',{FILTER => "ValueFilter(=,'binary:Michael Jordan')"}
scan 'player',{FILTER => "ValueFilter(=,'binary:Micheal Jordan')"}
```

（2）SingleColumnValueFilter：在指定的列族和列中进行比较的值过滤器，使用该过滤器时尽量在前面加上一个独立的列名限定。

```
scan 'player', {COLUMN=>'basic:playername',FILTER => "SingleColumnValueFilter ('basic',
'playername',=,'binary:Micheal Jordan 3')"}
```

（3）SingleColumnValueExcludeFilter：和 SingleColumnValueFilter 类似，但功能正好相反，即排除匹配成功的值。

```
scan 'player', FILTER => "SingleColumnValueExcludeFilter ('basic', 'playername',=,
'binary:Micheal Jordan 3')"
```

（2）和（3）两个语句的执行效果如图 4-20 所示。

```
hbase(main):026:0> scan 'player',{COLUMN=>'basic:playername',FILTER => "SingleColumnValueFilter ('basic','playername',=,'binary:Micheal Jordan 3')"}
ROW                                 COLUMN+CELL
 001                                column=basic:playername, timestamp=1519665514308, value=Micheal Jordan 3
1 row(s) in 0.0460 seconds
hbase(main):027:0> scan 'player',FILTER => "SingleColumnValueExcludeFilter ('basic','playername',=,'binary:Micheal Jordan 3')"
ROW                                 COLUMN+CELL
 001                                column=basic:scores, timestamp=1519669653724, value=\x00\x00\x00\x00\x00\x00\x00\x14
 002                                column=basic:firstname, timestamp=1519671448200, value=kobe
 002                                column=basic:lastname, timestamp=1519671457797, value=byrant
2 row(s) in 0.0400 seconds
```

图 4-20 （2）和（3）两种列-值过滤器的效果对比

其主要差异在于，是否返回 Value="Michael Jordan"的键值对，或者返回除此之外的其他所有键值对。

4. 其他过滤器

（1）ColumnCountGetFilter：限制每个逻辑行最多返回多少个键值对（cell）。一般不用在 scan 方法中，而是用在 get 方法中。

（2）PageFilter：对显示结果按行进行分页显示。

（3）ColumnPaginationFilter：对显示结果按列进行分页显示。

（4）自定义过滤器：HBase 允许采用 Java 编程的方式开发新的过滤器。详情可参阅 HBase 的官方文档。更简单的方式是使用 FilterList，即用多个过滤器组合使用，可以在 Java 编程中使用。在 HBase Shell 中则可以使用 AND 或 OR 等连接符，共同使用多个链接符，例如：

```
scan 'player', FILTER=>"ColumnPrefixFilter('first') AND ValueFilter(=,'substring:
kobe')"。
```

4.6.6　快照操作

快照是一种不复制数据就能建立表副本的方法，可以用于数据恢复，构建每日、每周或每月的数据报告，并在测试中使用等。

要使用快照，需确认 HBase 的配置文件 hbase-site.xml 中配置 hbase.snapshot.enabled 属性为 true。一般情况下，HBase 的默认选项即为 true。

可以在 HBase shell 中通过下面命令建立表的快照 p1：

```
snapshot 'player ','p1'
```

通过下列命令显示快照列表：

```
List_snapshots
```

删除快照：

```
delete_snapshot 'p1'
```

注意删除快照后，原表的数据仍然存在。删除原表，快照的数据也仍然存在。

通过快照生成新表 play_1：

```
clone_snapshot 'p1', 'play_1'
```

注意用此种方法生成新表，不会发生数据复制，只会进行元数据操作。

通过快照恢复原表格，将抛弃快照之后的所有变化：

```
restore_snapshot 'p1'
```

利用快照实现表改名，方法是制作一个快照，再将快照生成为新表，最后将不需要的旧表和快照删除，具体命令如下：

```
snapshot 'player ','p1'
clone_snapshot 'p1', 'play_1'
disable 'player'
drop 'player'
delete_snapshot 'p1'
```

4.7　批量导入导出

Put 方法一般用于逐条采集数据，但如果需要将大量数据（如超过 1GB 的数据）一次性写入 HBase，则需要进行批量操作。此外，如果需要将数据备份到 HDFS 等位置，也需要进行批量操作。HBase 提供了数据批量操作方法，基本都是基于 Hadoop 的 MapReduce 方法实现，而数据的导入源头和备份目的，通常是在 HDFS 之上。

4.7.1　批量导入数据

向 HBase 批量导入数据有两种方式，第一种是并行化的数据插入，利用 MapReduce 等方式将数据发给多个 Regionerver；第二种是根据表信息直接将原始数据转换成 HFile，并将数据复制到 HDFS 的相应位置，再将文件中的数据纳入管理。由于原始文件已经保存好，因此在批量导入时一般不需要考虑数据丢失，也不会使用预写日志机制保证可靠性。

1. 利用 ImportTsv

该方法将存储在 HDFS 上的文本文件导入到 HBase 的指定表，TXT 文件当中应当有明确的列分隔符，比如利用'\t'（TAB 键）分割的 TSV 格式，或逗号分割的 CSV 格式。

该方式的执行机制是扫描整个文件，逐条将数据写入。使用 MapReduce 方法在多个节点上启动多个进程，同时读取多个 HDFS 上的文件分块。数据根据所属分区的不同，被发向不同的 Regionserver，利用分布式并行读写的方式，加快数据导入的速度。

在 Linux 的命令行通过 HBase 指令调用 ImportTsv 类，例子如下：

```
hbase org.apache.hadoop.hbase.mapreduce.ImportTsv -Dimporttsv.columns= HBASE_ROW_KEY,
basic:playername,advance:scores  -Dimporttsv.skip.bad.lines=true player hdfs://namenode:
8020/input/
```

注意该命令在 Linux 命令行执行，并非 HBase Shell。从指令可以看出，该方法利用了 MapReduce。

-Dimporttsv.columns 参数指定文本文件中第一列为行键（通过 HBASE_ROW_KEY 关键字指定），第二列写入列族 basic 下名为 playername 的列，第三列则为 advance 列族下的 scores 列，这一参数一般为必选项。

-Dimporttsv.skip.bad.lines=true 表示略过无效的行，如果设置为 false，则遇到无效行会导入报告失败。

其他可选的参数有：

-Dimporttsv.separator=','，用逗号作为分割符，也可以指定为其他形式的分隔符，例如'\0'。默认情况下分割符为'\t'。

-Dimporttsv.timestamp= 1298529542218，导入时使用指定的时间戳，如果不指定则采用当前时间。注意时间戳要转换为 long 型。

player 为表名。hdfs://namenode:8020/input/为导入文件所在的目录，这里不需要指定文件名，导入时会遍历目录中的所有文件。

2. bulk-load 方法

该方法直接将原始数据转换成 HFile，并将数据复制到 HDFS 的相应位置，再将文件中的数据纳入管理，因此分为两个步骤。

第一步：利用 ImportTsv 生成文件

```
hbase org.apache.hadoop.hbase.mapreduce.ImportTsv -Dimporttsv.columns= HBASE_ROW_KEY,
basic:playername,advance:scores  -Dimporttsv.skip.bad.lines=true -Dimporttsv.bulk.output=
hdfs://namenode:8020/bulkload player
    hdfs://namenode:8020/input/
```

和前面方法的差异是加入了-Dimporttsv.bulk.output 参数，该参数指定了一个 HDFS 路径，即准备好 HFile 文件的存放地址。注意，由于 MapReduce 的特性，该目录不能提前存在。

此外，执行该命令的前提是表结构已经建立好，并且在命令中指定表名，因为要根据表结构和分区状况准备文件。

第二步：复制

执行命令：

```
hbase org.apache.hadoop.hbase.mapreduce.LoadIncrementalHFiles
hdfs://namenode:8020/bulkload player
```

该命令也是利用 MapReduce 实现的，参数为 HFile 文件所在路径和表名。由于只是执行文件复制，因此这一步执行速度很快。

3. 从关系型数据库中导入数据到 HBase

Hadoop 系列组件中，有名为 Sqoop 的组件可以实现 Hadoop、Hive、HBase 等大数据工具与关系型数据库（例如 MySQL、Oracle）之间的数据导入、导出。

Sqoop 分为 1 和 2 两个版本（实际为 1.4x 和 1.99 两个版本）。Sqoop1 使用较为简单，Sqoop2 则继承了更多功能，架构也更复杂。

以 Sqoop1 为例，其安装过程基本为解压即可使用。但如果需要访问 MySQL 等数据库，则需要自行下载数据库连接组件（mysql-connector-java-x.jar），并复制到其 lib 目录中。

执行的命令示例如下：

```
sqoop import --connect jdbc:mysql://node1:3306/database1 --table table1 --hbase-table
player --column-family f1 --hbase-row-key playername --hbase-create-table --username 'root'
-password '123456'
```

该命令首先说明要从 mysql 中导入数据（import），之后指明了作为数据源的 mysql 的访问地址（node1）、端口（3306）、数据库名（database1）和表名（talble1）。从参数可以看出，数据导入了名为 player 的 HBase 表，并存入名为 f1 的列族，列名则和 MySQL 中的保持一致，行键为 MySQL 表中名为 playername 的列。"--hbase-create-table" 表示在 HBase 中建立这个表。最后指明了访问 mysql 的用户名和密码。

sqoop 的其他功能和参数可以通过官方网站查阅。

此外，由于数据结构的关系，HBase 中的数据导出到 MySQL 比较困难。

4.7.2　备份和恢复

HBase 支持将表或快照复制到 HDFS，支持将数据复制到其他 HBase 集群，以实现数据备份和恢复功能。

1. Export

利用下面命令可以将 HBase 的数据导出到 HDFS：

```
hbase org.apache.hadoop.hbase.mapreduce.Export <tablename> <outputdir>
```

该命令导出数据的目的是进行备份，文件并不能直接以文本方式查看。参数中<tablename> 为表名，<outputdir>为 HDFS 路径。

2. Import

导出的数据可以恢复到 HBase：

```
hbase org.apache.hadoop.hbase.mapreduce.Import <tablename> <inputdir>
```

3. ExportSnapshot

将快照备份到 HDFS，可以执行下列命令：

```
hbase org.apache.hadoop.hbase.snapshot.ExportSnapshot -snapshot <snapshotname> -copy-
to <outputdir>
```

参数中< snapshotname >为快照名，<outputdir>为 HDFS 路径。导出的快照文件可以利用 Import 方法恢复到表中。

4. CopyTable

利用 Copytable 命令可以将一个表的内容复制到新表中，新表和原表可以在同一个集群内，也可以在不同的集群上。复制过程利用 MapReduce 进行。此外在执行命令之前需要确认新表已经正确地建立起来。

命令如下面的示例：

```
hbase org.apache.hadoop.hbase.mapreduce.CopyTable --new.name= <NEW_TABLE_NAME> - peer.
adr=<zookeeper_peer:2181:/hbase> <TABLE_NAME>
```

--new.name= <NEW_TABLE_NAME>参数描述新表的名字，如果不指定则默认和原表名相同。<TABLE_NAME>则是原表的名字。-peer.adr=<zookeeper_peer:2181:/hbase>参数指向目标集群zookeeper 服务中的 hbase 数据入口（包括 meta 表的地址信息等）

通过下面指令可以看到支持的可选参数：

```
hbase org.apache.hadoop.hbase.mapreduce.CopyTable --help
```

4.8 通过 Java 访问 HBase

HBase 是基于 Java 语言开发的，用户可以利用包含 Java 语言在内的多种语言进行调用开发。由于 Java 是原生语言，因此利用 Java 进行应用开发，以及过滤器、插件、协处理器等内容的开发最为方便。下面介绍对 Java 进行应用开发的简单方法。

4.8.1 开发环境的配置

HBase 对 Java 开发环境并无特殊要求，只要将用到的 HBase 的库包加入引用路径即可。例如：在 eclipse 集成开发环境中，可以建立标准的 Java 工程，在“build path”-> “Libraries” -> “Add External Jars”中找到 HBase 安装目录下的 lib 子目录，并将需要的库包导入工程，即可进行基本的 HBase 操作。为简单起见，也可以将 HBase 所有相关的 Jar 包导入工程，如图 4-21 所示。

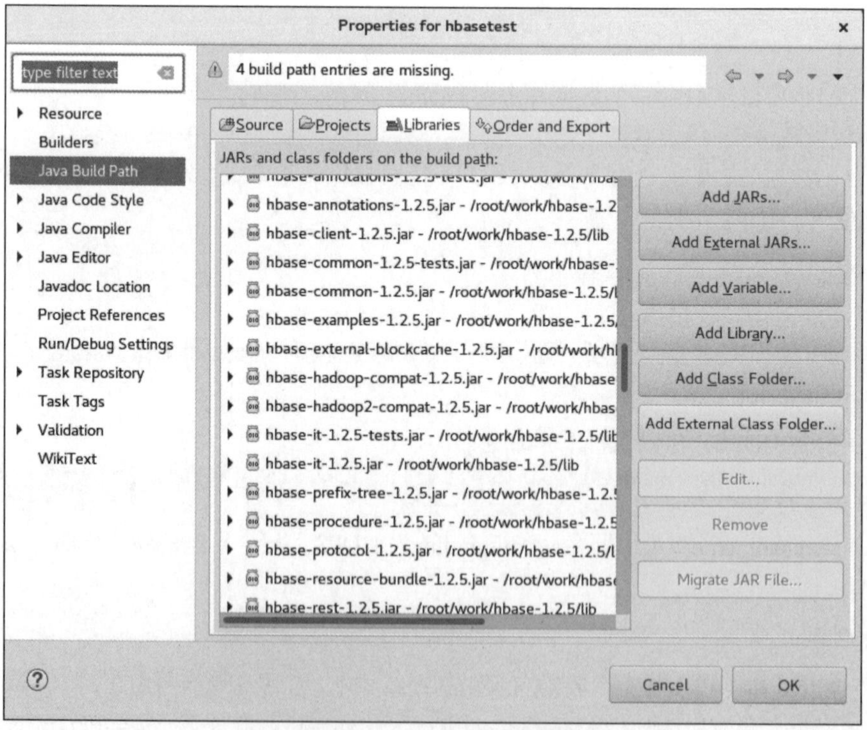

图 4-21 Eclipse 下的引用所需库包

在建立 Java 工程后，需要 Import Hadoop 和 HBase 的包。实际的 Jar 包都可以在 HBase 的 lib 子目录中找到，包括一些 Hadoop 的相关库包。后续介绍的代码需要用到下列库包。

使用 Hadoop 和 HBase 的环境配置：

```
import org.apache.hadoop.conf.Configuration;
```

HBase 的客户端接口、工具等：

```
import org.apache.hadoop.hbase.*;
import org.apache.hadoop.hbase.client.*;
import org.apache.hadoop.hbase.util.Bytes;
```

HBase 的过滤器：

```
import org.apache.hadoop.hbase.filter.*;
```

下面介绍编程的主要思路和基本方法。

4.8.2　表的连接和操作

1．建立连接

访问 HBase 需要先通过 Zookeeper 集群访问到 HBase 的.root 表，这可以看作一个建立连接的过程。连接建立之后再进行表和数据的操作。

示例代码如下：

```
public static Configuration conf;
public static Connection connection;
public void getconncet() throws IOException
 {
    conf = HBaseConfiguration.create();
    conf.set("hbase.zookeeper.quorum", "node1");
    conf.set("hbase.zookeeper.property.clientPort", "2181");
    conf.set("zookeeper.znode.parent","/hbase");
    try {
            connection = ConnectionFactory.createConnection(conf);
    }
    catch (IOException e) {
    }
}
```

首先建立两个全局变量：conf 和 connection。conf 用来描述 Zookeeper 集群的访问地址，通过代码可以看出，其地址为 node1:2181/hbase。之后建立连接 connection。

2．建立和删除表

示例代码如下：

```
public void createtable() throws IOException
{
    TableName tableName = TableName.valueOf("NEWTABLE");
    Admin admin = connection.getAdmin();
    if(admin.tableExists(tableName))
        {
            admin.disableTable(tableName);
            admin.deleteTable(tableName);
            System.out.println(tableName.toString()+"is exist ,delete ......");
        }
        HTableDescriptor desc=new HTableDescriptor(tableName);
        HColumnDescriptor colDesc = new HColumnDescriptor("cf1");
        colDesc.setBloomFilterType(BloomType.ROWCOL);
        desc.addFamily(colDesc);
        desc.addFamily(new HColumnDescriptor("cf2"));
```

```
                admin.createTable(desc );
                admin.close();
        }
```

首先创建 admin 对象（org.apache.hadoop.hbase.client.Admin 类）完成后续操作。tableExists 方法用来判断表是否存在，注意设定 tableName 对象的相关语法。如果表已经存在，则使用 disableTable 和 deleteTable 删除表。注意，先禁用再删除的做法和 HBase Shell 中的操作要求是一致的。

HTableDescriptor 类用来描述表结构和表名，HTableDescriptor 则是描述列族的。上面的语句，采用两种方式建立了 **cf1** 和 **cf2** 两个列族。建立 **cf1** 时，首先通过 HTableDescriptor 对象自定义列族属性，再根据列族属性建立列族；建立 **cf2** 时，则是直接根据默认属性建立的。并且对 **cf1** 列族进行属性配置，即 setBloomFilterType，表示设置基于行列的布隆过滤器。

当描述完列族信息后，即可通过 createTable 建立表格。再通过 admin.close()语句释放资源。

3. 描述表结构

示例代码如下：

```
public void describetable() throws IOException
{
        Admin admin = connection.getAdmin();
        TableName tableName = TableName.valueOf("NEWTABLE");
        HTableDescriptor des= admin.getTableDescriptor(tableName);
        System.out.println("table infomation:................");
        System.out.println("getNameAsString: " + des.getNameAsString());
        System.out.println("getMaxFileSize: " + des.getMaxFileSize());
        System.out.println("getMemStoreFlushSize: " + des.getMemStoreFlushSize());
        System.out.println("getRegionReplication: " + des.getRegionReplication());
        System.out.println("getRegionSplitPolicyClassName: " +
des.getRegionSplitPolicyClassName());
        System.out.println("getFlushPolicyClassName: " +
des.getFlushPolicyClassName());

        Collection<HColumnDescriptor> families = des.getFamilies();
        System.out.println("Column family infomation:................");
        for(HColumnDescriptor result:families){
          System.out.println("Column family name: " + result.getNameAsString());
          System.out.println("bloomfilter type: " + result.getBloomFilterType().
toString());
          System.out.println("getBlocksize: " + result.getBlocksize());
          System.out.println("getMaxVersions: " + result.getMaxVersions());
          System.out.println("getMaxVersions: " + result.getMinVersions());
        }
        admin.close();
}
```

仍然需要利用 Admin 对象完成后续操作。建表用 HTableDescriptor 类完成表族信息的写入，这里也可以用来进行表信息的读取。集合 families 包含了表中所有的列族，该集合可通过 HTableDescriptor 的 getFamilies()方法获得。对于每个列族，循环使用 HColumnDescriptor 类描述其主要属性，该类在建表代码中也曾用到。

结束对 HBase 的连接时，需要采用 connection.close(); 语句关闭连接，释放资源。

4.8.3 数据更新

对数据进行更新操作时，仍然需要提前连接到 HBase，但不需要建立 Admin 对象。

```
    public void addData() throws IOException
  {
      HTable table = (HTable)connection.getTable(TableName.valueOf("NEWTABLE"));
      table.setWriteBufferSize(6 * 1024 * 1024);
      table.setAutoFlushTo(false);
        Put put=new Put(Bytes.toBytes("row1"));  //rowkey
        put.setDurability(Durability.SKIP_WAL);// skp wal
        put.addColumn(Bytes.toBytes("cf1"), Bytes.toBytes("col0"), Bytes.toBytes
("value0"));
        put.addColumn(Bytes.toBytes("cf1"), Bytes.toBytes("col1"), Bytes.toBytes
("value1"));
        put.addColumn(Bytes.toBytes("cf2"), Bytes.toBytes("col2"), Bytes.toBytes
("value2"));
        put.addColumn(Bytes.toBytes("cf2"), Bytes.toBytes("col3"), Bytes.toBytes
("value3"));
        table.put(put);
        table.flushCommits();

        Put put2 = new Put("row2".getBytes());  //reokey,another style
        put2.addColumn(Bytes.toBytes("cf1"), Bytes.toBytes("col0"), Bytes.toBytes
("value4"));
        put2.addColumn(Bytes.toBytes("cf1"), Bytes.toBytes("col4"), Bytes.toBytes
("value5"));
        put2.addColumn(Bytes.toBytes("cf2"), Bytes.toBytes("col3"), Bytes.toBytes
("value6"));
        put2.addColumn(Bytes.toBytes("cf2"), Bytes.toBytes("col5"), Bytes.toBytes
("value7"));
        table.put(put2);
        table.flushCommits();

        Put put3 = new Put("row3".getBytes());
        put3.addColumn(Bytes.toBytes("cf1"), Bytes.toBytes("col0"), Bytes.toBytes
("value4"));
        put3.addColumn(Bytes.toBytes("cf1"), Bytes.toBytes("col6"), Bytes.toBytes
("value8"));
        put3.addColumn(Bytes.toBytes("cf2"), Bytes.toBytes("col3"), Bytes.toBytes
("value9"));
        put3.addColumn(Bytes.toBytes("cf2"), Bytes.toBytes("col7"), Bytes.toBytes
("value10"));

        Put put4 = new Put("row4".getBytes());
        put4.addColumn(Bytes.toBytes("cf1"), Bytes.toBytes("col0"), Bytes.toBytes
("value11"));
        put4.addColumn(Bytes.toBytes("cf1"), Bytes.toBytes("col8"), Bytes.toBytes
("value8"));
        put4.addColumn(Bytes.toBytes("cf2"), Bytes.toBytes("col3"), Bytes.toBytes
("value9"));
        put4.addColumn(Bytes.toBytes("cf2"), Bytes.toBytes("col19"), Bytes.toBytes
("value112"));

        List<Put> putList = new ArrayList<Put>();
        putList.add(put3);
        putList.add(put4);
        table.put(putList);
        table.flushCommits();
        table.close();
  }
```

HTable 用来描述数据表，首先要根据表名建立和它的连接。

setWriteBufferSize 方法设置了客户端缓存大小，即缓存为 6MB 时执行真正的 put（到 regionserver）。setAutoFlushTo 设置为 true，则忽略客户端缓存，每次 put 操作都直接提交给 regionserver，理论上可靠性更强，但在大批量写入时效率较低。setAutoFlushTo 设置为 false，则在 flushCommits 时进行手动提交。

和 HBase Shell 相同，逐条插入语句使用 put 方法，代码中建立了 put、put2、put3 和 put4 4 个对象，以此演示插入和查询数据时的不同情况。

put 对象首先指明其行键为 row1，并通过 addColumn 方法加入 4 个键值对（参数分别为列族、列名和值）。也就是说 row1 这一行有 4 列。table.put 方法将 put 对象写入内存和日志，此时该数据已经可以被查出，但是并没有进行持久化存储。table.flushCommits()将数据进行持久化存储（否则数据暂时存储在内存中）。注意，由于是一次 put 写入 4 个键值对，因此 4 个键值对的时间戳都是相同的。

put2 的写法和 put 相同，但由于先后关系的原因，这 4 个键值对和 row1 的不同。

put3 和 put4 采用了一个 putList 链表一次性写入表 table.put(putList)，因此 put3 和 put4 的时间戳是相同的。

最后需要说明的是，上述代码仅演示基本使用过程，并未对效率进行考虑。

4.8.4　数据查询

1. get 方法

根据行键进行 get 的方法如下：

```
public void getData()throws IOException{
    Table table = connection.getTable(TableName.valueOf("NEWTABLE"));
    Get get=new Get(Bytes.toBytes("row1")); //rowkey
    Result result=table.get(get);
    for(Cell cell:result.rawCells()){
        System.out.println(new String(CellUtil.getCellKeyAsString(cell))+":"
                +new String(CellUtil.cloneFamily(cell))+":"
                        +new String(CellUtil.cloneQualifier(cell))+":"
                            +new String(CellUtil.cloneValue(cell))+":"
                                +cell.getTimestamp());
    }
    table.close();
}
```

建立表连接之后，通过 get 对象描述查询条件，再通过 table.get()方法进行实际查询，结果写入 result。由于 get 方法一次获取一个逻辑行，里面包含多个键值对，即 Cell，因此之后通过循环的方法将逐个键值对输出显示。

在显示时，CellUtil.getCellKeyAsString 显示行键，CellUtil.cloneFamily 显示列族名称，CellUtil.cloneQualifier 显示列标识符，CellUtil.cloneValue 显示值，cell.getTimestamp()显示键值对的时间戳。

2. scan 方法

进行全表扫描的方法如下：

```
public void ScanData()throws IOException
{
    Table table = connection.getTable(TableName.valueOf("NEWTABLE"));
    Scan scan=new Scan();
    ResultScanner results=table.getScanner(scan);
    for(Result result:results){
        for(Cell cell:result.rawCells()){
```

```
                System.out.println(new String(CellUtil.cloneRow(cell))+":"
                    +new String(CellUtil.cloneFamily(cell))+":"
                        +new String(CellUtil.cloneQualifier(cell))+":"
                            +new String(CellUtil.cloneValue(cell))+":"
                                +cell.getTimestamp());
            }
        }
    table.close();
}
```

scan 操作的语法和 get 类似，都需要建立连接，描述查询条件，再进行实际查询。核心语句是 table.getScanner()。后续的显示方式也和之前代码基本相同，但由于 scan 结果一般包含多行，且每一行有多个键值对，因此采用了二层循环来显示每一个键值对的内容，参见 for(Result result:results) 语句。

4.8.5　删除列和行

1.　删除列族和列

列族属于表结构（schema）的一部分，而列则可以看作键值对的一部分，因此删除列族和列的操作有很大差异，可以通过下面代码进行对比：

```
public void removecol()  throws IOException
 {
    Admin admin = connection.getAdmin();
    HTableDescriptor des= admin.getTableDescriptor(TableName.valueOf("NEWTABLE"));
    des.removeFamily(Bytes.toBytes("col0"));

    admin.disableTable(tableName);
    admin.deleteColumn(tableName, Bytes.toBytes("cf2"));
    admin.enableTable(tableName);
    admin.close();
    }
```

这两种操作都需要利用 admin 对象。

删除列标识符：用到 HTableDescriptor 类的 removeFamily 方法，其效果是遍历表中的所有数据，删掉所有列标识符为 col0 的键值对。

删除列族：由于是对表结构操作，因此需要先禁用表，再执行 deleteColumn 方法，然后重新恢复表的使用（enableTable）。

2.　删除行或键值对

```
public void deleteRow()  throws IOException
 {
    HTable table = null;
    try{
        table = (HTable) connection.getTable(TableName.valueOf("NEWTABLE"));
        Delete delete1 = new Delete(Bytes.toBytes("row1"));
        Delete delete2 = new Delete(Bytes.toBytes("row2"));
        Delete delete3 = new Delete(Bytes.toBytes("row3"));
        delete2.addFamily(Bytes.toBytes("cf1"));
        delete3.addColumn(Bytes.toBytes("cf1"),Bytes.toBytes("col6"));
        table.delete(delete1);
        table.delete(delete2);
        table.delete(delete3);
        table.close();
```

```
        }catch(Exception e){
        }
}
```

代码演示了 3 种删除行或键值对的方法，它们最后都是通过 table.delete()方法完成删除。delete1 对象只有行键属性，因此会删除一个逻辑行，即所有包含 row1 的键值对。delete2 通过 addFamily 方法加入了列族参数 cf1，因此只会在 cf1 列族中删除包含 row2 的键值对。delete3 对象通过 addColumn 方法包加入列名参数 col6，因此只会删除具有 row3 行键和 cf1:col6 列名的键值对。

4.8.6 过滤器的使用

1. 使用过滤器的基本方式

以 scan 方法为例，核心代码如下

```
Table table = connection.getTable(tableName);
Scan scan=new Scan();
FilterList filters = new
FilterList(FilterList.Operator.MUST_PASS_ALL);
filters.addFilter(new RowFilter(CompareFilter.CompareOp.LESS,new
    BinaryComparator(Bytes.toBytes("row3"))));
filters.addFilter(new RowFilter(CompareFilter.CompareOp.GREATER,new
    BinaryComparator(Bytes.toBytes("row1"))));
filters.addFilter(new KeyOnlyFilter());//return key,no value
scan.setFilter(filters);
ResultScanner results=table.getScanner(scan);
```

首先定义 scan，再定义 filter 或 filters（过滤器列表）对象，对一个或一组过滤器进行设置后，采用 scan.setFilter()方法将过滤器或过滤器列表赋予 scan 对象，最后进行扫描和显示。

Filters 建立时属性为 MUST_PASS_ALL，表明列表中的过滤条件必须全部满足，如果是 MUST_PASS_ONE，则说明列表中的过滤条件是或的关系。

代码利用两个 RowFilter 实现扫描 row1 和 row3 之间的行键范围。CompareFilter.CompareOp.LESS 和 CompareFilter.CompareOp.GREATER 是比较运算符，常见运算符包括 EQUAL（等于）、NOT_EQUAL（不等于）、LESS_OR_EQUAL（小于等于）、GREATER_OR_EQUAL（大于等于）等。

代码中的 BinaryComparator 是前文描述过的字节比较器，其方法为在命令语句中使用的 binary:row1。其他比较器参见前面的 4.6.5 节。此外，Bytes.toBytes 语句可将字符串转化为字节流。

2. 过滤器的其他示例

下面代码演示了列范围过滤器的构建代码，该过滤器不使用比较运算符：

```
filter = new ColumnRangeFilter(Bytes.toBytes("col2"), true, Bytes.toBytes("col4"), false);
```

对比命令行写法：

```
scan 'player',{FILTER => "ColumnRangeFilter ('f',false,'lastname', true)"}
```

可以推广得到其他过滤器的编程方式。

下面代码演示一个时间戳过滤器使用一个 List 来记录需要筛选的时间戳。类似的过滤器如：

```
List<Long> tsList = new ArrayList<Long>();
tsList.add(timestamp1);
tsList.add(timestamp2);
filter = new TimestampsFilter(tsList);
```

注意，此处时间戳为 long 型数据。对比命令行写法：

```
scan 'player',{ FILTER=>"TimestampsFilter(1, 2)"}
```

3. 行键范围限定的另一种方式

采用 scan 自带的 setStartRow 和 setStopRow 属性同样可以完成限定行键扫描范围。

```
scan.setStartRow(Bytes.toBytes("row2"));
scan.setStopRow(Bytes.toBytes("row4"));
results=table.getScanner(scan);
```

setStartRow 和 setStopRow 是 scan 方法自带参数,不属于通常意义上的过滤器,同理可以使用 scan 的其他参数,可参见 HBase Shell 中的 scan 命令行参数。此外上述语句不会返回 row4 这一行的键值对, 这和 HBase Shell 中的情况一致。

4.9　通过 Python 访问 HBase

Python 调用 HBase 需要借助 Thrift 协议进行。HBase 软件包中包含 Thrift 的服务端,并且在源代码包中提供了客户端调用所需的 hbase.thrift 文件。用户需要在客户端部署 Python 和 Thrift 客户端驱动, 之后即可进行调用。

4.9.1　基于 Thrift 框架的多语言编程

Thrift 是一种由 Facebook 公司发布的远程 RPC(Remote Procedure Call, 远程过程调用)框架, 目前已成为 Apache 软件基金会旗下的开源软件项目。其特点是可以实现跨语言的开发,将不同编程语言开发的分布式组件无缝衔接在一起。Thrift 的体系结构为 C/S (客户端/服务器)模式。客户端基于编译器生成代码构建自己的业务逻辑,并且将调用请求发送到服务端,服务端进行业务处理和响应。

Thrift 协议通过适用中间语言 IDL (接口定义语言)来描述 RPC 的数据类型和接口,这些描述信息一般被写入所谓的 ".thrift" 文件中,然后再通过其编译器将其编译为各类代码,包括 C++、Java、Python、PHP、Ruby、Erlang、Perl、Haskell、C#、Cocoa、JavaScript、Node.js、Smalltalk、OCaml、Delphi 等。

".thrift" 文件一般由服务端提供, 也就是说, 只要服务端开发者写一个 .thrift 文件, 就可以供多种不同语言的客户端实现简单快捷的 RPC 调用。

Thrift 的官方网站提供了相应的软件包,以实现将 .thrift 文件编译成目标语言的调用组件,而编译过程只需要下面这样一条语句即可:

```
thrift --gen <language> <Thrift filename>
```

在 HBase 的源代码中(非安装包)包含 hbase.thrift 文件,因此理论上 HBase 可以良好支持多种编程语言。但实际上, 各个语言调用 HBase 的易用性和效率受制于 Thrift 软件包对各个语言的支持能力。一般观点认为, 原生的 Java 语言仍旧是调用 HBase 的最佳语言。

在 HBase 中, 集成了 Thrift Server 和 Thrift2 Server 两种组件,两者都是 Thrift 的 RPC 服务端,但由于历史原因, 这两种组件是独立存在的而非替代关系。HBase 官方较为推崇 Thrift2,相比而言,Thrift2 所提供的接口更加简洁, 但功能较少, 去除了诸如 "compact" 这一类非 "日常" 操作功能。除了具体的函数、接口等方面的区别, 两种组件在部署和使用等方面的差异不大,本节后续内容仍采用 Thrift Server 进行讲解。

4.9.2 环境准备

使用 Python 调用 HBase，需要解决以下问题。

（1）在客户端部署 Python 环境

有关 Python 开发工具、语法等方面的知识请读者自行学习，并进行相应准备。此外，需要在 Python 环境中安装 pip 工具，以便安装后续所需的类库。这里主要讨论 Python 的版本问题所带来的困扰。

Python 在版本上有 2、3 之分，二者在很多方面存在差异。原则上说，Python 3 是一种更"新"的语言，在易用性和效率上都具有优势，因此本书倾向于使用 Python 3。但在实际操作过程中，Python 3 会带来一定困扰。

首先，分布式的 NoSQL 数据库一般部署在 Linux 环境下，本书则以 CentOS 7 为例进行说明。但是 CentOS 7 默认安装了 Python 2.7，并且很多系统组件依赖于此，因此不建议移除。如果希望在 HBase 集群节点上使用 Python 3.x，需要自行解决 Python 2 和 3 在 CentOS 7 中的共存问题，相应的方法步骤可以通过其他相关资料获取，这里不再赘述。需要说明的是，由于 Thrift 是一种远程 RPC 调用方式，在实际生产环境中，客户端一般位于集群之外。这里描述的共存问题一般出现在自主搭建的教学实验环境中（例如伪分布式环境中）。

其次，HBase 所使用的 Thrift 版本为 0.9.3（截至 2018 年 6 月，最新的 Thrift 软件包为 0.11.0 版），该版本编译出的 Python 接口文件为 Python 2 风格，在 Python 3 中使用需要对源代码进行一些修改，本节后续将进行介绍。如果使用 Python 2，则上述问题都不存在。

最后，无论使用哪个版本的 Python 语言，为了使之支持 Thrift 协议，还需要利用 pip 命令安装 Thrift 库：

```
pip install thrift
```

（2）hbase.thrift 文件的编译

在 HBase 的源代码包（非安装包）中，包含 hbase.thrift 文件，位置在：\hbase-thrift\src\main\resources\org\apache\hadoop\hbase\thrift。

注意最末级目录是"thrift"而非"thrift2"。客户端需要将 hbase.thrift 文件编译为 Python 语言的接口代码。

为了完成编译，用户需要下载安装 Thrift 软件。如果在 CentOS 7 下部署 Thrift 软件，其步骤较为烦琐。如果在 Windows 下，则可以直接从官网下载 exe 文件，下载后即可使用。

无论在哪个平台之下，部署或下载 Thrift 软件之后，在命令行执行：

```
thrift --gen py hbase.thrift
```

即可完成编译。编译需要注意以下三点。

首先，注意命令中 hbase.thrift 的实际路径。

其次，由于 Python 是跨平台语言，无论在何种平台下进行编译，生成物都可以在任意平台使用。

最后，本书采用 HBase 1.2.x 版本进行讲解。该版本的 HBase 使用的 Thrift 为 0.9.3 版本。为了保持兼容性，建议下载部署该版本的 Thrift 软件，不建议部署更高的版本。

编译完成后，可以在当前目录找到"gen-py"子目录，即为编译的生成物。而在"\gen-py\hbase"

目录下可以看到以下文件：

```
constants.py
Hbase-remote
Hbase.py
ttypes.py
__init__.py
```

上述文件即为 Python 访问 HBase 时所需的接口文件，其中最重要的文件是 HBase.py 和 ttypes.py，所有可用的操作方法均存在于 Hbase.py 文件中，可以像使用任何 Python 类库一样去管理和使用它们。例如，将 gen-py 目录下的 hbase 子目录复制到 Python 类库的保存位置（Python 安装目录的 \Lib\site-packages 中），也可以将上述文件复制到工程目录直接使用。不同的操作方式会影响类库的 import 方式和代码的书写方式。本书的例子采用了第一种方式。

如果使用 Python 3，则需要对生成的代码文件进行一些修改。

首先，在 Hbase.py 和 constants.py 中找到：

```
from ttypes import *
```

将其改为：

```
from hbase.ttypes import *
```

如果对编译 Thrift 所生成的文件采用不同的方式管理，则此处可能不需要修改或采用不同方式修改，但原则上 import 方式要与代码文件的管理使用方式一致。

其次，在 Hbase.py 和 ttypes.py 中，将所有的 xrange 函数替换为 range，因为 Python 3 不再区分二者。

最后，在 Hbase.py 和 ttypes.py 中，将所有 Python 2 风格的"__dict__.iteritems"替换为"__dict__.items"。

如果使用 Python 2，则后两条修改无需进行。

（3）打开 HBase 的 Thrift 服务

在 HBase 集群上，可以通过如下命令启动或停止 HBase 的 Thrift 服务：

```
hbase-daemon.sh start|stop thrift
hbase-daemon.sh start|stop thrift2
```

启动完毕后，可以通过 jps 命令查看进程是否成功运行。注意，后续将采用 Thrift 而非 Thrift 2 进行操作，Thrift 2 服务并不需要开启。

在 HBase 的配置文件 hbase-site.xml 中可以对 Thrift 进行配置调整，例如端口号（默认为 9090）和安全选项等，一般可采用默认配置，并不影响使用。

4.9.3　代码分析

下面简单介绍相关代码。

（1）引用的类库

```
from thrift.transport import TSocket
from thrift.protocol import TBinaryProtocol
from hbase.Hbase import *
from hbase.ttypes import *
```

其中，前两行引入与 Thrift 建立连接时与字节传输协议相关的包，后两行引入访问 HBase 接口所需的包。

（2）建立连接

```
transport = TSocket.TSocket('192.168.209.180', 9090)
protocol = TBinaryProtocol.TBinaryProtocol(transport)
client = Client(protocol)
try:
transport.open()
except Exception as err:
    print(err)
exit()
```

TSocket 语句中需要指明 HBase 集群的 Thrift 服务的地址与端口，TBinaryProtocol 可以看作是一种数据封装方式，后续语句可以作为固定流程操作。考虑到远程连接的不确定性，建立连接的动作使用了 try/except 结构。

注意在操作完毕后，应当关闭连接：

```
transport.close()
```

（3）表的操作

建立连接之后，可以进行下面的操作。

列举所有表名，即 hbase shell 中的 list 命令：

```
client.getTableNames()
```

client 为前文建立的客户端实例，getTableNames 返回结果为一个 list 类型，可以用来显示或遍历表名。

表的建立：

```
content1 = ColumnDescriptor(name='cf1', maxVersions=1)
content2 = ColumnDescriptor(name='cf2',)
client.createTable('test', [content1,content2])
```

其中 ColumnDescriptor 方法描述了一个列族，第一个参数为列族名称，之后可设置各类属性，这里设置了最大保存版本数为 1。createTable 的参数为表名和列族列表 list。

表的禁用和删除：

```
client.disableTable('testtable')
client.deleteTable('testtable')
```

注意，如果表不存在，上述指令会抛出异常，建议使用 try/except 结构，或者提前通过遍历方式获取表信息。

查看表结构：

```
client.getColumnDescriptors('testtable')
```

返回结果为 list 类型，元素为列族信息，可以直接用 print 语句查看。

（4）插入/删除数据

```
mutations = [Mutation(column="cf1:a", value="1"), Mutation(column="cf1:c", value="20")]
client.mutateRow('testtable', 'row-key1', mutations, {})
```

通过 mutateRow 方法可以插入一个逻辑行（多个列），方法的第一个参数为文本类型的表名，第二个参数为文本类型的行键，第三个参数为文本类型的列值 list 列表（mutations），最后为 json 格式的可选属性，可以保持为空。

预先定义的 mutations 列表中包含了多个 Mutation 类型的元素，每个元素包含列名（column）和值（value）。注意列名的写法 "cf1:a"，冒号之前表示其归属的列族，冒号之后为列标识符。如果列族名称书写错误，则建立过程会失败并可能会抛出异常。

删除数据可以使用：

```
client.deleteAllRow('testtable', row,{})
```

其中 row 为行键字符串。最后一个参数为可选项，一般可以保持为空。

删除全部的行：

```
client.deleteAllRow()
```

根据时间戳删除，即删除指定的数据版本：

```
client.deleteAllRowTs('testtable', 'row-key1', 1529910837032,{})
```

（5）检索数据

查看一行数据，即 get 方法：

```
result = client.getRow('testtable', 'row-key1', {})
```

result 为列表类型（实际只包含一个 TRowResult 元素），假设结果中包含三个列，则 result 的内容如下：

```
[TRowResult(row='row-key1', columns=
    {'cf1:a': TCell(value='1', timestamp=1529912054143),
        'cf1:b': TCell(value='2', timestamp=1529912054188),
            'cf1:c': TCell(value='3', timestamp=1529912054232)},
        sortedColumns=None)]
```

可见 TRowResult 元素中包含 3 个元组：row、columns 和 sortedColumns 参数。columns 元组为键值对列表（Python 中称为字典），其中键为列名，如 cf1:a"，值为 TCell 元组。Tcell 元组中包含值 value 和时间戳 timestamp。

在显示或使用时，需要根据结构和数据类型获取所需元素。例如：

```
for r in result:
    print('the rowkey is ', r.row)
    for c in r.columns.keys():
    print('the column qualifier is ', c)
            print('the value is ', r.columns[c].value)
            print('the timestamp is ', r.columns[c].timestamp)
```

查看多行数据，即 scan 方法：

```
scan = TScan()
scan.startRow = 'row-key1'
scan.stopRow = 'row-key9'
scan.columns = ['cf1']
afilter = "ValueFilter(=,'substring:3')"
scan.filterString = afilter
scanner = client.scannerOpenWithScan("test", scan, None)
result = client.scannerGetList(scanner, 5)
```

本例中第一条语句建立了一个 TScan()实例，之后的语句对起始、结束行进行了限制，约束了列族的范围，并且建立了一个值过滤器。

scannerOpenWithScan 方法将 TScan()实例加载，其第 1 个参数为表名，第 3 个参数为可选属性，一般可以保持为空。

scannerGetList 方法获取扫描结果，第 2 个参数表示返回结果数量，如果写为 None，则返回所有结果。

结果 result 和 get 方法的执行结果结构相同，但包含多行，而非只有一行。

以上描述了使用 Python 3 通过 Thrift 访问 HBase 的基本过程。有关其他函数语法可以参考生成的 Hbase.py 文件或其他相关资料。

小结

本章介绍了 HBase 的基本原理和使用方法。首先介绍了 HBase 的数据结构和拓扑结构。然后对 HBase 的部署和 HBase Shell 操作命令进行了介绍，对 HBase 的批处理操作方法进行了介绍。最后介绍了基于 Java 语言和 Python 语言的基本开发方法。

思考题

1. HBase 采用了什么样的数据结构？
2. HDFS 为 HBase 提供了什么能力？HBase 和 Hive 都提供了数据表操作，有什么差异？
3. HDFS 不支持对文件进行随机修改和随机删除，HBase 是否支持？是如何做到的？
4. HBase 的 Hmatser 的作用是什么？是否参与存储用户表数据或元数据？
5. Scan 操作中，可以对行键进行过滤的过滤器有哪些？分别是什么作用？
6. HBase 中支持哪些数据批量操作方法？

05 第5章 HBase的高级原理

本章深入介绍 HBase 的主要技术原理。日常使用 HBase 时，一般不需要关注这些原理，但在运维和调优等环节这些原理会有帮助。此外，读写机制、分区和列族等机制也是 HBase 在设计上的亮点。

在系统运维方面，HBase 对分区的拆分和对列族的合并行为会暂时对系统性能造成严重影响，因此了解相关机制有助于用户理解这些影响。

在集群高可用性方面，HBase 依赖于 Zookeeper。实际上 Hadoop 家族中很多软件的高可用性都依赖于 Zookeeper。此外，HBase 还提供了集群同步复制的数据热备份机制。

在扩展应用功能方面，HBase 可以通过协处理器机制开发插件，也可以和常见的分布式处理框架，如 MapReduce、Spark 等结合使用。此外，HBase 的第三方扩展组件也很丰富，本章选择 Phoenix、OpenTSDB 和 FusionInsight HD 等进行介绍。

5.1 水平分区原理

HBase 可以将大数据表进行水平分割，形成不同的区域（region），并由不同的 Regionserver 进行管理。一般情况下，当数据表刚被建立时，只有一个数据分区，随着数据表的膨胀，HBase 会根据一定规则将表进行水平拆分，形成两个分区，并根据分区的持续膨胀情况，将分区再进行拆分，形成越来越多的分区。这些分区会交给不同的 Regionserver 进行管理，以实现分布式的数据写入和查询，如图 5-1 所示。

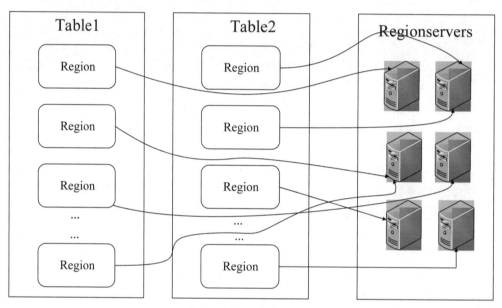

图 5-1　HBase 中的 Region

分区的拆分是基于行键进行的，无论进行多少次切分，无论其属于哪个列族，相同行键的数据一定存储在一个 Region 中。当 HBase 的一个分区切分成两个时，后一个分区的所有行键均大于前一个分区。举例来说，在一个数据表中，以小写英文单词作为行键，当该表膨胀到一定程度时，将被分成两个区，例如，a～m 开头的单词会被分到第一个分区，n～z 开头的单词会被分到第二个分区。当新的键值对被写入时，会根据行键单词的首字母自动被指派到对应的分区。

为实现这一特性，HBase 会在写入数据时按照行键的字典顺序（ASCII 码）进行排序。HBase 的数据文件（HFile）是一种 Map 文件，即排序后的序列化文件。由于数据写入时，行键是随机的，因此 HBase 必须在写入数据时，对数据进行自动缓存和排序。这种机制使得 HBase 的行键查询（即 get 操作）非常高效，但数据写入性能受到一定影响。

5.1.1　META 表

各个 Regionserver 所管理的表和分区记录在 META 表中，META 表的结构和一般用户表没有差别，也是采用键值对和面向列的存储方式。如果分区数量太多，META 表中的数据太多，则该表也会进行自动分区，每个 META 分区记录一部分用户表和分区管理情况。

早期的 HBase 采用三层寻址结构，所有 META 表和分区中的总入口称为 ROOT 表，由 ROOT

表记录 META 表的分区信息以及各个分区的入口地址。ROOT 和 META 表仍然采用键值对、面向列的存储方式，ROOT 地址存储在 Zookeeper 集群中，实际的表则存放在某个 Regionserver 上。0.96 版本之后，HBase 在上述机制的基础上省略了 ROOT 表，直接采用可分区的 META 表管理所有表信息。

图 5-2 描述了表和分区的分级管理机制。当用户进行读写数据时，会根据需要读写的表和行键，通过如下顺序寻找该行键对应的分区：Zookeeper->META->Regionserver-> Region。

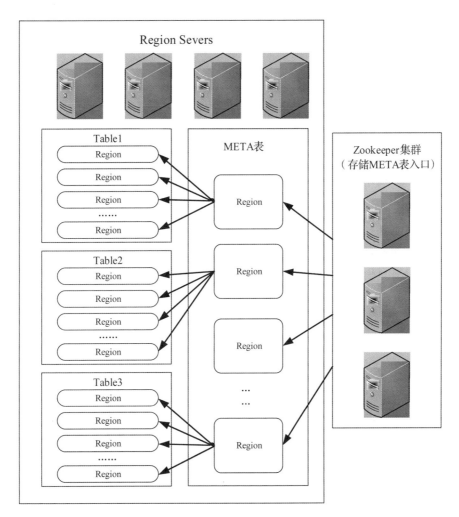

图 5-2　分区信息管理和寻址

META 表的入口地址存储在 Zookeeper 集群，表的实体由若干个 Regionserver 进行管理（持久化在 HDFS 上）。Master 节点并不负责存储这些信息，因而一般的用户查询请求并不会造成 Master 节点的负担。客户端再寻址之后，可以将信息缓存，因此不必每次都从 Zookeeper 开始寻址。

在 HBase Shell 中执行下列语句查看 META 表内容，可以查看其键值对内容：

```
scan 'hbase:meta'
scan 'hbase:meta', {COLUMNS => 'info:regioninfo'}
```

执行效果的片段如图 5-3 所示。

```
hbase(main):009:0* scan 'hbase:meta'
ROW                                                COLUMN+CELL
 NEWTABLE,,1519935293728.1ee95229e1451942dbff2a column=info:regioninfo, timestamp=1520361128639, value={ENCODED => 1ee9
 51fd9bd30c.                                    95229e1451942dbff2a51fd9bd30c.', STARTKEY => '', ENDKEY => ''}
 NEWTABLE,,1519935293728.1ee95229e1451942dbff2a column=info:seqnumDuringOpen, timestamp=1520361128639, value=\x00\x00\x
 51fd9bd30c.
 NEWTABLE,,1519935293728.1ee95229e1451942dbff2a column=info:server, timestamp=1520361128639, value=node1:16020
 51fd9bd30c.
 NEWTABLE,,1519935293728.1ee95229e1451942dbff2a column=info:serverstartcode, timestamp=1520361128639, value=15203611174
 51fd9bd30c.
 P1,,1519623117722.48ecd168570993fd5d9b3e92489d column=info:regioninfo, timestamp=1520361128927, value={ENCODED => 48ec
 3a83.                                          70993fd5d9b3e92489d3a83.', STARTKEY => '', ENDKEY => ''}
 P1,,1519623117722.48ecd168570993fd5d9b3e92489d column=info:seqnumDuringOpen, timestamp=1520361128927, value=\x00\x00\x
 3a83.
 P1,,1519623117722.48ecd168570993fd5d9b3e92489d column=info:server, timestamp=1520361128927, value=node1:16020
 3a83.
 P1,,1519623117722.48ecd168570993fd5d9b3e92489d column=info:serverstartcode, timestamp=1520361128927, value=15203611174
 3a83.
 Player,,1519622968420.887df69c1deb4959536cbadd column=info:regioninfo, timestamp=1520361128876, value={ENCODED => 887d
 6a61a338.                                      69c1deb4959536cbadd6a61a338.', STARTKEY => '', ENDKEY => ''}
 Player,,1519622968420.887df69c1deb4959536cbadd column=info:seqnumDuringOpen, timestamp=1520361128876, value=\x00\x00\x
 6a61a338.
 Player,,1519622968420.887df69c1deb4959536cbadd column=info:server, timestamp=1520361128876, value=node1:16020
 6a61a338.
 Player,,1519622968420.887df69c1deb4959536cbadd column=info:serverstartcode, timestamp=1520361128876, value=15203611174
 6a61a338.
 Region_HHBASE,,1501409441731.f6797d87630b3bc48 column=info:regioninfo, timestamp=1520361128923, value={ENCODED => f679
```

图 5-3　Meta 表的结构和信息

从图中可以看出：行键包含表名、起始行键和时间戳信息，中间用逗号隔开，如果表刚被建立，只有一个分区，则起始行键内容为空。在时间戳之后用.隔开的信息为分区名称的编码字符串，该信息由前面的表名、起始行键和时间戳编码后形成，为了保证该字符串中不含有不可读的信息，因此对其进行了字符串编码。列族 info 中包含三个列：regioninfo、server 和 serverstartcode。Regioninfo 中记录了行键范围、列族列表和属性；server 记录了负责的 Regionserver 地址，如 node1：16020；serverstartcode 则记录了 Regionserver 的启动时间。

通过访问 HBase 的 Web 管理界面（http://mater:16010），查看 table_details 页面，可以看到其表和分区信息，以及管理分区的 Regionserver 等，如图 5-4 所示。

Table player

Table Attributes

Attribute Name	Value	Description
Enabled	true	Is the table enabled
Compaction	NONE	Is the table compacting

Table Regions

Name	Region Server	Start Key	End Key
player,,1519665454359.c85fc53758298ffa0101d3959de e7072.	node1:16030		

图 5-4　通过 Web 界面查看分区信息

5.1.2　数据写入和读取机制

1. 数据写入机制

HBase 通过 Regionserver 来管理写入。Regionserver 负责向对应的表分区和列族中写入数据，管理缓存和排序，以及实现容错。

每个 Regionserver 可能管理多个表和多个分区。Regionserver 需要根据用户请求将数据写到对应的表分区（HRegion）中，每个分区中有一个或多个 store，每个 store 对应当前分区中的一个列族。每个 store 管理一块内存，即 memstore。当用户写入键值对时，最终会将数据写入 memstore。当 memstore 中的数据达到一定大小，或者达到一定时间，或者在用户执行 flush 指令时，Regionserver 会将 memstore 中的数据按行键进行字典顺序排序，并持久化写入 storefile 中。

当数据持续被写入时，memstore 中的数据不断被持久化，形成多个 storefile。每个 storefile 内部是有序的，但 storefile 之间是无序的。注意，HDFS 并不支持文件更新，而 HBase 则采用每次写入一个新文件的方式解决了 HDFS 上的数据更新问题。

需要注意的是，分区中包含多个列族，也就是 store，当一个列族的 memstore 触发持久化条件时，无论这些 store 是否达到持久化条件，整个 Region 中的所有 store 都会进行持久化操作。这会产生大量的 IO 开销，并且可能引起在 HDFS 上产生很多小文件等问题。因此，在写数据压力较大的场景下，不建议建立过多的列族。

HBase 的数据写入机制如图 5-5 所示。

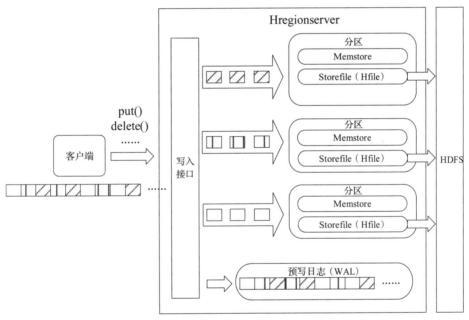

图 5-5　HBase 的数据写入机制

2. 手动持久化操作

根据上述原理，当使用 put 或 delete 方法更新数据时，数据会先写入 WAL 和 memstore，但数据未持久化存储（写入 storefile），在进行编程或 HBase Shell 中执行 flush 指令可以将当前表或表中某个分区的数据进行持久化，即手动完成数据的持久化。HBase Shell 语法如下：

```
flush 'TABLENAME'
flush 'REGIONNAME'
```

单独执行 flush 语句，会指示集群的所有表和分区进行数据持久化。如果指定表名或分区名，则只会影响一个表或分区。需要注意的是，无法只针对一个 store 进行持久化，操作的最小粒度是分区。此处的 REGIONNAME 是编码过的分区名，可以在 meta 表中查询。

3. 写入机制的相关配置

通过在 hbase-site.xml 中进行多种配置，可以实现对 memstore 和持久化等机制的管理和优化。

（1）hbase.hregion.memstore.flush.size：memstore 持久化容量。当 memstore 数据达到该数值时进行持久化。默认值为 128MB（134217728），如果内存充足可以适当调高，这样可以减少小文件的产生以及小文件合并产生的开销。

（2）hbase.hregion.memstore.block.multiplier：memstore 阻塞系数。默认值为 4，当 memstore 数据为 hbase.hregion.memstore.flush.size 的两倍时，强制阻塞所有更新操作。这是为防止在 memstore 容量接近但还未到达持久化容量之前，突然收到一批容量超大的更新请求，而导致的 memstore 容量超限。

4. 读数据机制

当用户进行 get 操作时，会先定位到键值对所在的分区，再并行地查询该分区内所有 storefile 中是否有指定行键的键值对。由于 storefile 是排序过的，因此这种并行查询可以很快得到结果。当用户进行 scan 操作时，会根据限定条件（如列族和行键的范围）确定需要扫描的分区，并在这些分区的 storefile 中进行分布式扫描和过滤。同时，在进行 get 和 scan 操作时，regionserver 也会在 memstore 中查找未持久化的数据。

由于 storefile 对应到列族，因此在理论上通过设置多个列族，并且在读取数据时限定列族范围，可以降低检索的开销。但是如果某个 store 触发 flush，则分区内的所有 store 都会进行 flush，无论其是否达到触发条件。如果在表中设置多个列族（即存在多个 store），并且数据写入各个 store 的速度是不同的，那么有可能在一些 store 中产生大量小文件。无论是产生小文件还是由此触发 store 合并动作，都会对系统的存储和性能的处理造成显著影响。因此，有观点认为在一般情况下，HBase 中的列族不应超过一个。

5.1.3 预写日志

1. 预写日志

当数据被写入 memstore 之前，Regionserver 会先将数据写入预写日志（Write Ahead Log，WAL），预写日志一般被写入 HDFS，但键值写入时不会被排序，也不会区分 Region，也就是说每个 Regionserver 会为所有分区维护同一个 WAL。键值对被写入 WAL 时，还会写入所属的表和分区，以及记录序号和时间戳，以备数据恢复时使用。在进行自动或手动的数据持久化操作之后，Regionserver 会将不需要的 WAL 清除掉，并将这一清除事件写入 Zookeeper。

当出现节点宕机、线程重启等问题时，memstore 中未持久化的数据会丢失。当 Regionserver 恢复后，会查看当前 WAL 中的数据，并将记录进行重放（replay），根据记录的表名和分区名，将数据恢复到指定的 store 中。如果某个 Regionserver 出现了永久故障，Master 可以将其管理的分区指派给其他 Regionserver，由于 WAL 记录正在 HDFS 中，因此，其他 Regionserver 也可以访问到 WAL 的正确副本。

2. 编程控制预写日志

在 Java 编程时，可以在使用 put、delete 等方法时关闭 WAL，以加快写入速度，但这也会增加数据丢失的风险：

```
put.setWriteToWAL(false);
table.put(put);
table.flushCommits();
```

put、delete 操作以及表描述符（HTableDescriptor）还可以使用 setDurability 方法指定 WAL 级别：

```
put.setDurability(Durability.SKIP_WAL);
```

setDurability 的参数 Durability 具有 5 个枚举内容：

（1）ASYNC_WAL：异步写 WAL，即先将 WAL 缓存，再批量写入 HDFS。此时仍然存在数据丢失的可能。

（2）SYNC_WAL：同步写 WAL，即将 WAL 直接写入 HDFS。

（3）FSYNC_WAL：类似 SYNC_WAL，后续版本将不再支持。

（4）SKIP_WAL：不写 WAL 日志，类似 setWriteToWAL(false)。

（5）USE_DEFAULT：使用 HBase 全局默认值，即 SYNC_WAL 方式。

5.1.4　分区拆分

HBase 为了实现分布式大数据管理，设计了表（或分区）的水平拆分（split）的机制，这是 HBase 实现分布式、负载均衡以及可伸缩性等机制的重要方式。由于 HBase 中的数据表都是以行键进行字典排序的，因此无论采用何种分区策略，其本质都是基于行键进行拆分。

HBase 具有 3 种分区方式：自动分区、预分区和手动拆分。

1. 自动分区

无论在 HBase Shell 还是编程时，当采用默认分区策略建立数据表时，该表都只有一个分区。随着数据的不断积累，达到某个触发条件时，分区将拆分成两个均等的新分区，Hmaster 节点会将分区分配给不同的 Regionserver，以实现写入和查询时的负载均衡。

分区的触发条件，早期为固定的 hbase.hregion.max.filesize 值，默认 10GB（10×1024×1024×1024B），即分区达到这一数值时会拆分为两个 5GB 的分区，这种策略也被称为 ConstantSizeRegionSplitPolicy。

在 0.94 版本之后，HBase 采用一种被称为 IncreasingToUpperBoundRegionSplitPolicy 的新策略，在这种策略下，分区的触发条件以下列公式来计算：

```
Min (R² * hbase.hregion.memstore.flush.size, hbase.hregion.max.filesize)
```

其中 hbase.hregion.memstore.flush.size 默认为 128MB，hbase.hregion.max.filesize 默认为 10GB，R 为当前数据表的分区数量，这是该公式中唯一的变量。Min 函数即求括号内、逗号前后两个量中的最小值。

以配置的默认值为例，可以分析自动分区的触发条件。

在表刚被建立时，R=1，当表中数据累计到 128MB 时，触发第一次分区，此时 R 变成 2，触发条件变成 512MB（4×128MB）。当有某个分区触发拆分后，R 变成 3，触发条件变成 1152MB（9×128MB）。以此类推，当 R 变成 9 后，触发条件变成 10368MB，之后触发条件就会固定为 10GB。

在 HBase 2.0 版本之后，HBase 默认采用 SteppingSplitPolicy 策略，规则为：

```
If region=1 then:
    hbase.hregion.memstore.flush.size * 2
else:
    hbase.hregion.max.filesize
```

也就是说，当表中分区数为 1 时，触发条件是 256MB，之后都是 10GB。

除了上述分区策略，HBase 还支持一些其他分区方式。

（1）KeyPrefixRegionSplitPolicy：保证相同前缀的行键在同一个分区。

（2）DelimitedKeyPrefixRegionSplitPolicy：保障某个分隔符之前相同的行键在同一个分区。

通过配置项 base.regionserver.region.split.policy，可以为整个集群定义全局的默认分区策略。

此外配置 hbase.hregion.memstore.flush.size 和 hbase.hregion.max.filesize 也会对自动分区过程产生影响。

可以在命令行工具中为单独的表设置最大文件容量。

```
create 't1 ', MAX_FILESIZE => '134217728 '
```

在 Java 编程时，可以采用下面的语句设置单独的表的拆分策略：

```
HBaseAdmin admin = new HBaseAdmin( conf);
HTablehTable = new HTable( conf, "player" );
HTableDescriptorhtd = hTable.getTableDescriptor();
HTableDescriptornewHtd = new HTableDescriptor(htd);
newHtd.setValue(HTableDescriptor.SPLIT_POLICY, IncreasingToUpperBoundRegionSplit
Policy.class .getName());
newHtd.setValue("MEMSTORE_FLUSHSIZE", "5242880");
admin.disableTable( "player");
admin.modifyTable(Bytes.toBytes("player"), newHtd);
admin.enableTable( "player");
```

2．预分区

在实际工作中，如果用户能够预判行键的分布规律，可以酌情进行预分区（pre-split），即手动指定该表划分为几个分区，每个分区的行键范围是多少。

在 HBase Shell 中执行：

```
create 'player', 'basic',{SPLITS => ['aa','hb','nc']}
```

表示建立一个表，并预先分为三个分区，行键的起始值（切分点）为 aa、hb 和 nc，注意行键的比较方法为字典顺序，即前一位分出大小则不再比较后续的串，前一位相同时则比较后面的串。

另一种预分区方式是指定分区的数量：

```
Create 'player','basic',{NUMREGIONS => 5, SPLITALGO =>'HexStringSplit'}
```

此时必须指定行键切分算法，如 base 自带的 HexStringSplit 或 UniformSplit 算法。HexStringSplit 算法一般用于十六进制字符串，UniformSplit 算法一般用于字节流。

预分区一般需要保证分区数据是均匀分布的，防止出现某个过热分区。

3．手动拆分

在 HBase Shell 中执行：

```
split 'player', 'aa'
```

可以将表进行手动切分，切分点为 aa。

注意，拆分是针对分区中的所有列族（store）进行的。在进行拆分时，所有的 storefile 都必须根据切分点将文件重新写成两个新文件，由于分区不像合并时需要进行排序等工作，因此理论上对内存占用不高，但仍涉及大量的 I/O 操作，对系统性能会产生影响。

通过 Web 界面（表详情页面）可以对表的所有分区进行一次拆分，如果指定行键，则操作只对包含该行键的分区有效，如图 5-6 所示。

Regions by Region Server

Region Server	Region Count
node1:16030	1

Actions:

	Region Key (optional):	
Compact		This action will force a compaction of all regions
Split	Region Key (optional):	This action will force a split of all eligible regions is one that does not contain any references to oth

图 5-6　HBase 的数据写入机制

5.2　列族与 Store

列族在存储上对应 Store 的概念。Store 中的数据持久化存储在 HDFS 上，其格式为 HFile。每次数据 flush 都会形成新的 HFile，这样会在 HDFS 产生很多小文件，影响存储性能。因此 HBase 还设计了 HFile 的合并机制，将多个小文件合成一个大文件。

5.2.1　列族的属性

在通过 Java 代码或 HBase Shell 中新建、修改表结构时，可以对列族多种属性进行设置，可以设置的列族属性如下。

（1）NAME：列族的名称。

（2）BLOOMFILTER：布隆过滤器的粒度，ROW 或 ROWCOL，默认为 ROW。

（3）BLOCKSIZE：定义 HFile 中的数据块大小，默认为 64KB。

（4）BLOCKCACHE：代表是否将数据块缓存，以提高下次读取速度，该属性为布尔类型，默认为 true。注意该缓存不是写入时的 memstore。

（5）IN_MEMORY：表示是否给予较高优先级的读缓存，布尔类型，默认为 false。

（6）VERSIONS：表示保存数据版本（以时间戳体现）的数量，整型，目前 HBase 的默认为 1。

（7）KEEP_DELETED_CELLS：表示是否可以查询到标记为删除的数据，布尔类型，默认为 false。在默认情况下，当数据被删除后，无论采用何种 scan 或 get 方法，均无法获取数据。如果将该属性设置为 true，则采用限定时间戳等查询方式可以查询到被删除的数据。

（8）TTL：表示以秒计算键值对的生存期，过期后系统会删除此列族中该行的所有键值对。整型，默认值为 INT.MAX_VALUE（2147483647 或可以设置为 TTL => 'FOREVER'），即永远打开。

（9）MIN_VERSION：表示在设置了 TTL 的情况下，如果当前存储的所有数据版都过期了，则至少保留 MIN_VERSION 个最新版本。如果不设置 TTL，则无意义，默认值为 0。

（10）REPLICATION_SCOPE：表示 HBase 具有的跨集群复制机制，允许将一个集群上的数据复制到另一个从集群，类似于关系型数据库的主从式读写分离机制。默认为 0（编程时可用 HConstants.REPLICATION_SCOPE_GLOBAL），则允许复制，如果设置为 1（编程时可用

HConstants.REPLICATION_SCOPE_LOCAL），则不允许复制。

（11）COMPRESSTION：表示是否允许数据压缩，支持 LZO、Snappy 和 GZIP 等算法，默认是不采用压缩。在设置方式上，可使用下面的 shell 命令：

```
create 'player', {NAME => 'basic',COMPRESSION => 'SNAPPY'}
```

或在 Java 编程时使用下面的代码：

```
colDesc.setCompressionType(Algorithm.SNAPPY);
```

在压缩算法的选择上，GZIP 算法的压缩率较高，但压缩和解压缩开销较大。由谷歌公司研发的 snappy 算法（开源），虽然压缩率较低，但性能更好，目前在 Hadoop 和 HBase 等环境中使用较多。HBase 会在数据 flush 时，对数据块（Datablock）进行压缩。

（12）DATA_BLOCK_ENCODING：表示数据编码，也可以看作是一种对重复信息的压缩，但不是针对数据块，而是针对键值对，特别是行键。当数据 flush 时，系统先对键值对进行编码，再进行数据块压缩。数据压缩和编解码的流程如图 5-7 所示。

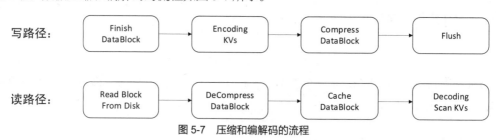

图 5-7　压缩和编解码的流程

在进行数据编码时，可以选择 4 种方式：NONE（不编码，默认值）、PREFIX（前缀树）、DIFF 或 FAST_DIFF。

在 PREFIX 方式下，系统会比较当前行键对于前一条行键的前缀差异，如果找到相同的前缀部分，则记录相同前缀的长度和后续不同的内容。

在 DIFF 方式下，系统会逐个比较行键中的键（key）、列族名、列标识符等行键元素，重复的元素不再重复记录。在键值对的第一个字节写一个 flag，通过这个 flag 指示后续各个部分哪些是重复的，哪些是单独记录的。例如：flag 第 1 位为 1，则键长度和前一个键值对相同，第 2 位为 1 则值长度和前一个键值对相同等。

FAST_DIFF 方式和 DIFF 方式的原理相同，但减少了对时间戳的压缩，增加了对值是否重复的判断，从而减小了压缩量，提升了压缩速度。

在实际使用中，可根据行键的特点选择压缩方式，从而降低存储空间的占用。

在 HBase Shell 中，可以在 create 或 alter 命令中对列族设置上述属性。

在 Java 编程时，可以对 HColumnDescriptor 的实例设置属性，例如：

```
HColumnDescriptorcolDesc = new HColumnDescriptor("basic");
colDesc.setMaxVersions(3);//设置最大版本数
colDesc.setDataBlockEncoding(DataBlockEncoding.PREFIX);//设置编码方式
colDesc.setScope(HConstants.REPLICATION_SCOPE_GLOBAL);//设置复制范围
colDesc.setCompressionType(Algorithm.SNAPPY);//设置压缩方式
colDesc.setBlocksize(64*1024);
......
```

在 HBase Shell 中，运行 describe 命令可以查看到列族的属性信息，如图 5-8 所示。

```
hbase(main):008:0> describe 'player'
Table player is ENABLED
player
COLUMN FAMILIES DESCRIPTION
{NAME => 'basic', BLOOMFILTER => 'ROW', VERSIONS => '1', IN_MEMORY => 'false',
KEEP_DELETED_CELLS => 'FALSE', DATA_BLOCK_ENCODING => 'NONE', TTL => 'FOREVER',
 COMPRESSION => 'NONE', MIN_VERSIONS => '0', BLOCKCACHE => 'true', BLOCKSIZE =>
 '65536', REPLICATION_SCOPE => '0'}
1 row(s) in 0.0240 seconds

hbase(main):009:0>
```

图 5-8　利用 describe 命令查看列族属性

Web 界面也可以查看列族属性信息，如图 5-9 所示。

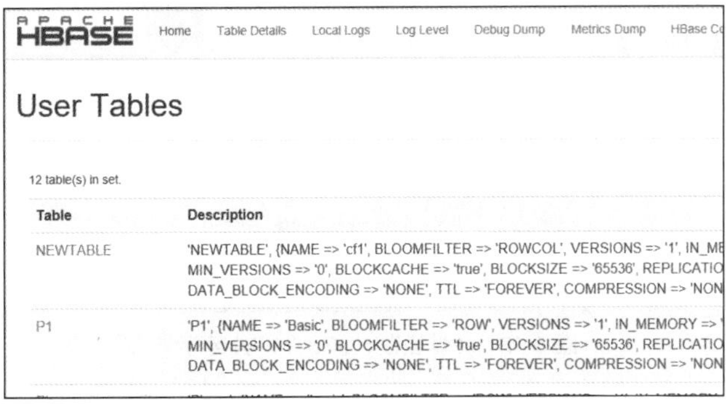

图 5-9　利用 Web 界面查看列族属性信息

5.2.2　表在 HDFS 上的存储

可以通过 HDFS Web 界面查看 HBase 的数据存储情况，在默认情况下，可以通过 http://namenode:
50070/hbase/访问 HBase 的 HDFS 根目录，如图 5-10 所示。其中 data 目录存储的是用户表数据，WALs
目录顾名思义就是预写日志。

图 5-10　HBase 在 HDFS 上的目录内容

单击 WALs 目录，可以看到其中存在若干子目录，名称为"节点名，端口号，时间戳"形式，
可以看出，WALs 的存储是以节点为单位进行的，如图 5-11 所示。

图 5-11　HBase 的 WAL 目录

在未指定命名空间的情况下，可以在/hbase/data/default 目录下看到各个表格，在/hbase/data/default/player 目录下看到 player 表的详细信息，如图 5-12 所示。

Browse Directory

/hbase/data/default/player

Permission	Owner	Group	Size	Last Modified	Replication	Block Size	Name
drwxr-xr-x	root	supergroup	0 B	2018年2月27日 1:57:57	0	0 B	.tabledesc
drwxr-xr-x	root	supergroup	0 B	2018年2月27日 1:57:57	0	0 B	.tmp
drwxr-xr-x	root	supergroup	0 B	2018年3月1日 3:22:49	0	0 B	c85fc53758298ffa0101d3959dee7072

图 5-12　数据表在 HDFS 上的分区存储

在图 5-12 中"c85fc53758298ffa0101d3959dee7072"即为编码过的分区名称，该信息与 HBase Web 界面中显示内容是一致的。可见在 HDFS 上，分区是以目录的形式存在的。进入这个目录，可以看到名为"basic"的目录，对应列族 basic，目录中即为该列族的 storefile，如图 5-13 所示。

Browse Directory

/hbase/data/default/player/c85fc53758298ffa0101d3959dee7072

Permission	Owner	Group	Size	Last Modified	Replication	Block Size	Name
-rw-r--r--	root	supergroup	41 B	2018年2月27日 1:17:34	1	32 MB	.regioninfo
drwxr-xr-x	root	supergroup	0 B	2018年2月27日 3:27:39	0	0 B	basic
drwxr-xr-x	root	supergroup	0 B	2018年3月7日 21:21:52	0	0 B	recovered.edits

图 5-13　数据表在 HDFS 上的列族存储

继续单击"basic"目录，则会看到其中的 storefile，如图 5-14 所示。

Browse Directory

/hbase/data/default/player/c85fc53758298ffa0101d3959dee7072/basic

Permission	Owner	Group	Size	Last Modified	Replication	Block Size	Name
-rw-r--r--	root	supergroup	4.96 KB	2018年2月27日 1:51:48	1	32 MB	174b99be669441a49cd5d62b6fdbf92b
-rw-r--r--	root	supergroup	4.94 KB	2018年2月27日 3:27:39	1	32 MB	810bfd27949f4f56b76bfed5a684dd6a

图 5-14　数据表在 HDFS 上的 storefile

5.2.3　HFile 的结构

Storefile 可以看作简单封装的 HFile，其内容一旦写入就无法更改。HFile 是一种经过排序的序列化文件，HFile 的内容基本都是以键值对方式存储的，这使得这种数据格式易于被 HDFS 分块存储。

HFile 格式仍处在不断演进当中，目前通用的是 HFile v3 版本（0.98 版本引入）。此外，storefile 是对应列族的，因此可知下面提到的数据块大小、布隆过滤器属性等均为列族的基本属性，而非分区。

1. HFile 格式简介

HFile 中既包含排序过的键值对数据，也包含分级索引信息，以实现对行键的快速查找。以 v2 版本为例，HFile 的结构如图 5-15 所示。

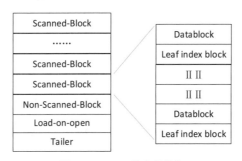

图 5-15　HFile 的文件结构

Trailer 处于文件的尾部，一般最先被加载，通过其记录的偏移量信息读取文件的其他部分。Trailer（以键值对方式）记录的信息主要有以下 4 点。

（1）FileInfo 的偏移量。

（2）Load-on-open 区域的偏移量。

（3）一些文件的基本信息，例如所采取的压缩方式、文件中键值对的总数量等。

（4）版本号。系统根据版本号确定读文件的方式。

Load-on-open 区域紧随 Trailer 被加载，主要包含文件元数据（FileInfo）和根数据索引（RootDataIndex）、元数据索引（MetaIndex）、布隆过滤器的指示信息（bloomfilter）等信息。文件元数据存储文件的一些基本信息，如文件存储的最后一个行键、文件中行键的平均长度、文件中值的平均长度等，以键值对方式保存。根数据索引以键值对方式保存文件中每个数据块的偏移量。而元数据索引以键值对方式保存每个元数据块在文件中的位置、大小和行键。

Non-Scanned-Block 区域包含多个元数据块（Metablock）和一个中间索引块（Intermediatelevel DataIndexBlocks）。元数据存储布隆过滤器信息，中间索引块存储各个数据索引的范围等信息，目的是在进行分区拆分时快速定位数据。在进行 scan 时不会扫描这个区域的内容。

Scanned-Block 区域为数据存储区域，包含数据块（datablock），以及每个数据块对应的布隆数据块（Bloomblock）和叶子索引块（leafindexblock）。数据块为数据的真实存储区域，内容即为按行键升序排列的键值对，参见 4.2 节。布隆数据块和叶子索引块则是过滤和索引体系。在进行 scan 时，主要会扫描这个区域的内容。

在文件中会存储不定数量的多个数据块。数据块的大小默认为 64KB，可以通过下面语句在建立列族时指定：

```
ColumnDescriptor.setBlockSize(int n);
```

对于比较大的数据块，可以提高顺序读取性能（scan 操作为主），因为可以一次性加载更多数据到内存。对于比较小的数据块，可以提高随机读取性能（get 操作为主），因为可以降低一次读取时加载的数据量，但索引占用空间会较大。

根索引、中间索引和叶子索引为 B+树方式，实现对行键的三级索引。根索引为 HFile 中整个索引体系的总入口，记录了中间索引的地址；中间索引则记录各个叶子索引范围（通过记录每个数据块的最后一个行键）；叶子节点记录键值对在数据块的具体位置。此外，根索引也包含指向元数据块和布隆过滤数据块信息的入口。

HBase 的布隆过滤器建立在列族之上，具有 ROW（面向行）和 ROWCOL（面向行+列名）两种粒度。前者只对行键进行判断，后者对行键+列名（键值对）的组合进行判断。显然后者的存储开销更大，但控制粒度更精确。如果用户在检索数据时没有指定列名，则 ROWCOL 粒度的布隆过滤器无法发挥作用；如果用户指定了列名，则 ROW 粒度仍可以过滤掉不相关的行。具体应使用哪种粒度，需要根据用户的使用场景选择。此外，分析上面机制可知，scan 操作无法从布隆过滤器获益，因为 scan 不能指明具体行键。

下面的代码新建了列族 basic，并且将列族属性中的 BloomType 设置为 ROWCOL。

```
HColumnDescriptorcolDesc = newHColumnDescriptor("basic");
colDesc.setBloomFilterType(BloomType.ROWCOL);//set BloomType to ROWCOL
```

在 HBase Shell 中可以采用下列命令完成同样的功能：

```
create 'player', {NAME => 'basic', BLOOMFILTER =>'ROWCOL'}
```

此外，HBase 的布隆过滤器除了定位数据的功能，还有判断数据是否被标记为删除的功能，由于 HBase 的数据 delete 和 put 的原理类似，都是通过加入键值对的新版本来实现的，因此上述两种过滤功能的原理也是类似的。

2. 查看 HFile 文件内容

可以通过 hbase 指令调用 HBase 的工具类查看 HFile 的内容，例如：

```
hbase org.apache.hadoop.hbase.io.hfile.HFile -m -f
/hbase/data/default/player/regionname/basic/hfilename
```

org.apache.hadoop.hbase.io.hfile.HFile 是 HBase 提供的工具，直接在命令行不带任何参数执行，会显示该命令的简介。-m 参数表示查看 HFile 的元数据，-f 参数表示显示键值对，两个参数联用时，会将以键值对方式存储的元数据信息显示出来。

HFile 的路径和名称需要通过 HDFS 查询出来，详情参见 5.2.2 节。命令的执行效果（节选）如图 5-16 所示。

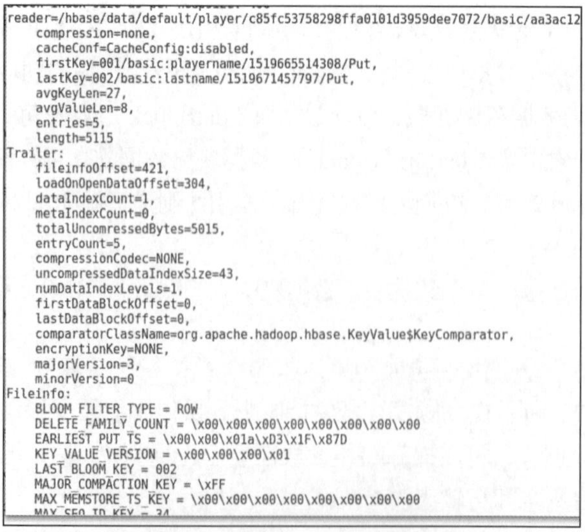

```
reader=/hbase/data/default/player/c85fc53758298ffa0101d3959dee7072/basic/aa3ac12
    compression=none,
    cacheConf=CacheConfig:disabled,
    firstKey=001/basic:playername/1519665514308/Put,
    lastKey=002/basic:lastname/1519671457797/Put,
    avgKeyLen=27,
    avgValueLen=8,
    entries=5,
    length=5115
Trailer:
    fileinfoOffset=421,
    loadOnOpenDataOffset=304,
    dataIndexCount=1,
    metaIndexCount=0,
    totalUncomressedBytes=5015,
    entryCount=5,
    compressionCodec=NONE,
    uncompressedDataIndexSize=43,
    numDataIndexLevels=1,
    firstDataBlockOffset=0,
    lastDataBlockOffset=0,
    comparatorClassName=org.apache.hadoop.hbase.KeyValue$KeyComparator,
    encryptionKey=NONE,
    majorVersion=3,
    minorVersion=0
Fileinfo:
    BLOOM_FILTER_TYPE = ROW
    DELETE_FAMILY_COUNT = \x00\x00\x00\x00\x00\x00\x00\x00
    EARLIEST_PUT_TS = \x00\x00\x01a\xD3\x1F\x87D
    KEY_VALUE_VERSION = \x00\x00\x00\x01
    LAST_BLOOM_KEY = 002
    MAJOR_COMPACTION_KEY = \xFF
    MAX_MEMSTORE_TS_KEY = \x00\x00\x00\x00\x00\x00\x00\x00
```

图 5-16　查看 HFile 的文件内容

5.2.4　Storefile 合并

HDFS 适合存储大文件，但 HBase 每次 flush 操作会形成一个 storefile，当 storefile 数量过多时，会造成 HDFS Namenode 负担过重，且需要在读数据时访问过多的文件。又由于 HDFS 不支持对已有文件的更新，因此 HBase 中设计了合并（compact）机制，通过读取多个小文件，处理并写入一个新的大文件的方式，实现 storefile 的合并。

由于在 flush 数据时，HBase 会先将内存中的数据按行键的字典顺序排序，因此每个 storefile 内部是有序的，而 storefile 之间是无序的。在进行合并时，需要对多个小文件进行多路归并的外部排序，形成一个有序的大文件。这种排序的内存和 IO 占用较多，因此合并过程是通过牺牲分区和 Regionserver 的短期性能，来换取长期的性能优化。

storefile 的合并机制可以从合并方式、触发条件以及配置管理 3 个方面进行理解。

Base 具有 Minor Compact 和 MajorCompact 两种合并方式。

1. Minor Compact

Minor Compact 只会对部分文件进行操作。在合并的过程中，会根据 TTL 和 minVersion 属性，将过期数据清除，但不做其他清理。

当在某个 Region 的任意 store 中，storefile 的数量达到 hbase.hstore.blockingStoreFiles（默认为 16）时，会触发合并。虽然合并由一个 store 触发，但此时，无论其他 store 是否达到触发条件，合并都会在整个分区进行，由此可以看出在 HBase 表中设置多个列族的弊端。

无论进行何种合并，都会对 region 加写锁，阻塞所有更新，直到合并完成，或等待时间达到 hbase.hstore.blockingWaitTime（默认为 90000 毫秒）。

在进行 Minor Compact 时，系统会根据 storefile 的建立时间，将文件从旧到新排序，依次将文件加入合并列表，HBase 会检查文件的数量和大小，并排除过期文件，使得合并开销尽可能小。目前，扫描判断文件是否纳入合并列表的策略为 ExploringCompactionPolicy，主要依据如下。

（1）当前文件小于配置值 hbase.hstore.compaction.min.size（默认为 128MB）。

（2）当前文件小于 hbase.hstore.compaction.max.size（默认为 Long.MAX_VALUE）。合理设置这个参数，可以排除较大的文件，减少合并开销。

（3）当前文件大于 hbase.hstore.compaction.min.size，且该大小乘以 hbase.hstore.compaction.ratio（默认为 1.2）后小于列表中最多 hbase.hstore.compaction.max（默认是 10）个文件的大小之和。

通过设置 hbase.offpeak.start.hour 和 hbase.offpeak.end.hour（默认值都为-1，可以设置为 0~23，表示整点时间），可以划定繁忙时段。在繁忙时段之外，系统会用 hbase.hstore.compaction.ratio.offpeak（默认值为 5.0）代替 hbase.hstore.compaction.ratio，这样可以将更大的文件纳入列表。默认情况下，系统不区分忙时和闲时。

当符合条件的文件数量大于 hbase.hstore.compaction.min（默认是 3）时，HBase 会开始合并，否则会放弃当前操作。

2. Major Compact

Major Compact 将对该 Region 的 store 中所有的 storefile 进行合并，形成一个唯一的 storefile，其中所有的无效数据都会被处理。

比较而言，Major Compact 开销更大且耗时更长。在默认情况下，HBase 每 7 天左右（默认为在

7 天的基础上乘以一个随机抖动范围）自动执行一次 Major Compcat。采用抖动时间的原因是防止多个 store 同时触发合并。如果在触发合并条件后，系统发现 store 内的所有 storefile 都比较新，或者 storefile 文件数量为 1，则放弃操作。

在实际应用中，自动 Major Compcat 可能会被关闭，管理员会在系统空闲时进行手动的操作，以控制 Major Compcat 对系统短期性能的影响。

配置 hbase.hregion.majorcompaction，将 7 天（604800000）改为 0，可以禁止自动 Major Compact。

无论何种合并操作，在操作时系统都会将排序后的内容写入一个临时文件，最后将临时文件纳入系统管理，并删除旧文件。在进行合并时，所有写临时文件的过程仍然会使用预写日志，以保证合并过程的可靠性。

此外，可以通过配置 hbase.hstore.compaction.kv.max（默认是 10），调整在合并中一次性读取的键值对数量，在内存较大的节点上，适当将数值调大。

3. 执行 Compact

在 HBase Shell 下，可以通过下列命令执行 Minor Compact。

对整个表进行合并。

```
compact 'player'
```

对整个表的某一个列族进行合并，可能跨多个分区。

```
compact 'player', 'basic'
```

对一个分区中的一个列族进行合并，regionname 应替换为实际的分区名，如果不指定列族名，则对整个分区的所有列族进行合并。

```
compact 'regionname', 'basic'
```

可以通过下列命令执行 Major Compact，用法和 Compact 相同。

```
major_compact 'player'
major_compact 'player', 'basic'
major_compact 'regionname'
major_compact 'regionname', 'basic'
```

也可以通过 Web 界面对指定表格进行合并操作，如图 5-17 所示。

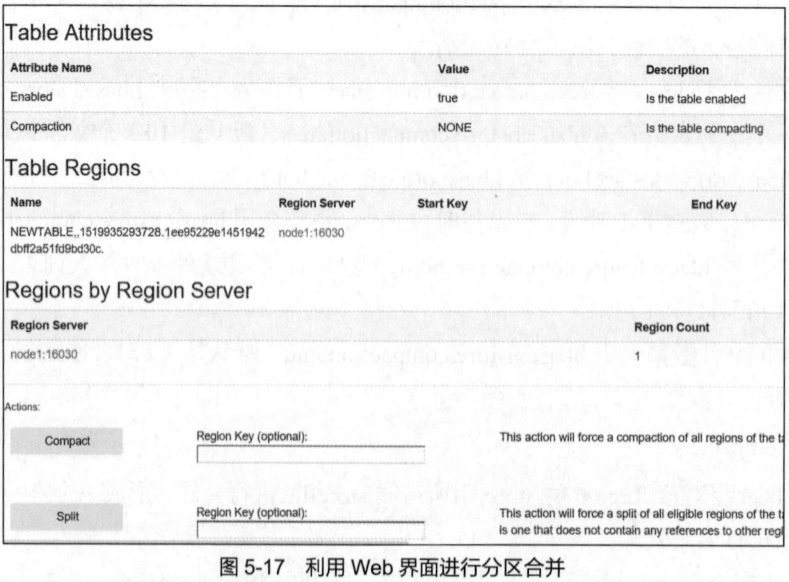

Table Attributes

Attribute Name	Value	Description
Enabled	true	Is the table enabled
Compaction	NONE	Is the table compacting

Table Regions

Name	Region Server	Start Key	End Key
NEWTABLE,,1519935293728.1ee95229e1451942 dbff2a51fd9bd30c.	node1:16030		

Regions by Region Server

Region Server	Region Count
node1:16030	1

Actions:

Compact	Region Key (optional):	This action will force a compaction of all regions of the ta

Split	Region Key (optional):	This action will force a split of all eligible regions of the t is one that does not contain any references to other reg

图 5-17　利用 Web 界面进行分区合并

在 Web 界面中，单击表名连接，进入表明细信息页面，可以看到图 5-17 所示的内容。图中的 tableAttribute 栏目中，具有 Enable 和 Compaction 条目，表示表是否可用，是否处在合并状态中。页面下部的 Compact 按钮，可以完成 Minor Compact 操作，如果在按钮之后的 RegionKey 中写入一个行键，则只会合并包含该行键的分区。页面中并没有选择列族的方法。

Storefile 的合并机制以及分区的拆分机制都涉及大量 I/O 操作，可能对集群性能产生显著影响。但在集群负载较轻时，也可以配置为系统自动进行，不进行人工干预。

5.3　数据表的基本设计原则

HBase 是典型的面向列和键值对结构的 NoSQL 数据库，和传统的关系型数据库相比，其优点和缺点同样突出。在利用 HBase 管理大数据时必须扬长避短，有针对性地进行设计与优化，使其分布式读写、可伸缩性强等优势能够得到充分发挥。

基于对 HBase 分区、列族等机制的分析，为提高用户表的读写效率、降低存储开销，可在设计表时遵循以下原则。

1. 行键分布尽量均匀

通过分区，可以使得多个并行节点处理数据写入和查询，提高效率。但能够有效提高读写效率的前提之一，是在行键设计时避免出现"热点数据"。

举例来说，如果以时间戳作为行键，在 HBase 中存储日志类信息，则所有新写入的数据，其行键必然都代表最近的时间。由于 HBase 是以行键的字典顺序进行分区的，这意味着所有新写入的数据都属于同一个分区（可以看作表的最新分区），也就是说，无论当前集群中有多少 Regionserver，所有的写入压力都集中在管理最新分区的 Regionserver 上。假设用户对最新的数据更感兴趣，则查询压力同样也无法有其他服务器分担。

针对这种情况，可以尝试将其他随机性更好的字段与时间戳结合起来作为行键，或者将时间戳进行"倒排"，由于一般日志文件记录的毫秒数随机性较大，因此使得行键能均匀分布到不同的分区之内，从而调动更多的 Regionserver 来分摊读写压力。

2. 行键和列族名尽量短

由于每一个键值对都会存储行键字符串和列族的名称字符串，因此在存储大数据时，这些字段产生的存储开销非常大。例如，如果一个行键有 100 个字节，在存储 1 亿行数据时，只是行键的存储开销就超过 10G。因此，有观点认为，列族的名称应尽量以一个字母为宜，行键也应该在合理的范围内尽可能简短。

3. 列族尽量少

在介绍 flush 机制时曾提到，当某个分区内有一个 store（对应一个列族）达到 flush 条件时，该分区的所有 store 都会触发 flush。在列族较多的情况下，这可能引起其他 store 内小文件过多，频繁引发 storefile 合并，从而对集群造成性能影响。

5.4　HBase 集群的高可用性与伸缩性

HBase 可以实现对 Regionserver 的监控，当个别 Regionserver 不可访问时，将其负责的分区交给其他 Regionserver，其转移过程较快，因为只需要将分区的相关信息转移即可。Hlog 和表中数据实际存储在 HDFS 上，本身具有多副本机制容错。

Master 节点以及 HDFS 中的 Namenode 节点，如果只部署一个，可能造成单点故障，可以依托 Zookeeper 实现这两种系统主节点的高可用性配置，方法是部署多个 Master 或 Namenode，并区别为活跃节点和待命节点。活跃节点接收读写操作，待命节点则从活跃节点实时同步数据。当活跃节点发生故障后，待命节点自动提升为活跃节点。由 Zookeeper 负责监控活跃节点、选举新的活跃节点等功能。

此外，HBase 还可以通过集群间的同步机制，实现（列族）数据的分布式热备份。

本节所涉及的部署配置工作较为烦琐，受篇幅所限，只介绍基本原理和部分部署过程。

5.4.1　Zookeeper 的基本原理

为了实现分布式服务中的数据同步与一致性、群组管理监控、分布投票协商与锁（如分布式事务中的二阶段提交）、以及命名寻址等，需要在集群中提供分布式协调服务，而 Zookeeper 就是这样一个提供分布式协调服务的开源软件。

谷歌公司于 2006 年发表了论文 "The Chubby lock service for loosely-coupled distributed systems"，介绍了一种基于 Paxos 算法的分布式锁服务协议 Chubby。Apache 软件基金会则基于 chubby 协议创立了 Zookeeper 开源软件项目，并随后将其用在 HBase、Hadoop 等分布式系统上，提供 HDFS Namenode 或 HBase Hmaster 高可用性服务，以及 HBase 的 meta 表入口维护、Regionserver 监控等功能。

Zookeeper 以 Fast Paxos 算法为基础，提供分布式协调、选举和锁服务，并基于此扩展出配置维护、组服务、分布式消息队列、分布式通知/协调等功能。

1. Zookeeper 架构

Zookeeper 采用集群化部署方式，一般部署在多台服务器上，以防止单点失效。为了在投票时易于收敛（投票发生分歧时，更容易超过半数）一般采用奇数台服务器部署。

服务器可以看作 proposer 和 acceptor（Zookeeper 中称为 follower）角色的综合。一方面，在服务器中选出 leader 进行提案和主持投票，如果 leader 失效则进行重新选举。选举可以通过 paxos 或 fastpaxos 进行。另一方面，理论上全体服务器可以对提案投票，但为了控制网络开销，一般选择部分节点进行投票，而其他节点称为 observer，只观察结果并进行同步，如图 5-18 所示。

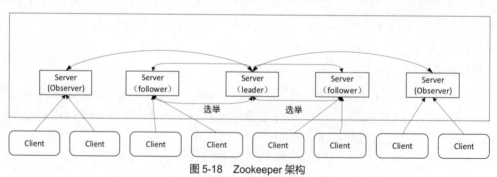

图 5-18　Zookeeper 架构

由于 Zookeeper 会在集群内同步数据，并通过所谓 watch 机制实现对数据更新的监控，因此客户端可以连接到任何一台服务器来监测数据变化，以实现客户端集群内数据的最终一致性、原子性、顺序性等保障。

Zookeeper 提供了分布式独享锁、选举、队列等 API 接口，可以实现配置同步、集群管理等协调性服务。

2. Znode 存储结构

Zookeeper 采用层次化目录结构存储数据，如图 5-19 所示，目录也可以理解为节点，在 Zookeeper 中称为 Znode。Znode 具有以下特点。

（1）一次写入、多次读取，数据写入后不可更改。

（2）可以存储多个版本的数据，以实现更新顺序性。

（3）一次性读取整个 Znode，不支持部分读取。

（4）根据数据的生命周期，具有 4 种节点，在创建时确定并且不能再修改。

① 临时节点（EPHEMERAL）：不支持子节点，会在客户端会话结束时被删除。

② 临时顺序节点（EPHEMERAL_SEQUENTIAL）：临时节点，但父节点会为一级子节点记录创建时间，记录节点的创建顺序。

③ 持久节点（PERSISTENT）：持久存储，一般根据客户端需求删除。

④ 持久顺序节点（PERSISTENT_SEQUENTIAL）：持久节点，但父节点会为一级子节点记录创建时间，记录节点的创建顺序。

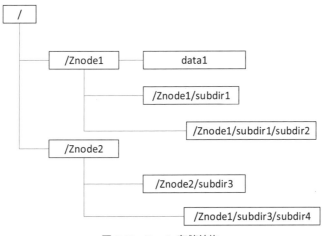

图 5-19　Znode 存储结构

3. Watch 机制

客户端可以通过 Watch 机制关注 Znode 的信息变化，实现配置管理、数据同步和分布式锁等功能。客户端首先需要注册一个 Watch，来观察某个 Znode。当出现数据更新或被删除、子节点发生变化等情况时，Zookeeper 集群会通过异步消息向客户端发送事件通知。通知发送后，该 Watcher 就会失效，如果此时再发生信息变化，客户端就无法获取新的通知，除非客户端再进行新的注册。可见 Watch 机制能够确保消息的顺序性（旧消息被接收之前，客户端无法获得新消息）以及最终一致性，但无法确保所有的数据变化都能够被观察到。

4. Hadoop 和 HBase 对 Zookeeper 的利用

Hadoop 在默认情况下并不会使用 Zookeeper。HDFS 和 MapReduce 采用主从结构，由主节点进行集群管理，子节点之间不会自主进行协调、同步和监控等。这种结构使得子节点易于横向扩展，但主节点（如 Hdfs 的 Namenode 或 Yarn 的 Resourcemanager）存在单点故障问题，即主节点宕机后，整个集群就会瘫痪。Hadoop 可以通过借助 Zookeeper 的协调能力实现主节点的高可用性，来解决这一问题。

HBase 中自带 Zookeeper 服务，但也可以禁用后选择外部独立安装的 Zookeeper 为其提供服务。HBase 利用 Zookeeper 实现 Regionserver 监控、多 Master 高可用性管理以及 META 表入口存储等功能。

5.4.2　基于 Zookeeper 的高可用性

由于 HDFS 采用分布式部署和数据多副本机制，因此当出现少量 Datanode 故障或少量机架故障时，并不会出现数据损失或数据处理任务失败等情况。但 Namenode 角色在集群中只有一个，因此存在单点故障风险。

注意，Secondary Namenode 的命名常会带来误解：当 Namenode 出现故障后，Secondary Namenode 并不能替代 Namenode 提供服务。

Hadoop 2.x 版本中提供了 HDFS 的 Namenode HA（高可用性，High Available）方案，如图 5-20 所示。

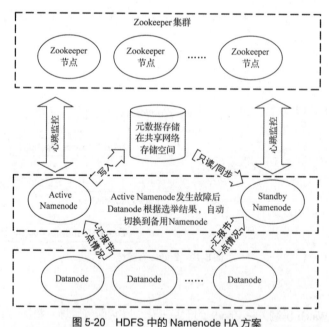

图 5-20　HDFS 中的 Namenode HA 方案

该方案中存在两个 Namenode，其中 Active Namenode 向集群提供服务，Standby Namenode 为待命状态。Fsimage 等信息存储在一个可共享的网络位置，Active Namenode 写入数据，Standby Namenode 则只能读取，以防 Fsimage 出现多版本不一致的情况，即脑裂（brain split）。

Zookeeper 分布式协调服务器可以监控 Active Namenode 的健康情况，当发生故障时，通过分布式选举机制将 Standby Namenode 提升为 Active Namenode。如果原 Active Namenode 从故障中恢复，则自动降级为 Standby Namenode。整个过程自动进行，不需要人工干预。该方案避免了 Namenode

的单点故障，提高了 HDFS 的分区可用性。此外，Hadoop 2.x 版本只允许系统中存在一个 Standby Namenode，在 Hadoop 3.0 版本之后，允许系统中部署多个 Standby Namenode。

如果在 Hadoop 的原生环境中配置该方案，则步骤较为烦琐。如果通过集成安装工具进行配置，则一般只需要在 Web 界面上指派多个备用主节点角色，再进行一些简单配置即可完成。

HBase 的 Master 高可用性原理与此类似，且在 HBase 中配置 Master 高可用性较为简单，只需要在各节点的配置目录下建立一个文本文件，命名为 backup-masters，并在其中每行写入一个主机名，即可完成配置。

此时，当执行 start-hbase.sh 命令时，backup-masters 名单中的节点会作为待命 Master 节点，随集群其他角色启动；或者在集群启动后，直接在希望作为待命 Master 节点的主机上，执行：

```
hbase-daemon.sh start master
```

当该节点启动后，Zookeeper 会自动将其看作待命 Master 节点。

5.4.3　独立安装 Zookeeper

Zookeeper 的基本安装步骤如下。

1. 软件部署

独立安装 Zookeeper 是为向 Hadoop 和 HBase 共同提供服务的，Zookeeper 对操作系统、软件和网络环境的要求与这些组件基本一致，能够安装 Hadoop 和 HBase 的节点也可以直接安装 Zookeeper。

下载 Zookeeper 之后，可以得到一个压缩包，将其解压到权限合适的目录即可完成基本部署。其中 bin 目录下为可执行命令，conf 目录下为配置文件，Lib 目录下为对应的库包。

2. 软件配置

Zookeeper 的配置文件为 zoo.cfg。和 Hadoop 等软件不同，这个软件并非 XML 格式，而是纯文本格式。假设需要在三台服务器上部署 Zookeeper，则可以配置如下内容：

```
tickTime=2000
dataDir=/zookeeper /data
dataLogDir=/zookeeper/logs
clientPort=2181
initLimit=5
syncLimit=2
server.1=192.168.10.1:2888:3888
server.2=192.168.10.2:2888:3888
server.3=192.168.10.3:2888:3888
```

tickTime 配置内容为超时时间的基础值，单位为毫秒。

dataDir 和 dataLogDir 为存储文件和日志的本地路径，可以配置为任意权限合适的本地目录。

initLimit 配置 follower 与 leader 之间建立连接后进行同步的最长时间，数值 5 表示实际时间为 5*tickTime。syncLimit 为 follower 和 leader 之间等待回复消息的最大时间，数值 2 表示 2*tickTime。

clientPort 为 Znode 的访问入口地址。

server.id=host:port1:port2 表示 Zookeeper 集群中有三个节点及其 id、ip 地址。Port 是 follower 和 leader 交换消息的端口，port2 表示 follower 选举 leader 使用的端口。

三台服务器的 zoo.cfg 文件配置内容完全一致。但在每台服务器的 conf 下还需要各建立一个 myid 文件。该文件为纯文本文件，内容分别为 1、2、3，对应上文配置的 id 与本机 IP 地址的关系。

3. 启动与使用方法

在各个节点的 Linux 命令行下依次运行：

```
zkServer.sh start
```

即可启动本机的 Zookeeper 进程。

利用 jps 命令可查看进程是否成功启动，或者执行：

```
zkServer.sh status
```

可查看 Zookeeper 服务状态。

当 Zookeeper 服务被正确安装并正常运行后，可以执行下列命令进入其命令行环境：

```
zkCli.sh -server 192.168.10.1:2181
```

"192.168.10.1:2181" 为示例地址，需要修改为 Zookeeper 集群中的任意一个节点 IP。

在命令行环境中，执行：

```
help
```

可以查看命令列表。

执行 "ls<path>" 指令，可以查看各个 Znode 信息，例如：

```
ls /hbase
```

可以查看 HBase 集群的 meta 表入口信息等。

4. HBase 使用独立的 Zookeeper 服务

HBase 软件包中自带了一个简化 Zookeeper 服务。默认情况下，HBase 利用自带的 Zookeeper 提供分布式协调服务。为了让 HBase 使用独立的 Zookeeper 服务，需要在 HBase 的 conf/hbase-env.sh 文件中寻找 "HBASE_MANAGES_ZK" 项，并设置：

```
HBASE_MANAGES_ZK=false
```

表示 HBase 将禁用自带的 Zookeeper。

注意，当使用自带服务时，Zookeeper 会随着 HBase 集群启动而自动启动，此外也可以通过下列命令手动控制其启停：

```
hbase-daemons sh {start,stop} zookeeper
```

如果使用独立的 Zookeeper 服务，则需要确保 Zookeeper 集群先于 HBase 集群启动。此外，如果有多个 HBase 集群共享一个 Zookeeper 服务（例如在使用集群同步方案时），则需要在各自的配置文件中，配置不同的 Znode 入口，方法是在 hbase-site.xml 中配置 "zookeeper.znode.parent" 为不同的路径（默认值为/hbase）。

5.4.4 集群间同步复制

所谓集群间同步（Replication 机制），指同时配置两个 HBase 集群，其中一个为主集群，负责接收所有的写操作。从集群不断从主集群同步数据，但仅可读取。这种方案也就是关系型数据库中常见的读写分离。

集群间同步采用主集群推送方式进行，推送的过程是，主集群节点进行 flush 时，向从集群某个节点发送同步通知，从集群节点获取通知后，读取主集群相应节点上的 WAL 预写日志，在本地重建数据。

主集群节点发送通知之后，会在 Zookeeper 中记录已备份 WAL 的偏移量，使得从集群可以确认备份的位置。如果主集群节点发现之前联系的从集群节点无响应，则会更换另一个从集群节点再次发出备份通知，并回滚 WAL 的偏移量记录信息。集群复制原理如图 5-21 所示。

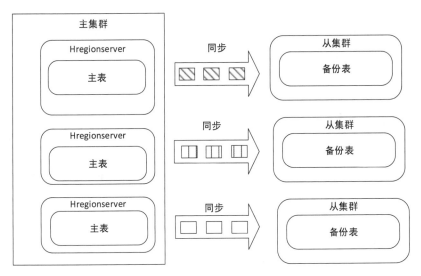

图 5-21　集群间同步原理

同步工作是异步进行的，即主从集群之间只能保证数据的最终一致性。

配置集群间复制的基本方法如下。

（1）要确保两个集群之间的网络互通。

（2）在从集群建立同名、同结构（具有相同列族）的表。

（3）主集群的 hbase-site.xml 中配置 hbase.replication 参数为 true，即设置为允许跨集群同步。

（4）在主节点集群的 HBase Shell 中修改表结构：

```
disable 'player'
alter 'player', {NAME => 'basic', REPLICATION_SCOPE => '1'}
enable 'player'
```

其中，player 为表名，basic 为列族名。修改表结构时，必须先将表禁用。此外可以看出，集群复制的配置是针对列族的。注意，REPLICATION_SCOPE 属性不能在建表时设置，只能通过 alter 命令设置。

（5）在主集群节点 HBase Shell 中执行：

```
add_peer '1', "slave-zk-1,slave-zk-2,...:2181:/hbase"
```

这里所配置的内容有：让主集群看到从集群的 Zookeeper 地址、端口和 HBase 使用的 Znode 入口（默认为/hbase）等。主从集群可以使用两套 Zookeeper，也可以使用同一套 Zookeeper，但使用同一套 Zookeeper 时，主从集群的 Znode 入口必须是不同的，即 hbase-site.xml 中 zookeeper.znode.parent 配置内容是不同的，一般体现在/hbase 这一部分不同。

使用编号 1（peerid）可以用来完成复制同步的监控管理：

```
remove_peer '1'
enable_peer '1'
disable_peer '1'
```

此外，通过 list_peers 命令，可以查看复制同步关系列表。

通过 stop_replication 和 start_replication 命令用来控制主集群上所有的复制同步启停。

5.5 HBase 的扩展

作为一种被广泛使用的 NoSQL 数据库，HBase 也暴露出一些问题。

1. 分布式数据处理和统计问题

从前文介绍的操作语句可以看出，HBase 只支持对数据的简单查询，如果需要进行数据统计、分类求和、按列求最大值等，则没有对应的指令可以直接完成。用户必须进行编程或借助扩展插件完成这些功能，并且，为了提高效率，程序和插件必须支持分布式操作。

2. 二级索引问题

HBase 只支持对行键的索引和过滤，但不支持所谓二级索引，即对列名再维护一个索引。要解决这一问题，需要能够针对列建立一个额外的外部索引，并通过监控数据的写入（如监控预写日志），来不断更新外部索引。

3. 时序数据存储问题

时序数据是应用最为广泛的大数据类型。互联网用户行为日志、服务器集群监控、气象监控、物联网等场景都可能产生时序数据。时序数据在使用上主要存在三方面问题。

首先，如果以时间作为 HBase 表的行键，则可能因此产生"热点数据"问题，即导致最新的分区压力过大。为解决这一问题，需要在设计行键时对时间戳进行处理，或者采用一些扩展软件来维护数据。

其次，由于时序数据是持续采集的，因此数据的写入和存储压力很大。如何通过压缩编码等方式降低存储占用是一个重要问题。

最后，如何降低采用和使用难度，如何更快捷地分析、展示和过滤数据，也是时序数据使用中需要解决的问题。

4. 提供类似关系型数据库的功能和操作方式

虽然 HBase 是非关系型的，但一些传统数据库用户仍然希望 HBase 等 NoSQL 数据库可以提供一些关系型数据库的功能和使用方式，如支持 SQL 语言、支持事务等。虽然支持这些功能不一定适合 HBase，但还是有些扩展插件提供了相应的功能。

开源是 HBase 的优势，开放源代码和编程接口使 HBase 更方便和其他协议、软件结合使用。本节简要介绍 HBase 可能的扩展编程方法以及扩展软件的特性。由于涉及较多扩展知识，因此本节并不介绍具体的编程或配置方法。

5.5.1 协处理器机制

协处理器（Coprocessor）是 HBase 0.92 版本引入的新特性，其原型也是来源于谷歌的 bigtable。协处理器是一个类似于 MapReduce 的并行处理组件，其基本思想是移动计算的代价远比移动数据低。通过把子任务（类似 Map）代码分发到各个 Regionserver 上，让子任务独立地在各个服务器、表或分区上运行，来实现对数据的监控和操作。

协处理器机制提供了一套编程框架，用户可以非常灵活地编写自定义的 Coprocessor 任务。并且用户还可以级联使用多个 Coprocessor 组件，完成更复杂的自定义功能。

引入协处理器后，许多原来需要使用 MapReduce 框架处理的任务，可以选择更快捷的方式实现。

使用 MapReduce 架构处理任务时，任务加载及初始化需要耗费较长时间，而且每次运行都要重新加载，不适合实时请求。相对来说协处理器更快速、更轻量级。用户自定义的协处理器可以通过修改配置实现再启动时加载，也可以根据需要进行动态加载。

协处理器分别为 Observer 和 Endpoint 两种模式，Observer 模式就如同关系型数据库中的触发器，而 Endpoint 如同关系型数据库中的存储过程。Observer 可以分为三种类型，分别为 RegionObserver、MasterObserver 和 WALObserver。其中 RegionObserver 是 Region 上的触发器，MasterObserver 是 Master 服务端的触发器，而 WALObserver 用于预写日志的触发器。

应用协处理器机制可以极大地扩展 HBase 的能力。举例来说，用户可以通过三种思路，以自行开发协处理器的方式建立二级索引。

其一为基于 WALObserver 在一个索引表内生成索引，通过拦截预写日志的写入操作，把相应的键值对更新信息存储到索引表中；其二为基于 RegionObserver 在同一个分区内维护一个索引列族，通过拦截分区的 put、delete 等操作，提取相应信息存储到同一个分区的索引列族中，这种方式的索引是局部索引，不支持全局排序；其三为基于 RegionObserver 在一个索引表内生成索引，通过拦截 put、delete 等操作，提取相应数据更新信息存储到索引表中。

目前 HBase 中已经实现了集合函数组件、多行事务组件、多行条件删除组件等基于协处理器框架的组件。如 Phoenix、OpenTSDB 等独立的 HBase 扩展软件也通过利用协处理器机制，实现更丰富的功能。

5.5.2　基于 HBase 的分布式处理

HBase 只提供了数据管理和查询功能，如果对数据进行统计、聚合等操作则需要借助分布式处理架构。

大数据领域常见的分布式处理架构如 MapReduce、Spark 等的输入输出一般都是 HDFS 上的文件，但也可设置为从 HBase 表读取数据，或将数据写入 HBase。

1.　基于 MapReduce 的分布式处理

Hadoop 和 HBase 的结合较为紧密，HBase 一般部署在完整的 Hadoop 上，而非单独的 HDFS 之上。HBase 中的数据导入导出、行计数操作等都是调用 MapReduce 实现的。

用户也可以自定义开发 MapReduce 程序，指示器连接 HBase 的 Zookeeper 地址，并获得目标表格和分区信息。通过在 MapReduce 代码中嵌入 scan 和 put 的方法，实现并行从 HBase 表中查询数据，或将数据并行写入到 HBase 表中。

2.　基于 Spark 的分布式处理

Spark 是一种新兴的开源分布式处理框架，其性能优于 MapReduce，但由于 Spark 的最初开发者为加州大学伯克利分校 AMP 实验室，并非是和 Hadoop 紧密相关的团队，因此 Spark 直接操作 HBase 的方法相对比较烦琐。针对这一情况，Cloudera、Hortonwork 等公司，以及 HBase 的独立扩展组件 Phoenix 纷纷提供更易用的 Spark 操作 HBase 库包。随着 HBase 和 Spark 软件的不断更新，二者的结合使用方式可能还会发生变化。

3.　与 Hive 工具联合使用

Hive 是基于 Hadoop 系统的分布式数据仓库，能够提供增删改查等数据操作。它将结构化的数据文件映射为一张数据库表，并提供简单的类似 SQL 中语法的 Hive QL 语言进行数据查询。Hive 通过对 Hive QL 语句进行语法分析、编译、优化、生成查询计划，最后大部分任务转换为 MapReduce 或 Tez 任务，小部分 Hive QL 语句直接进行处理，不转化为 MapReduce。

Hive 和 HBase 都是源于 Hadoop 的开源软件，可以很方便地结合使用，其方式是使用 Hive 自带的 hive-hbase-handler 组件把 Hive 和 HBase 结合起来。将数据存储到 HBase，在进行复杂数据处理时，通过使用 Hive 对 Hive QL 语句进行操作，把 Hive QL 命令转化为操作 HBase 指令或 MapReduce 任务，实现数据的写入、查询或其他复杂操作，如图 5-22 所示。

此时 Hive 相当于 HBase 系统的客户端，用户直接操作 Hive，而 HBase 只是作为一个数据存储和管理系统，在进行复杂的数据统计、聚合操作时，省去了编写 MapReduce 程序的过程，提高了易用性，其性能则受限于 MapReduce 的自身性能。

Hive 工具提供了类似 HBase Shell 的命令行环境，通过下面的命令可以在启动 Hive 的 Shell 环境时，建立和 HBase 主节点或 Zookeeper 集群中的 META 表的联系：

```
hive --hiveconfhbase.master=node1:16000
hive --hiveconfhbase.zookeeper.quorum =node1
```

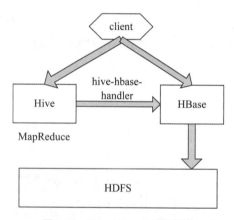

图 5-22　Hive+HBase 系统架构图

在 Hive 的 Shell 环境下可以执行 Hive QL 语句，这种语句和 SQL 语句非常相似，例如建立一个联合表：

```
CREATE TABLE thehivetable(key int, value string) STORED BY 'org.apache.hadoop.hive.
hbase.HBaseStorageHandler' WITH SERDEPROPERTIES ("hbase.columns.mapping" = ":key,cf1:val")
TBLPROPERTIES ("hbase.table.name" = "thehbasetable");
```

通过上面的命令可以建立一个 Hive-HBase 联合表，关键参数为 STORED BY 'org.apache.hadoop. hive.hbase.HBaseStorageHandler'，指明了存储方式。该表在 Hive 中的表名为 thehivetable，可以看作一个普通的面向行的表（即类似关系型数据库表）。具有 key 和 value 两个列，前者为整型，后者为字符串类型。HBase 的表名为 thehbasetable，将 thehivetable 表中的第一列映射为行键，第二列映射为列族 cf1 中的列 val，注意在 HBase 中并没有整型、字符串等数据类型的概念。

在 Hive 的 Shell 界面，可以通过下面命令看到 thehivetable 表，并描述其结构：

```
showtables
describethehivetable
```

效果和 SQL 语句作用于关系型数据库时类似。也可以利用其他 Hive QL 语句进行各种数据操作。

在 HBase Shell 中则可以通过下列命令查看 thehbasetable 的建立情况，并描述其结构：

```
list
describe'thehbasetable'
```

如果通过 Hive 的 INSERT 命令进行数据导入，则数据最终被存入 HBase，可以在 HBase Shell 中通过 scan 或 get 命令查看数据。

如果在 Hive Shell 中删除表：

```
droptablethehivetable
```

可以在 HBase 中验证 thehbasetable 表也被删除。

综上所述，在联合使用的情况下，Hive 可以将 HBase 表进行映射，并进行各类复杂操作，而利用 HBase 也可以独立查询数据，但不推荐利用 HBase 修改表结构。总的来说，Hive 和 HBase 的联合使用，是一种配置、使用上都相对简单的方式。

4.　与 Solr 联合使用

Solr 是一个高性能的基于 Lucene 的开源全文搜索服务软件，能够高效地进行文本搜索。将 Solr 与网络爬虫工具相结合，可以构造搜索引擎，而将 Solr 与各种结构化或半结构数据管理工具相结合，则可以实现诸如专业领域垂直搜索等业务。

Solr 中存储着以 Document 为对象的资源。每个 Document 由一系列 Field 构成，每个 Field 表示资源的一个属性，而每个 Document 默认使用一个唯一 id 进行标识。

使用 Solr + HBase 架构的目的，一是将 HBase 作为存储引擎，对原始数据进行管理，二是可以解决 HBase 不支持二级索引的问题，利用 Solr 将 HBase 中的列映射为 Field，并建立全文索引，通过 Solr 的查询结构进行查询。

该方案还需要解决数据更新问题，即 HBase 中的数据更新之后，如何更新 Solr 索引。如果不能解决该问题，则只能在数据更新之后删除旧的索引，重建全部索引，开销太大。可以采用 Observer 类的协处理器监控数据写入，再将数据更新信息发送给 Solr。此外，一些开源组件，如 Lily HBase Indexer，提供了相对易用的解决方案。

5.5.3　扩展开源软件

本节介绍的扩展软件均为 Apache 软件基金会旗下的开源免费软件。这些软件均随着 HBase 的更新而不断发展，既得到了 HBase 官方的认可，也已经得到广泛应用。

1.　面向时序数据管理的 OpenTSDB

OpenTSDB 是一种基于 HBase 建立的分布式、可伸缩的时序数据库，主要用途是存储日志、监控数据等时序数据。OpenTSDB 的时间精度最大支持到毫秒级，可以用来为多个服务器节点提供多项指标的持续监控，由于底层采用 HBase，因此其支持的数据量、横向扩展能力等均非常优秀。

OpenTSDB 通过优化行键及优化整个键值对存储，解决了时序数据管理问题，并通过封装软件的方式，降低了时序数据采集、应用和管理的难度。

OpenTSDB 系统架构如图 5-23 所示。

系统架构中的 TSD 节点为无状态的，因此横向的扩展与容错能力很好。

OpenTSDB 所存储的实际数据都存储在名为 tsdb 的 HBase 表中，其键值对内容包括如下。

（1）metric：监控项的名称，如用户的 CPU 使用率 sys.cpu.user。每个键值对可以看作一个 metric。

（2）timestamp：long 型结构存储的时间戳，表明该 metric 的时间。

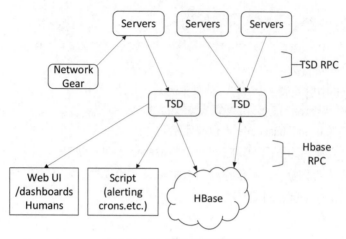

图 5-23　OpenTSDB 系统架构

（3）tags：标签（组），描述当前 metric 的属性，如记录主机名等，每个 metric 可以有多个标签。

（4）value：数值，比如 0.5，可能表示当前 CPU 使用率为 50%，也支持用 JSON 格式存储结构化数据内容。

上述内容中，metric、timestamp 和 tags 被编码写入键值对的行键，value 则是值，列族则用一个字母表示。考虑到这些数值可能在表中存在大量重复，因此会将字符串进行编号（uID）和压缩编码，实际的行键中只有三组 uID。采用一个 tsdb-uid 的 HBase 表记录 uID 与字符串的对应关系。

列名则用来表示时间偏移量，这种做法降低了存储空间的占用。例如，对于某小时的第一条数据，行键中会记录一个时间戳。如果该行键对应的键值对，则列名为 n 所对应的键值对，为在行键时间戳基础上偏移时间 n 所对应的 value。因此假设存储精度为秒，一个数据行会具有 3600 个列，列名可以看作从 1 到 3600 秒，记录的是这一小时内，每一秒的监控数值。

默认情况下，OpenTSDB 仍有可能产生热点数据问题。OpenTSDB 提供的解决方案包括自动生成随机 metricID 而非生成顺序 metricID 的方法。由于 metricID 是行键的前 3 个字符，因此随机生成 ID 有助于在监控的指标（即 metric）为多个项目时数据的均匀分布。实际上，通过配置，可以实现自动在行键之前加入称为 salt 的随机数，使得行键的分布更加分散。此外，OpenTSDB 也提供通过配置进行自动预分区的方法，与 salt 随机数机制配合使用。

在易用性方面，OpenTSDB 提供了 Http+JSON 接口，以及图形化的展示、查询和管理界面，用户可以直接作为时序大数据的用户，而不用进行复杂的数据表设计、开发等工作。

OpenTSDB 的管理工作界面如图 5-24 所示。

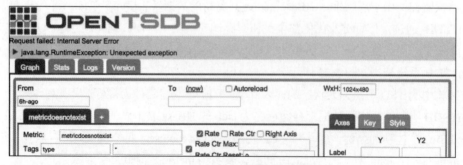

图 5-24　OpenTSDB 的管理工作界面

2. 提供 SQL 语言支持的 Phoenix

Phoenix 也是 Apache 软件基金会发起的开源软件。最初，其核心功能是为 HBase 提供 SQL 语言支持和 JDBC 接口，这使得传统的数据分析人员可以利用传统关系型数据库的分析与编程方式操作 HBase，不必再学习 HBase 特有的编程接口和操作语法。"为 NoSQL 数据库提供 SQL 语言支持"，这一现象也说明 NoSQL 数据库和传统关系型数据库之间并非是以 SQL 语言为界限的。

除了上述功能，Pheonix 还基于协处理器等功能，仿照关系型数据库的常见功能，对 HBase 进行了功能扩展。

（1）事务机制（beta 版本）：目的是通过一个处在孵化中（incubator）的开源软件 Tephra，实现分布式全局事务机制。

（2）二级索引：利用写核处理器等级制实现二级索引，并通过 SQL 语句操作索引。

（3）用户自定义函数（UDFs），在使用 SQL 语句时调用用户自行开发的函数。

（4）游标（cursor）：指示当前行，方便基于当前行开展下一步查询。

（5）批量导入（Bulkdataloading）：可以采用单线程和多线程（基于 MapReduce）两种方式导入 CSV 或 JSON 格式的数据。

（6）视图（views）：即关系型数据库中的视图概念（虚拟表）。

（7）抽样（sample）：利用 SQL 语句，从大数据表中得到少量样本数据。

（8）定义存储格式（storage formats）：该功能类似于在 OpenTSDB 中使用偏移量和编码等方式降低行键和列族的存储空间占用。

（9）多租户（multi-tenancy）：即为不同用户提供不同的视图。

以上是 Phoenix 的部分功能扩展。除此之外，Phoenix 还独立提供了 Hive、MapReduce 和 Spark 等分布式处理工具与 HBase 的互操作接口。

Phoenix 的基本配置方法非常简单，只需要下载相应的软件包，将其中的 Jar 包复制到各个 Regionserver 下、HBase 安装目录下的 lib 文件夹，并重启 HBase 即可完成。之后只需要在支持 JDBC 的 SQL 客户端（如官方推荐的 SQuirrel）配置连接到 Phoenix 的 JDBCdriver 即可。图 5-25 所示的是通过 Squirrel 工具，利用 SQL 语句操作 HBase 的示意图。

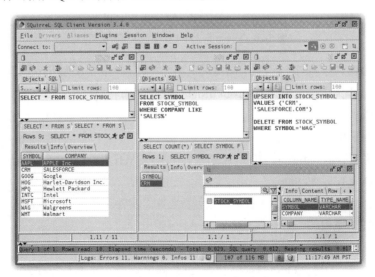

图 5-25　基于 Phoenix 和 Squirrel 工具操作 HBase

3. Kylin

Kylin（麒麟）是由来自 Ebay 公司的中国团队创立并捐献给 Apache 软件基金会的开源软件，其主旨是提供大数据 OLAP 和数据仓库服务，并且也提供 SQL 语句的操作支持。

Kylin 会根据需求构建数据仓库中的多维立方体（Cube），并将涉及到的多维度数据（HDFS、Hive 等方式存储）进行预计算，再缓存结果到 HBase，即采用空间换时间的方式提高分布式在线查询效率。计算的过程可通过 MapReduce 实现。

在用户接口方面，Kylin 支持 rest 接口和 JDBC/ODBC 接口，用户可以通过 Web 和 SQL 工具进行操作。

5.5.4 FusionInsight HD 简介

华为 FusionInsight HD 是一个基于 Hadoop 构建的分布式数据处理系统。系统基于 Hadoop 生态圈的各类开源软件构建，在安全性、易用性和可管理性等方面进行了整合和优化。通过使用该工具，可以简化 Hadoop 的安装配置过程，强化大数据的安全性与可信性，并使相关的集成开发工作得以简化。

FusionInsight HD 的逻辑架构图如图 5-26 所示。

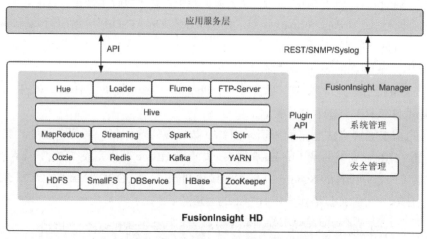

图 5-26 FusionInsight HD 系统逻辑架构图

FusionInsight HD 对开源组件进行封装和增强，包含 Manager 和众多组件，分别提供功能如下。

（1）Manager：作为运维系统，为 FusionInsight HD 提供高可靠、安全、容错、易用的集群管理能力，支持大规模集群的安装部署、监控、告警、用户管理、权限管理、审计、服务管理、健康检查、问题定位、升级和补丁等。

（2）Hue：提供了 FusionInsight HD 应用的图形化用户 Web 界面。Hue 支持展示多种组件，目前支持 HDFS、YARN、Hive 和 Solr。

（3）Loader：实现 FusionInsight HD 与关系型数据库、文件系统之间交换数据和文件的数据加载工具；同时提供 REST API 接口，供第三方调度平台调用。

（4）Flume：一个分布式、可靠和高可用的海量日志聚合系统，支持在系统中定制各类数据发送方，用于收集数据；同时，Flume 提供对数据进行简单处理，并写入各种数据接受方（可定制）

的能力。

（5）FTP-Server：通过通用的 FTP 客户端、传输协议提供对 HDFS 文件系统进行基本的操作，例如：文件上传、文件下载、目录查看、目录创建、目录删除、文件权限修改等。

（6）Hive：建立在 Hadoop 基础上的开源的数据仓库，提供类似 SQL 的 Hive Query Language 语言操作结构化数据存储服务和基本的数据分析服务。

（7）MapReduce：提供快速并行处理大量数据的能力，是一种分布式数据处理模式和执行环境。

（8）Streaming：提供分布式、高性能、高可靠、容错的实时计算平台，为海量数据提供实时处理。CQL（Continuous Query Language）提供的类 SQL 流处理语言，可以快速进行业务开发，缩短业务上线时间。

（9）Spark：基于内存进行计算的分布式计算框架。

（10）Solr：一个高性能的基于 Lucene 的全文检索服务器。Solr 对 Lucene 进行扩展，提供比 Lucene 更为丰富的查询语言，同时实现可配置、可扩展，对查询性能进行优化，并且提供一个完善的功能管理界面，是一款非常优秀的全文检索引擎。

（11）Oozie：提供对开源 Hadoop 组件的任务编排、执行的功能。以 Java Web 应用程序的形式运行在 Java Servlet 容器（如 Tomcat）中，并使用数据库来存储工作流定义和当前运行的工作流实例（含实例的状态和变量）。

（12）Redis：一个开源的、高性能的 key-value 分布式 NoSQL 数据库，支持丰富的数据类型，弥补了 memcached 这类 key-value 存储的不足，满足实时的高并发需求。

（13）Kafka：一个分布式的、分区的、多副本的实时消息发布和订阅系统。提供可扩展、高吞吐、低延迟、高可靠的消息分发服务。

（14）YARN：资源管理系统，它是一个通用的资源模块，可以为各类应用程序进行资源管理和调度。

（15）HDFS：Hadoop 分布式文件系统（Hadoop Distributed File System），提供高吞吐量的数据访问，适合大规模数据集方面的应用。

（16）SmallFS：提供小文件后台合并功能，能够自动发现系统中的小文件（通过文件大小阈值判断），在闲时进行合并，并把元数据存储到本地的 LevelDB 中，来降低 NameNode 压力，同时提供新的 FileSystem 接口，让用户能够透明地对这些小文件进行访问。

（17）DBService：一个具备高可靠性的传统关系型数据库，为 Hive、Hue、Spark 组件提供元数据存储服务。

（18）HBase：提供海量数据存储功能，是一种构建在 HDFS 之上的分布式、面向列的 NoSQL 数据库系统。

（19）Zookeeper：提供分布式、高可用性的协调服务能力。帮助系统避免单点故障，从而建立可靠的应用程序。

小结

本章介绍 HBase 的高级原理。首先介绍了水平分区的原理，对数据读写、分区拆分等机制进行了分析。其次介绍了列族与 store 机制，对 store 的合并机制进行了分析。基于对分区和 store 机制的分析，介绍了数据表的设计原则。

之后介绍了 HBase 的高可用性等管理机制，以及深入使用 HBase 的方法和资源。

最后介绍了 FusionInsigt 的特点与改进。

思考题

1. 一般情况下，在 HBase 中删除列族和删除列，哪个更快？

2. HBase 的 Major Compact 和 Minor Compact 有什么区别？

3. HBase 的合并与拆分机制是否是矛盾的？如何理解这两个机制？

4. 利用 HBase 处理时序数据可能遇到什么问题？有什么解决思路？

5. 列族与分区、store 的关系是什么？如果在 HBase 表中建立多个列族，其存储方式是什么？

6. 在数据量很大的情况下，应该如何设计表结构以降低存储容量？

06

第6章　Cassandra的原理和使用

本章介绍 Cassandra 的主要技术原理和配置、使用与管理方法。

Cassandra 是一种开源分布式 SQL 数据库，最初由 Facebook 公司研发，之后被捐献给 Apache 软件基金会（Apache Software Foundation，ASF），成为 ASF 旗下的开源项目。Cassandra 是亚马逊经典分布式大数据云服务 Dynamo 的一个开源实现。

Cassandra 的数据模型和 HBase 类似，都是基于列族和键值对的。但 Cassandra 将这些概念隐藏在底层，在用户层面则只能看到表和行、列等常规概念。

Cassandra 的特色之处在于两点，首先，它采用了无中心结构，集群中所有的节点都是对等的。这种做法彻底解决了主节点单点失效问题，因为根本不存在主节点。其次，Cassandra 支持所谓 CQL（Cassandra Query Language）语言，使用户可以利用类似 SQL 语句的方式操作数据库，因而提高的整个系统的易用性。此外，Cassandra 的安装配置过程相对 HBase 而言，也比较简单。

6.1 Cassandra 概述

Cassandra 是一种开源分布式 SQL 数据库，最初由 Facebook 公司研发，用于管理消息收件箱的索引，存储的总数据量很早就达到 50TB 以上。Twitter 公司则用其进行实时分析、地理和位置相关的信息存储、用户信息的数据挖掘等。更多的互联网服务商用其存储日志类数据。

Cassandra 之后被捐献给 Apache 软件基金会，目前由 Datastax 公司维护，Datastax 同时维护一个免费的开源版本和一个收费的企业版本。Cassandra 的名称来自古希腊神话中特洛伊城女先知的名称（而数据库领域的另一个"先知"，就是关系型数据库 Oracle）。

和 HBase 不同，Cassandra 采用了无中心的、对等的环形拓扑结构，而非主从式结构。这种拓扑结构借鉴了亚马逊公司的 Dynamo 系统，使得 Cassandra 在多副本管理、一致性、伸缩性、拓扑管理等方面具有自己的特色，例如，HBase 和 Hadoop 需要借助 Zookeeper 等工具，解决主节点单点失效（高可用性）问题，而 Cassandra 中所有节点基本都是对等的，因此，不存在主节点单点失效问题。

在数据结构上，Cassandra 也借鉴了谷歌公司的 Big Table，这使得 Cassandra 在底层数据模式上和 HBase 有一定相似性，即都存在键值对、行键、列族等概念。但 Cassandra 的逻辑表结构中具有明确的行列结构，并且可以通过类似 SQL 语句的方式（CQL）来操作它，也就是说，Cassandra 是用尽可能接近关系型数据库的方式来使用一个分布式非关系型数据库。

本章介绍 Cassandra 的主要技术原理和配置、使用与管理方法。

6.2 Cassandra 的技术原理

本节介绍 Cassandra 的重点技术原理，包括分布式架构、数据和表结构等，以及其他相关技术。

6.2.1 Amazon Dynamo

Cassandra 的特色之一是采用了分布式对等网络结构（Peer-to-peer Networking），并基于对等结构设计了寻址、读写、多副本、一致性等分布式数据管理机制，这些机制大多借鉴了亚马逊公司的 Dynamo 系统。Amazon 公司曾公开发表论文"Dynamo: Amazon's Highly Available Key-value Store"，介绍其研发的对等架构分布式 NoSQL 系统 Dynamo，详细描述了其基本架构和相关原理。截至 2018 年，Cassandra 官方网站并未对其自身架构进行直接介绍，而是直接转载了上述论文。因此本书也首先通过 Dynamo 介绍分布式对等网络架构的相关原理与机制。

Dynamo 是一个基于点对点模式的分布式键值对存储系统。在设计原则上强调以下几点。

（1）节点对称。节点对称指各个节点的角色类似，权重基本相同，从而简化整个集群系统的配置和维护。

（2）去中心化。去中心化指在节点对称的基础上，避免通过主节点对集群进行集中控制。

（3）水平扩展性。水平扩展性指以主机为单位实现横向扩展，扩展方式较简单，扩展对集群整体的影响较小。

（4）支持异构设备。支持异构设备指在扩展节点时，可以使用和原节点配置不同（如性能更高）的主机，即集群中可以存在多种配置的主机。

（5）采用多副本数据机制，但强调弱一致性和高可用性，即 CAP 理论中的 AP。实际上 Dynamo 和 Cassandra 中的一致性和可用性权重是可以根据用户策略调整的。

（6）采用基于键值对和列族等概念的数据模式。

在系统架构设计上，Dynamo 进行了以下设计。

1. 基于一致性哈希的拓扑划分

Dynamo 中所有的节点都是对等的，因此需要建立一个规则来规划拓扑、协调节点，并使得数据根据规则均匀存储到各个节点上。Dynamo 采用了一致性哈希算法实现分布式存储环境中的均匀。

一致性哈希算法于 1997 年由麻省理工学院提供，目的是解决在动态的网络拓扑中分布存储和路由等问题。该算法首先会确定范围，以 0～255 为例，即集群中最多可以容纳 256 个节点。集群中的每个节点都会获取一个该范围内的随机数，根据随机数的大小，节点会排列为一个"环"，因此，这个随机数称为 Token，或者被视作节点在环上的地址。

此时节点数量并非 256 个，其中很多数字是空闲的，并没有节点与之对应，这为今后的横向扩展提供了可能——新节点可以占据空闲的 Token，不会影响到原有节点的分布，同时，旧节点脱离集群也不会影响其他节点的分布。

当写入一个键值对数据时，需要根据特定算法来计算键的哈希值，并将其映射到 0～255 的范围内。数据沿顺时针（即从小到大）找到比其键哈希值大的第一个有效节点地址，并存储到该节点之上。换句话说，根据键哈希值的分布，每个节点需要负责一定的"区域"（region）。假设某个节点 A 的 Token 为 15，后续第一个有效节点 B 的 Token 为 20，则键哈希值映射到（16,20]区域内的数据都由节点 B 来存储。而根据环形结构特点，集群中 Token 最小的节点还需要负责集群中 Token 最大节点之后的范围。Dynamo 将调用者提供的键当成一个字节数组，并使用 MD5 算法对键进行哈希运算，以产生一个 128 位的标识符，并用其来确定负责这个键值对的存储节点。

考虑到随机数可能不是均匀分布的，这可能导致部分节点负责的键哈希映射区域很大，从而造成热点问题。此外，节点可能是异构的，即不同节点的存储能力存在差异。为解决这些问题，Dynamo 采用了虚拟节点的概念，即将每个物理节点（服务器）根据性能差异划分为多个虚拟节点，并将虚拟节点映射到地址环上，每个物理节点实际占据环上的多个位置。当节点新加入集群时，由于一个物理节点被划分成多个虚拟节点，因此其存储能力可以相对均匀地分布在环结构上。

基于一致性哈希的拓扑划分方法与相应的成员管理和数据容错机制相结合，将带来很多优势。

2. 数据多副本

和 HBase 以及大多数分布式 NoSQL 数据库相同，Dynamo 也支持数据多副本机制，副本的数量 N 可以由用户配置。在实际应用中，N 一般会设置为 3。

每个节点处理存储映射到自身负责区域的数据，还需要将这些数据存储到 N-1 个后继节点中。如图 6-1 所示，在该例中节点 B 被称为协调器节点，如果设置 N=3，则节点 B 还会将数据复制到节点 C 和 D，以构造 3 个数据副本，节点 D 则将存储落在范围(A,B],(B,C]和(C,D]上的所有键。

由于使用虚拟节点，因此 N 个后继（虚拟）节点可能少于 N 个物理节点，这样会降低数据的容错能力。为了解决这个问题，Dynamo 会构建一个首选列表（preference list），来记录需要负责数据的后继位置，列表中的节点数量可能大于 N，并可以跳过环上的一些位置，以确保列表中的虚拟节点属于不同的物理节点。

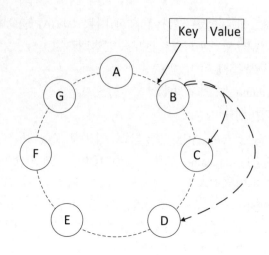

图 6-1　Dynamo 中的环结构与多副本

当新节点加入或旧节点退出时，环状结构上的节点相邻关系就会发生变化，并影响数据多副本的存储。变化节点的邻居节点需要根据新的拓扑信息重新划分所负责的键的范围，并进行必要的数据迁移。由于这种影响只限于数个相邻节点，不会影响到集群全局，因此，这种环形结构会对集群的可伸缩性带来好处。

3. 数据读写和一致性

Dynamo 中的任何节点都可以接收客户端对 key 的任意读写操作，并将数据最终转发存储到协调器节点，读写请求则通过 HTTP 实现。

客户端选择节点可以有以下两种策略。一是客户端通过一个负载均衡器请求读写，负载均衡器则根据负载信息选择一个节点接收客户端读写请求。如果该节点并非负责数据副本的 N 个节点之一，则该节点会将请求转发到这 N 个节点中的第一个。这种策略下，客户端不需要存储集群的拓扑信息，只需要找到负载均衡器即可完成读写，因此客户端实现较为简单。二是客户端直接根据分区信息将请求发向负责数据副本的 N 个节点之一，这样会减少一次潜在的转发交互过程，但客户端实现较为复杂，需要和集群同步节点拓扑信息。

4. 数据一致性

Dynamo 在数据写入时，用户可以在写完部分副本（设为 W）而非全部 N 个副本时，就返回写入成功。如果设置写入一个或少数副本就反馈写入成功，则当出现部分节点故障时，系统不会因为达不到存储副本数量的要求而拒绝读写，从而提高了分布式环境下的数据可用性，但坏处则是数据对象可能产生多个分支版本。如果设置必须写入全部 N 个副本，系统才反馈写入成功，则可以实现数据的强一致性，但系统的可用性受到限制。

在读取数据时，用户可以设置读取部分（设为 R）或全部 N 个副本，并检查其版本是否一致。同样，当 R 较小时，系统的可用性较强；当 R 较大时，数据的一致性较强。

在一致性要求高时，Dynamo 推荐设置 $R+W>N$，而实时性要求高时，则设置 $R+W<N$。在实际应用中，R、W 和 N 经常被分别设置为 2、2、3，这种设置被认为在一致性、可用性等方面较为平衡。

为解决数据可能出现的分支版本的问题，Dynamo 使用矢量时钟机制来记录数据对象更新的时序关系。矢量时钟实际上是一个键值对列表，其结构为（node, counter），即（节点，计数器）。当 Dynamo

更新一个数据时，必须记录更新自哪个版本。通过检查数据的向量时钟，可以判断同一个数据的两个版本是平行分叉还是因果顺序。

　　当读取数据时，如果 Dynamo 发现新旧两个版本的数据（因果顺序），则可以进行语法协调（Syntactically Reconciled），并且一般会选择较新版本的数据。如果 Dynamo 发现多个不能语法协调的分支，它将返回分支处的所有数据对象，其包含与上下文相应的版本信息，如图 6-2 所示。

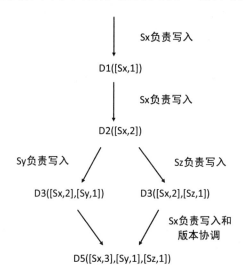

图 6-2　利用矢量时钟处理分支版本

　　（1）客户端写入一个新的对象 D，节点 Sx 进行了处理，并为其建立一个矢量时钟键值对[(Sx，1)]，该版本记为 D1。

　　（2）当客户端更新该对象时，如果仍由 Sx 节点处理，则序列号递增为 2，此时得到新版的 D2，由于该更新必然没有分支，因此并不会记录 D2 继承自 D1 的信息。

　　（3）如果多个用户同时读取了 D2 版本的数据，并尝试更新该对象，Sy 节点和 Sz 节点同时进行了处理，则此时产生了分支，产生了两个版本的数据，其矢量时钟为[(Sx，2)，(Sy，1)]和[(Sx，2)，(Sz，1)]，记作 D3 和 D4。注意，这两个版本的矢量时钟都记录了其继承自 D2 版本。

　　（4）如果此时又有客户读取到 D3 和 D4 两个版本的数据，并尝试进行更新，则会发现分支，系统将分支数据返回给客户端，由客户端根据业务逻辑决定如何协调。假设协调结果的更新由 Sx 节点负责，则产生矢量时钟更新为 D5，内容为[(Sx，3)，(Sy，1)，(Sz，1)]，表明该版本继承自分支内容。

　　（5）为了防止向量时钟过长，占用过多存储空间，Dynamo 还设计了相应的截断方案，当向量时钟中的键值对数目达到一个阈值（如 10），就将最早的一对删除。

　　根据用户设置的 R（读副本数）、W（写副本数），读写应该在 N 个节点中访问到足够数量的健康节点，否则会返回读写失败。N 个负责存储数据副本的节点会形成一个顺序列表，读写请求默认选择列表中排名靠前的节点，但如果这些节点中出现不可达的情况，则访问列表中排名靠后的节点。

　　上述机制称为草率仲裁（Sloppy Quorum），其目的是在牺牲强一致性的情况下，提高系统的可用性（读写效率）。

5.　故障处理

　　首先，在图 6-1 所示的环形结构中，假设某个数据副本本该由 A 节点负责存储，如果 A 节点暂时不可用，则该数据副本会被暂时存储到其他节点中，如 D 节点。在 D 节点存储的副本会有一个暗示移交（Hinted Handoff）信息，表明该数据副本原本预期的存储位置。这些副本会被定期扫描，如果 D 发现有暗示移交信息，以及节点 A 已经恢复，则将数据发送到节点 A，并删除自身存储的临时副本，以保证集群中的总副本数。这种机制保证部分节点失效的情况下，读写时仍然能获取前文配置的 W 和 R 的副本数量。

其次，副本在同步、暗示移交过程中可能出错，因此 Dynamo 设计了副本（内键值对）同步检测机制。考虑到故障副本内存储的大量键值对中只有部分节点是不同步的，因此，为了更快地检测副本之间的不一致性，减少传输的数据量，Dynamo 采用了 MerkleTree 机制（见图 6-3）。

MerkleTree 是一个哈希树（Hash Tree），其叶子是各个键的哈希值。树中较高的父节点存储各自子节点信息哈希值的汇总哈希值。MerkleTree 的主要优点是树的每个分支可以独立地检查，只有某些分支不一致时，不需要传输整个数据。

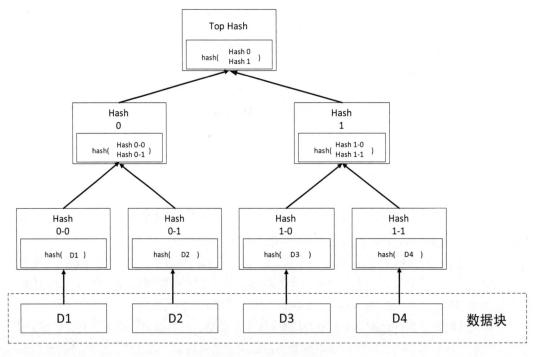

图 6-3　MerkleTree 机制

例如，如果两个副本（树）的根哈希值相等，则对应的副本不需要同步，如果根哈希值和某树枝的哈希值不同，则意味着该分支下的一些副本的值是不同的，只要继续比较子节点的哈希值，就可以识别出不同步的键值对，由此缩减同步过程中需要传输的数据量。

6. 集群成员管理

Dynamo 需要处理节点永久故障（节点退出）和新节点进度等情况。

集群管理者可以通过命令行等工具通知某个节点，指示有节点加入或退出的情况，该节点会将该信息以日志方式记录下来（防止节点反复加入退出时无法确认最终状态），并通过闲话（Gossip）协议传播成员变动情况，节点一般每隔一秒随机寻找节点发起一次信息交换。

Gossip 协议认为，在一个有界网络中，每个节点都随机地与其他节点交换信息，经过多轮无序的信息交换，最终所有节点的信息状态都会达成一致。每一轮 Gossip 协议通信都有三个步骤，发起者首先发送同步（syn）消息，接收者收到后发送回应（ack）信息，最后发送者再回复一个回应（ack2）消息，该过程可以实现较为可靠的双向信息交互。

在 Dynamo 中，每个节点可能不知道所有其他节点的信息，可能仅知道几个邻居节点的，但只要所有节点可以通过网络连通，最终信息总能够传递到所有节点，节点的状态最终都是一致的。Dynamo 采用 Gossip 协议进行节点失败检测、传播分区信息和集群成员变化信息等。

上述机制可能产生逻辑分裂。例如，A、B、C、D 4 个节点同时启动，此时 A 和 B 交换信息，C 和 D 交换信息，之后各个节点都认为信息已经同步，不再进行信息交换，此时集群出现了两个孤岛。因此，在 Dynamo 中有一些节点扮演种子节点（SeedNode）。种子节点可以由用户指定，并将配置信息复制到集群内所有节点中。引入种子节点机制后，节点采用下面的机制交换信息，如图 6-4 所示。

首先，节点随机取一个当前活着的节点，并向它发送同步请求，进行双向信息交换。

然后，节点会随机向一台不可达的机器发送同步请求，目的是观察该节点是否已从故障中恢复。

最后，如果第一步中所选择的节点不是种子节点，或者当前活着的节点数少于种子节点数，则向任意另外一台种子节点发送同步请求。

在上面例子中，假设 A、B、C、D 都是种子节点，当 A 和 B 通信后，由于通信的节点数少于 4，则会再和另一个种子节点交换信息，由此打破孤岛。

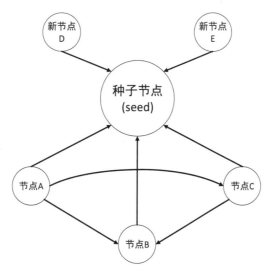

图 6-4　Gossip 协议和种子节点机制

此外，各个节点还会定期通过 Gossip 协议向其他节点发送心跳信息，如果心跳信息没有被响应，则认为目标节点可能失效，而节点的失效信息也会通过 Gossip 协议进行传播。

Cassandra 在分布式结构设计上充分借鉴了 Dynamo，如也采用了环结构、Gossip 协议、暗示移交等机制，但在具体的实现细节上存在一些差异，例如，Cassandra 的早期版本并未实现向量时钟等机制，以及 Cassandra 在 W、R 和 N 等数值的配置方式上也和 Dynamo 有一定差别。

6.2.2　Cassandra 的数据模型

Cassandra 的数据结构和 HBase 非常相似，其设计理念也是源于谷歌公司的 Big Table，即采用基于面向列和键值对的存储方式，但其在具体结构、功能和操作上与 HBase 有很大不同。

Cassandra 中的数据格式如图 6-5 所示，相关的名词解释如下。

Keyspace：KS1				
ColunmnFamily: address				
Key	Columns			
No1	Columns			
	name	value	timestamp	
	"firstname"	"lebron"	1270694041669000	
	"lastname"	"james"	1270694041669000	
S_no1	SuperColumns			
	Key	Columns		
	No1	Columns		
		name	value	timestamp
		"firstname"	"lebron"	############
		"lastname"	"james"	############

图 6-5　Cassandra 中的数据格式

（1）key：一般表示行键。在存储时数据是根据行键进行排序的，可以对行键规定数据类型，如 BytesType、UTF8Type、TimeUUIDType、AsciiType 和 LongType 等，当采用不同的数据类型时，排序的结构会有差异。此外，在用户层面的数据类型是经过封装的，其形式更丰富。

（2）Column：表示列。列中存储的数据为一个三元组：name（名称），value（值）和 clock（时间戳），name 和 value 形成键值对的关系。和 HBase 不同，Cassandra 并不提供基于时间戳的查询，时间戳仅用于实现矢量时钟等功能，因此，在 Cassandra 中定位一个列相关的数据需要提供行键和列名两个条件即可。

（3）Super Column：表示超级列。超级列中的值是一个键值对的列表，即超级列包含多个普通列作为子列。超级列不能嵌套，即超级列的子列不能是超级列。在 Cassandra 中定位一个超级列中的数据需要提供行键、超级列名、列名三个条件，也就是说超级列是在普通列的基础上增加了一个维度。

（4）Standard Column Family：表示标准列族。内容包含若干个标准的列，不能包含超级列（见图 6-6）。

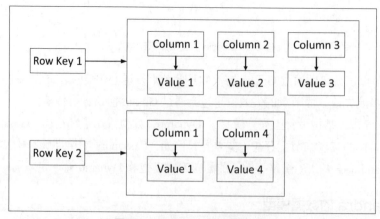

图 6-6　Cassandra 中的标准列族

（5）Super Column Family：超级列族。内容包含若干个超级列，不能包含普通列（见图 6-7）。

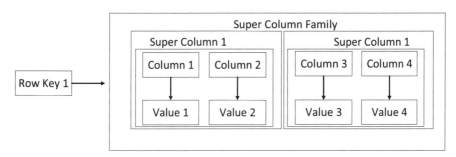

图 6-7　Cassandra 中的超级列族

列族和超级列族属于表的固定结构，可以对其定义名称和比较器（即键的数据类型），以及其他属性参数；而列和超级列不属于表结构的内容。

（6）Key Space：表示键空间。键空间是集群中数据的最外层容器，键空间之下就是列族和超级列族。键空间类似关系型数据库中的"库"。

用户在使用 Cassandra 时，可以操作键空间和数据表，表实际就是列族或超级列族，表中含有普通列或集合类型的列。操作方式是通过类似 SQL 语言的方式，而非 HBase 的独立的语法。Cassandra 将用户层面的术语、操作方法等尽量贴近 RDBMS，这使得传统数据库用户能够较容易地使用这种 NoSQL 数据库。

6.2.3　Yaml 格式

Yaml 的全称是 YAML Ain't Markup Language，是一个递归缩写，早期是 Yet Another Markup Language，目前常用的是 1.2 版本。Yaml 最初于 2001 年被发表，具有直观、易读取，并且易于和脚本语言（如 Python、Perl、Ruby 等）交互等优点，且语法比 XML 简单。下面简单介绍 Yaml 的语法规则。

1. 基本原则

① Yaml 对大小写敏感。

② 每行记录一个元素。如果第一个字符是"#"，则表示该行为注释。

③ 字符串可以不使用引号包括，但如果字符串中含有特殊字符，例如"："，则需要用单引号或双引号整体包括起来。

④ 采用缩进表示层级关系，但缩进不允许使用 tab 键，只允许使用空格。缩进时使用的空格数量并不重要，但相同的空格数，表示相同层级的元素（即同层级元素要左对齐）。

Yaml 有两种常见结构：对象、数组。

2. 对象（也称字典）

以键值对形式表示其名称和值，键值之间采用冒号加至少一个空格隔开。例如：

```
fruit: apple
```

也可以采用下面形式表示一组对象：

```
{firstname: micheal, lastname: Jordan, team: Chicago bull}
```

或者采用下面的嵌套形式：

```
Player:
    firstname: micheal
    lastname: Jordan
    team: Chicago bull
```

表示 Player 对象是由一系列子对象构成的。注意，相同层级对象左对齐，且必须使用空格而非 tab 键。

如果需要定义布尔型对象，可以采用如下形式：

```
retired: yes|no
retired: TRUE|true|True
```

3. 数组（也称序列、列表）

一组按次序排列的值，用一个"-"和一个空格来表示其成员，所有成员必须开始于相同的缩进级别。例如：

```
Fruit:
    - Apple
    - Banana
    - Cherry
```

如果要描述成员的属性，可以采用下面的方式：

```
Fruit:
    - name: Apple
     price: 5.00
    - name: Banana
     Price: 6.00
    - name: Cherry
```

Yaml 文件一般采用后缀名.yml 或.yaml。Cassandra 利用 Yaml 编制配置文件（Cassandra.yaml）。Yaml1.2 的详细语法可以通过官网查阅。

6.2.4 其他相关技术原理

（1）在数据持久化方面，Cassandra、Dynamo 均采用和 HBase 类似的机制。节点接收到数据之后，先写入预写日志（Cassandra 中称为 commitlog），并将数据交给对应的分区，分区将数据写入内存（Cassandra 中称为 Memtable），当数据达到一定量或到达指定时间后，分区将数据 flush 到磁盘文件（Cassandra 中称为 sstable）。当出现临时性错误时，可以通过重放 commitlog 恢复未写入的数据。

（2）Cassandra 的数据为一次写入多次读取，持久化后不能再被修改。数据修改和删除均采用更新版本（新时间戳）的方式进行，即通过在相同行键下写入新版本数值，或写入墓碑标记实现。

（3）Cassandra 节点每次 flush 都会形成一个新的 sstable 文件，当 sstable 数量较多或满足一定的时间间隔后，Cassandra 会进行合并（compcat）或称压紧，合并可以自动或手动进行，其主要原理和 HBase 中的类似，即进行多文件外部排序，删除旧版本数据和墓碑数据，形成一个新的、体积更大的 sstable 文件。

（4）为了提高 sstable 的查询效率，sstable 中也引入了布隆过滤器机制。

（5）Cassandra 具有和 HDFS 类似的机架感知策略，即支持将数据的多个副本存放在不同的位置，以降低风险。Cassandra 中的机架感知具有"数据中心"和"机架"两个级别，可以通过配置文件说明各个节点的相应位置（见图 6-8）。

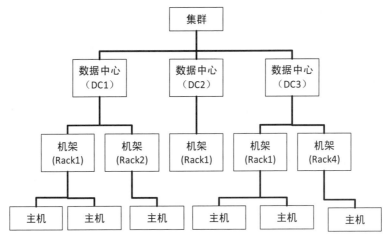

图 6-8　Cassandra 中数据中心与机架结构

6.3　Cassandra 的部署与配置

本节介绍 Cassandra 的部署与配置方法。Cassandra 可以部署在单机或多节点上，节点操作系统可以是 Linux 或 Windows。本节介绍在 CentOS 7 上采用 yum 方式部署 Cassandra 的方法，并对其配置文件、集群化部署等方法进行介绍。

6.3.1　单节点部署 Cassandra

Cassandra 可以部署在 Windows 或 Linux 集群上，无论采用何种安装方式，都需要先在各个节点进行必要的环境准备，主要指网络环境和 Java 运行环境，可以参考 Hadoop 安装过程中对系统环境的准备工作。

如果在 CentOS 7 上进行联网安装部署，则在环境变量准备完成后，可以使用 yum 命令通过网络安装最新软件包，这样做的好处是由系统来维护版本更新与兼容性。也可以通过官方网站下载最新的开源软件包，并解压到合适位置，这样做的好处是可以在独立的目录中维护 Cassandra 的所有相关文件（非数据）。

以 CentOS 7 为例，在单个节点上安装 Cassandra 的流程如下。

（1）配置各个节点的 IP 地址，并确保各个节点之间的网络互通。通过编辑/etc/hosts 文件，或使用 DNS 等方式，各个节点之间可以通过主机名相互访问。

（2）合理配置防火墙。例如，关闭防火墙或者在防火墙规则中，开放 9042（默认的 CQL 本地服务端口）、9160（默认的 Cassandra 服务端口）、7000（Cassand 集群内节点间通信端口）、7199（Cassandra JMX 监控端口）等端口。

（3）准备 Java 运行环境。配置好 JRE 或 JDK 环境，并在系统环境变量中配置 JAVA_HOME 路径。Cassandra3.x 以上版本要求 Java 8 以上版本。

（4）通过 yum 命令，联网下载并部署 Cassandra。

首先，将下列内容写入 "/etc/yum.repos.d/cassandra.repo"

```
[cassandra]
name=Apache Cassandra
```

```
baseurl=https://www.apache.org/dist/cassandra/redhat/311x/
gpgcheck=1
repo_gpgcheck=1
gpgkey=https://www.apache.org/dist/cassandra/KEYS
```

之后可以通过 yum 命令进行安装：

```
yum -y install Cassandra
```

上述安装过程实现了在 Centos 7 单节点上部署 Cassandra。下面对 Cassandra 的配置文件与集群部署过程进行介绍。

（5）如果不希望通过 yum 方式安装 Cassandra，也可以在官网直接下载软件包解压并进行后续配置，但此时程序的启动方式和相关路径与 yum 安装时有所不同，需要结合具体情况而定。

6.3.2 Cassandra 的配置文件

如果直接下载并解压软件包，则可以看到其目录结构如图 6-9 所示。

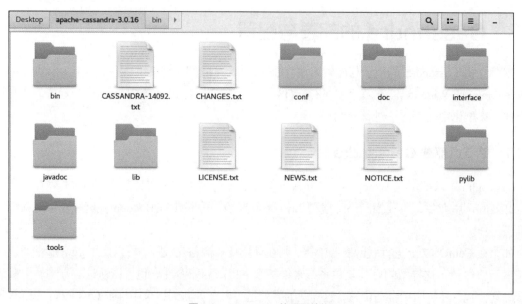

图 6-9　Cassandra 的目录结构

（1）bin 目录存放集群管理和操作的各项指令。

（2）conf 目录存放各类配置文件。

（3）lib 目录存放类库（以 jar 包为主）。

（4）doc 目录存在其命令行工具的使用说明。

（5）javadoc 目录存放 Java 编程时的接口说明。

（6）interface 目录存放 thirft 接口描述文件。

（7）pylib 目录存放 Python 语言接口。

（8）tools 目录存放各项集群和节点维护工具等内容。

采用 yum 方式安装 Cassandra，则上述目录分别存放在多个系统目录中，其中配置文件存放在 /etc/Cassandra/conf 目录中（见图 6-10）。

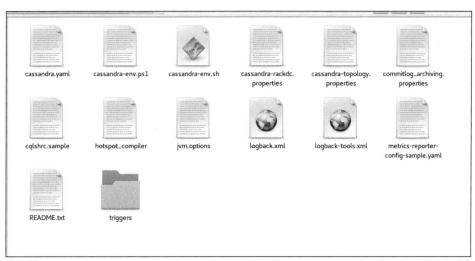

图 6-10　Cassandra 的配置文件目录

Cassandra 最重要的配置文件为 cassandra.yaml，它包含了对集群、节点的各类重要配置。该文件以 yaml 格式编写，文件中记录了很多默认配置项以及针对配置项的简单描述，如图 6-11 所示。

```
# Cassandra storage config YAML

# NOTE:
#   See http://wiki.apache.org/cassandra/StorageConfiguration for
#   full explanations of configuration directives
# /NOTE

# The name of the cluster. This is mainly used to prevent machines in
# one logical cluster from joining another.
cluster_name: 'Test Cluster'

# This defines the number of tokens randomly assigned to this node on the ring
# The more tokens, relative to other nodes, the larger the proportion of data
# that this node will store. You probably want all nodes to have the same number
# of tokens assuming they have equal hardware capability.
#
# If you leave this unspecified, Cassandra will use the default of 1 token for legacy compatibility,
# and will use the initial_token as described below.
#
# Specifying initial_token will override this setting on the node's initial start,
# on subsequent starts, this setting will apply even if initial token is set.
#
# If you already have a cluster with 1 token per node, and wish to migrate to
# multiple tokens per node, see http://wiki.apache.org/cassandra/Operations
num_tokens: 256

# Triggers automatic allocation of num_tokens tokens for this node. The allocation
# algorithm attempts to choose tokens in a way that optimizes replicated load over
# the nodes in the datacenter for the replication strategy used by the specified
# keyspace.
#
# The load assigned to each node will be close to proportional to its number of
# vnodes.
#
```

图 6-11　cassandra.yaml 文件内容

重要的默认配置项如下。

（1）cluster_name: 'Test Cluster'，表示配置集群名称。

（2）num_tokens: 256，该配置项说明随机分配给该节点的令牌数（即环地址数量），也可以看作该节点上虚拟节点的数量，用户可以根据节点的硬件能力配置令牌数量，也就是说，各主机上的令牌数量可以是不同的。

（3）partitioner: org.apache.cassandra.dht.Murmur3Partitioner，表示 Cassandra 集群环结构的分区器，即计算 token 的算法策略。一般采用默认的 Murmur3Partitioner 算法即可，即采用 Murmur Hash 算法计算 token，token 的范围为 $-2^{63} \sim +2^{63}-1$，相对其他 Hash 算法而言，Murmur Hash 的随机分布特性更好。

此外还可以选择以下算法。

① RandomPartitioner：基于 MD5 Hash 算法计算 token。

② ByteOrderedPartitioner：基于字节顺序分配 token，保持数据有序。

③ OrderPreservingPartitioner：使用 UTF-8 按编码顺序分配 token。

（4）hinted_handoff_enabled: true，表示是否启用暗示移交，默认为打开。

（5）data_file_directories: /var/lib/cassandra/data，表示数据文件的位置，注意该配置项采用数组结构，即可以配置多个数据文件位置。

（6）commitlog_directory: /var/lib/cassandra/commitlog，表示预写日志（commitlog）的存放位置。

（7）hints_directory: /var/lib/cassandra/hints，表示移交数据的存放位置。

（8）saved_caches_directory: /var/lib/cassandra/saved_caches，表示查询缓存位置。

（9）listen_address: <ip-adress>，表示当前节点的监听地址（本节点地址）。

（10）seed_provider:

    - class_name: org.apache.cassandra.locator.SimpleSeedProvider

   parameters:

       # seeds is actually a comma-delimited list of addresses.

       # Ex: "<ip1>,<ip2>,<ip3>"

       - seeds: "192.168.209.180"

表示配置种子节点的生成规则（上述为默认规则）和编辑种子节点的列表，根据注释提示，多个种子列表之间以逗号分割，列表整体用双括号包括。

上述选项为 Cassandra 的基本集群配置信息。此外，cassandra.yaml 中还存在大量性能相关选项，读者可以参阅该文件中的注释信息进行调优。

除 cassandra.yaml 之外，配置文件 cassandra-env.sh 包含了对脚本环境变量的配置，作用类似于前文提到的 hadoop-env.sh 或 hbase-env.sh。

6.3.3　Cassandra 集群部署

Cassandra 是一个分布式数据库，在生产模式中一般采用集群方式部署。如果需要在多节点上部署 Cassandra 集群，需要遵循以下步骤。

（1）确认各个节点之间的网络互通。

（2）在各个节点上安装相同版本的 Cassandra 软件。

（3）在各个节点的 cassandra.yaml 中进行如下配置。

cluster_name：各个节点的集群名称必须是相同的。

-seeds：在各个节点上配置一系列相同的种子节点，各个节点上的种子节点列表可以是不同的。

其他选项诸如存储路径、节点 token 数量等均可根据集群规划与节点情况酌情配置。此外，如果在已经存在的 Cassandra 集群中加入新节点，则配置过程也是一样的。

6.3.4　集群启动

当完成 Cassandra 各个节点的安装和配置后，即可在各个节点上启动运行节点程序。启动之前，应该先确认各个节点配置文件中的集群名称等是正确的。

在 CentOS 7 上使用 yum 方式安装，可以参考如下命令。

重新加载系统守护程序：

```
systemctl daemon-reload
```

启动 Cassandra：

```
systemctl start Cassandra
```

如果需要重新启动 Cassandra：

```
systemctl restart Cassandra
```

如果希望 Cassandra 随系统自动启动，则可运行：

```
systemctl enable cassandra
```

执行启动命令后，可以通过下列命令查看运行效果：

```
nodetoolinfo
nodetool status
```

正确安装后的执行效果如图 6-12 所示。

```
[root@node1 ~]#
[root@node1 ~]#
[root@node1 ~]# nodetool info
ID                     : 9feee077-0f05-4f28-a228-652463ee25f6
Gossip active          : true
Thrift active          : false
Native Transport active: true
Load                   : 163.67 KiB
Generation No          : 1522257455
Uptime (seconds)       : 40318
Heap Memory (MB)       : 149.65 / 1932.00
Off Heap Memory (MB)   : 0.00
Data Center            : datacenter1
Rack                   : rack1
Exceptions             : 0
Key Cache              : entries 17, size 1.45 KiB, capacity 96 MiB, 72 hits, 95 requests, 0.758 recent hit rate, 14400 save period in seconds
Row Cache              : entries 0, size 0 bytes, capacity 0 bytes, 0 hits, 0 requests, NaN recent hit rate, 0 save period in seconds
Counter Cache          : entries 0, size 0 bytes, capacity 48 MiB, 0 hits, 0 requests, NaN recent hit rate, 7200 save period in seconds
Chunk Cache            : entries 1, size 64 KiB, capacity 451 MiB, 84 misses, 199 requests, 0.578 recent hit rate, NaN microseconds miss latency
Percent Repaired       : 100.0%
Token                  : (invoke with -T/--tokens to see all 256 tokens)
[root@node1 ~]#
```

图 6-12　通过 nodetool info 验证 Cassandra 的部署

从图 6-12 中可以看到集群 ID 信息、数据中心信息（datacenter1）、部署位置（rack1）等信息，以及环结构信息，即环上有 256 个地址（token）。

图 6-13 主要体现集群的宏观信息和当前运行状态。

```
[root@node1 ~]#
[root@node1 ~]#
[root@node1 ~]# nodetool status
Datacenter: datacenter1
=======================
Status=Up/Down
|/ State=Normal/Leaving/Joining/Moving
--  Address         Load        Tokens      Owns (effective)  Host ID                               Rack
UN  192.168.209.180 163.67 KiB  256         100.0%            9feee077-0f05-4f28-a228-652463ee25f6  rack1
```

图 6-13　通过 nodetool status 验证 Cassandra 的部署

在节点数量较多的情况下，整个集群启动并完成引导可能需要数分钟，甚至更长时间。

6.4　CQL 语言与 cqlsh 环境

本节介绍 cqlsh 环境的基本使用方法，以及 CQL 语言的键空间、表、视图等的管理方式，并介绍 CQL 语言中的数据类型与基本数据运算符等。

6.4.1　cqlsh 环境简介

Cassandra 采用 CQL（CassandraQuery language）语言进行数据库管理、操作与查询。CQL 的语法和 SQL 类似，但受数据模型、分布式架构等的限制，CQL 能够实现的功能非常有限，限制如下。

（1）不支持批量写入（包括 insert、update 或 delete）。

（2）不支持 join 查询。

（3）不支持事务、锁等机制。

（4）不支持 group by、having、max、min、sum、distinct 等分组聚合查询语法。

（5）条件查询时的限制较多。

CQL 中的一些约定如下。

（1）语句以分号作为结束符。

（2）采用 "--或 "//" 描述一行注释。

（3）采用 /*需要注释的内容*/描述多行注释。

（4）SELECT、UPDATE、WITH 等是保留关键字。CQL 中对于关键字是大小写不敏感的，SELECT 与 select、sElEcT 效果相同。

同时，Cassandra 也提供了相应的命令行工具 cqlsh——CQL 的 shell 环境。

1.　cqlsh 的基本用法

从系统命令行进入 shell 环境：

```
cqlsh<ip-address>
```

从 cqlsh shell 环境中退出：

```
exit
```

在 shell 环境中执行：

```
help
```

可以查看 CQL 所支持的所有功能，如图 6-14 所示。

```
[root@node1 ~]# cqlsh 192.168.209.180
Connected to Test Cluster at 192.168.209.180:9042.
[cqlsh 5.0.1 | Cassandra 3.11.2 | CQL spec 3.4.4 | Native protocol v4]
Use HELP for help.
cqlsh> help

Documented shell commands:
===========================
CAPTURE  CLS          COPY  DESCRIBE  EXPAND  LOGIN  SERIAL  SOURCE   UNICODE
CLEAR    CONSISTENCY  DESC  EXIT      HELP    PAGING SHOW    TRACING

CQL help topics:
================
AGGREGATES                CREATE_KEYSPACE            DROP_TRIGGER       TEXT
ALTER_KEYSPACE            CREATE_MATERIALIZED_VIEW   DROP_TYPE          TIME
ALTER_MATERIALIZED_VIEW   CREATE_ROLE                DROP_USER          TIMESTAMP
ALTER_TABLE               CREATE_TABLE               FUNCTIONS          TRUNCATE
ALTER_TYPE                CREATE_TRIGGER             GRANT              TYPES
ALTER_USER                CREATE_TYPE                INSERT             UPDATE
APPLY                     CREATE_USER                INSERT_JSON        USE
ASCII                     DATE                       INT                UUID
BATCH                     DELETE                     JSON
BEGIN                     DROP_AGGREGATE             KEYWORDS
BLOB                      DROP_COLUMNFAMILY          LIST_PERMISSIONS
BOOLEAN                   DROP_FUNCTION              LIST_ROLES
COUNTER                   DROP_INDEX                 LIST_USERS
CREATE_AGGREGATE          DROP_KEYSPACE              PERMISSIONS
CREATE_COLUMNFAMILY       DROP_MATERIALIZED_VIEW     REVOKE
CREATE_FUNCTION           DROP_ROLE                  SELECT
CREATE_INDEX              DROP_TABLE                 SELECT_JSON

cqlsh>
```

图 6-14　cqlsh 提供的 CQLshell 环境

CQL 中查看全局信息的示例如下：

（1）查看版本信息（cqlsh、Cassandra 和 CQL 等的版本）：

```
show version;
```

（2）描述集群信息（集群的名称和所使用的环地址分区算法）：

```
describe cluster;
```

（3）查看键空间列表（类似于查看数据库列表）：

```
desckeyspaces;
```

执行效果如图 6-15 所示。

```
cqlsh> show version;
[cqlsh 5.0.1 | Cassandra 3.11.2 | CQL spec 3.4.4 | Native protocol v4]
cqlsh> describe cluster;

Cluster: Test Cluster 1
Partitioner: Murmur3Partitioner

cqlsh> describe keyspaces;

system_traces  system_schema  system_auth  system  system_distributed

cqlsh>
```

图 6-15　查看版本、集群和键空间信息

清空之前屏幕显示的信息，执行：

```
Clear;
```

2. 指令与结果的保存和执行

可以将当前使用的 CQL 指令的输入内容自动记录到文件，开始记录执行：

```
CAPTURE '<file>';
```

停止记录执行：

```
CAPTUREOFF;
```

显示当前的记录状态：

```
CAPTURE
```

此外，可以将多条 CQL 语句保存成文本文件（.cql 文件）。.cql 文件可以在系统命令行中被执行：

```
cqlsh --file 'file_name'
```

在 cqlsh 环境中利用 SOURCE 命令执行：

```
SOURCE 'file_name'
```

6.4.2　键空间管理

键空间（Key Space）是列族和超级列族的容器，类似于关系型数据库中"数据库"的概念。Cassandra 中可以建立多个用户键空间。此外，Cassandra 部署完毕后，其集群的状态和配置信息等，也以系统键空间为容器进行存储。

1. 创建键空间

在建立键空间时，用户还需要说明数据副本策略等内容。建立键空间的命令格式为：

```
CREATE KEYSPACE "KeySpace Name"
WITH replication = {'class': 'Strategy name', 'replication_factor' : n};
```

或者

```
CREATE KEYSPACE "KeySpace Name"WITH replication = { 'class' : 'NetworkTopologyStrategy' [,
'<data center>' : <integer>, '<data center>' : <integer>] … }AND durable_writes = 'Boolean value';
```

其中，"KeySpace Name"指明 Key Space 的名称。

replication 包含两个属性：Strategy name 和 replication_factor。

replication 中的 Strategy name 包含两个选项。

（1）简单复制策略（SimpleStrategy）。简单复制策略指在一个数据中心的情况下使用简单的策略。该策略中，第一个副本被放置在所选择的节点上，剩下的节点被放置在环的顺时针方向，即采用 Dynamo 论文中的副本策略，不考虑机架或节点的位置。此时还需要配置'replication_factor':n 参数，指示数据副本的数量。

采用 SimpleStrategy 策略建立键空间的命令示例如下：

```
CREATE KEYSPACE ks1 WITH REPLICATION = { 'class' :'SimpleStrategy', 'replication_
factor':'1'};
```

（2）网络拓扑复制策略（NetworkTopologyStrategy）。在该策略中，数据副本会分布在多个数据中心和机架上，即采用二级机架感知策略。

此时还需要在"factor':'1'"之后配置：

```
[, '<data center>' : <integer>, '<data center>' : <integer>] …
```

分别指示每个数据中心的数据副本数量。

replication 中的 replication_factor 属性为副本的数量。

Durable_writes 默认为 true，表明所有数据再写入时，先持久化记录在预写日志（commit log）中，以便故障时恢复数据。当 Strategy name 设置为 NetworkTopologyStrategy 时，可以将该选项设置为 false，即不使用预写日志，此时可能产生数据丢失的风险。

采用 NetworkTopologyStrategy 策略建立键空间的指令示例如下：

```
CREATE KEYSPACE ks1 WITH REPLICATION = {'class' : 'NetworkTopologyStrategy', 'dc1' : 3,
'dc2' : 2} AND DURABLE_WRITES = false;
```

该指令说明在两个数据中心中存储该键空间的数据副本，共存储 5 个副本，其中数据中心 dc1 中存储 3 个副本，dc2 中存储 2 个副本。此外关闭了预写日志，即 DURABLE_WRITES 设置为 false。

2. 删除键空间

```
drop keyspace ks1;
```

3. 查看键空间列表

```
describe keyspaces;
```

4. 描述特定的键空间信息

```
describekeyspace<keyspace name>;
```

效果如图 6-16 所示。

```
cqlsh:ks1> describe keyspace ks1;

CREATE KEYSPACE ks1 WITH replication = {'class': 'SimpleStrategy', 'replication_factor': '1'}  AND durable_writes = true;

CREATE TABLE ks1.adress (
    name text,
    no int,
    phone list<text>,
    PRIMARY KEY (name, no)
) WITH CLUSTERING ORDER BY (no ASC)
    AND bloom_filter_fp_chance = 0.01
    AND caching = {'keys': 'ALL', 'rows_per_partition': 'NONE'}
    AND comment = ''
    AND compaction = {'class': 'org.apache.cassandra.db.compaction.SizeTieredCompactionStrategy', 'max_threshold': '32', '
    AND compression = {'chunk_length_in_kb': '64', 'class': 'org.apache.cassandra.io.compress.LZ4Compressor'}
    AND crc_check_chance = 1.0
    AND dclocal_read_repair_chance = 0.1
    AND default_time_to_live = 0
    AND gc_grace_seconds = 864000
    AND max_index_interval = 2048
    AND memtable_flush_period_in_ms = 0
    AND min_index_interval = 128
    AND read_repair_chance = 0.0
    AND speculative_retry = '99PERCENTILE';
```

图 6-16　描述键空间信息

5. 使用/切换键空间

```
use <keyspace name>;
```

6. 修改键空间属性

其语法和建立键空间类似，将 CREATE 关键字改为 ALTER 即可，但键空间必须是已经存在的。例如：

```
ALTER KEYSPACE ks1 WITH REPLICATION = { 'class' :'SimpleStrategy', 'replication_factor':'2'};
```

键空间管理的部分指令效果如图 6-17 所示。

```
cqlsh> CREATE KEYSPACE ks1 WITH REPLICATION = { 'class' :'SimpleStrategy','replication_factor':'1'};
cqlsh> describe keyspace ks1;

CREATE KEYSPACE ks1 WITH replication = {'class': 'SimpleStrategy', 'replication_factor': '1'}  AND durable_writes = true;

cqlsh> describe keyspaces ;

ks1  system_schema  system_auth  system  system_distributed  system_traces

cqlsh> use ks1;
cqlsh:ks1> drop keyspace ks1;
cqlsh:ks1> use ks1;
InvalidRequest: Error from server: code=2200 [Invalid query] message="Keyspace 'ks1' does not exist"
cqlsh:ks1> describe keyspaces ;

system_schema  system_auth  system  system_distributed  system_traces

cqlsh:ks1>
```

图 6-17　键空间管理指令示例

7. 系统键空间 system_schema

键空间信息实际存储于 system_schema.keyspaces 表中，采用下面的 CQL 语句可以看到当前所有键空间的宏观信息（见图 6-18）：

```
SELECT * FROM system_schema.keyspaces;
```

```
(1 rows)
cqlsh:ks1> SELECT * FROM system_schema.keyspaces;

 keyspace_name      | durable_writes | replication
--------------------+----------------+-----------------------------------------------------------------------------------
        system_auth |           True | {'class': 'org.apache.cassandra.locator.SimpleStrategy', 'replication_factor': '2'}
      system_schema |           True |                            {'class': 'org.apache.cassandra.locator.LocalStrategy'}
                ks1 |           True | {'class': 'org.apache.cassandra.locator.SimpleStrategy', 'replication_factor': '1'}
 system_distributed |           True | {'class': 'org.apache.cassandra.locator.SimpleStrategy', 'replication_factor': '3'}
             system |           True |                            {'class': 'org.apache.cassandra.locator.LocalStrategy'}
      system_traces |           True | {'class': 'org.apache.cassandra.locator.SimpleStrategy', 'replication_factor': '2'}

(6 rows)
cqlsh:ks1>
```

图 6-18　键空间信息存储

系统维护的键空间 system_schema 中存储了键空间和数据表的全局信息，即所谓的 schema 信息。

所有数据表的信息存储于系统表 system_schame.tables 中，可以采用下面语句查看 ks1 键空间中的所有表：

```
SELECT * FROM system_schema.tables WHERE keyspace_name = 'ks1';
```

所有数据表的列信息存储于 system_schema.columns 中，可以采用下面语句查看 ks1.address 表中的所有列信息：

```
SELECT * FROM system_schema.columns  WHERE keyspace_name = 'ks1' AND table_name = 'address';
```

所有的用户自定义数据类型存储于 system_schema.types 中，可以采用下面语句查看所有列用户自定义数据类型：

```
SELECT * FROM system_schema.types ;
```

上述语句的执行效果如图 6-19 所示。

```
cqlsh:ks1> SELECT keyspace_name,table_name FROM system_schema.tables  WHERE keyspace_name = 'ks1';

 keyspace_name | table_name
---------------+------------
          ks1 |     adress
          ks1 |    adress1

(2 rows)
cqlsh:ks1> SELECT * FROM system_schema.columns  WHERE keyspace_name = 'ks1' AND table_name = 'adress';

 keyspace_name | table_name | column_name | clustering_order | column_name_bytes | kind        | position | type
---------------+------------+-------------+------------------+-------------------+-------------+----------+-----------
          ks1 |     adress |        name |             none |        0x6e616d65 | partition_key |        0 |       text
          ks1 |     adress |          no |              asc |            0x6e6f |    clustering |        0 |        int
          ks1 |     adress |       phone |             none |    0x70686f6e65 |       regular |       -1 | list<text>

(3 rows)
cqlsh:ks1> SELECT * FROM system_schema.types ;

 keyspace_name | type_name | field_names                         | field_types
---------------+-----------+-------------------------------------+------------------------
          ks1 |    scores | ['subject', 'point', 'comment']     | ['text', 'int', 'text']
          ks1 |   scores1 | ['subject', 'point', 'comment']     | ['text', 'int', 'text']
          ks1 |   student |                   ['no', 'name']    |        ['int', 'text']
          ks1 |  student1 |                   ['no', 'name']    |        ['int', 'text']

(4 rows)
cqlsh:ks1>
```

图 6-19　系统键空间 system_schema 中的存储内容

6.4.3　数据表管理

CQL 中的数据表即 Cassandra 的列族或超级列族的概念。

1．建立数据表

在执行建表命令之前，需要先指定表所在的键空间，例如：

```
use ks1;
```

建表语法为：

```
CREATE TABLE <cfname> ( <colname><type> PRIMARY KEY [,<colname><type> [, …]] ) [WITH
<optionname> = <val> [AND <optionname> = <val> [...]]];
```

其中 cfname 为表名（即底层的列族名称），后续需要定义列名<colname>、主键 PRIMARY KEY 以及其他一些可选参数<optionname>。

从上述语法可以看出，CQL 和 SQL 语言非常相似，在定义表时都采用了基于行列的描述方式。然而 Cassandra 的底层数据结构是键值对类型，也就是说上述行列最终会转化为键值对进行存储，其中主键 PRIMARY KEY 列被保存为行键，其他列则以列名、值等方式进行存储。

可以通过下面命令建立一个示例表：

```
CREATE TABLE address(name text PRIMARY KEY, phone list<text>);
```

该表具有两个列，其中 name 为主键，phone 则为一个 text 类型的列表，即每个 name 可以对应多个 phone。

建立完毕后，可以通过下面语句查看表结构：

```
desctable address;
```

效果如图 6-20 所示。

```
cqlsh:ks1> desc table adress;

CREATE TABLE ks1.adress (
    name text,
    no int,
    phone list<text>,
    PRIMARY KEY (name, no)
) WITH CLUSTERING ORDER BY (no ASC)
    AND bloom_filter_fp_chance = 0.01
    AND caching = {'keys': 'ALL', 'rows_per_partition': 'NONE'}
    AND comment = ''
    AND compaction = {'class': 'org.apache.cassandra.db.compaction.SizeTieredCompactionStrategy', 'max_threshold': '32', 'min_threshold': '4'}
    AND compression = {'chunk_length_in_kb': '64', 'class': 'org.apache.cassandra.io.compress.LZ4Compressor'}
    AND crc_check_chance = 1.0
    AND dclocal_read_repair_chance = 0.1
    AND default_time_to_live = 0
    AND gc_grace_seconds = 864000
    AND max_index_interval = 2048
    AND memtable_flush_period_in_ms = 0
    AND min_index_interval = 128
    AND read_repair_chance = 0.0
    AND speculative_retry = '99PERCENTILE';
```

图 6-20　描述数据表结构

该表建立在 ks1 键空间下，因此全称为 ks1.address。

查看当前键空间下的所有表，使用命令如下：

```
desc tables;
```

2. 设置复合型主键

还可以通过如下命令建表

```
CREATE TABLE address (name text, phone list<text>, PRIMARY KEY(name));
```

通过单独的字段描述主键。这种语法可以用来定义复合主键：

```
CREATE TABLE address_2 (name text, No int,phone list<text>, PRIMARY KEY(name, No));
```

即 name 和 no 组成复合主键（Composite Primary Key）。

除了主键，CQL 中还有分区键（partition key）。所谓分区是指对大数据表进行横向分割（即 HBase 中的 Region），具有相同分区键的数据将存储在同一个数据分区，分区的依据则是分区键的散列值。

复合主键的其他部分为分簇键（列）。分簇列是主键的一部分，但不作为分区依据，只作为分区之内（或节点之内）的排序依据，分簇列在全局上是无序的。

当表中只有一个主键时，主键就是分区键。当表中有多个主键时，第一个（组）主键是分区列，其他为分簇列。例如，在 PRIMARY KEY(name, No) 子句中，name 为分区键，No 为分簇键。

分区键也可以指定为复合列，例如：

```
CREATE TABLE address_3 (firstname text, lastname text, No int, phone list<text>, PRIMARY
KEY((firstname,lastname), No));
```

firstname、lastname 和 No 作为复合主键，且 firstname、lastname 作为复合的分区键，No 为分簇键。

在采用复合主键时，还可以采用下列语句定义分簇列（Clustering Key）：

```
CREATE TABLE address_4 (name text, No int,phone list<text>, PRIMARY KEY(name, No)) WITH
CLUSTERING ORDER BY (No DESC);
```

该语句定义了分簇列为 No，并说明分簇列将按降序排列（DESC），如果选择升序排列则使用 ASC 关键字。

由于 Cassandra 底层采用键值对数据结构，因此，在理论上主键、分区键和分簇键等都属于行键的一部分。

3. 修改表的结构

利用 ALTER 语句可以添加列、修改现有列的属性以及修改数据表的属性，但由于 Cassandra 对表结构的修改限制较多，这里只以添加一个列为示例：

```
ALTER TABLE address ADD age int;
```

Cassandra 的底层数据实际是以键值对方式存储的，而非 RDBMS 中面向行的模式，因此添加新的列并不会影响已有数据。

修改表结构还可以调整表的属性，例如：

```
ALTER TABLE addresswithbloom_filter_fp_chance =0.01
```

即将该表的布隆过滤器误报率设置为 0.01，此时设置的数值越小，误报率越低但过滤器的内存开销会越大。

4. 删除数据并重建表（address 为表名）

```
TRUNCATE address;
```

6.4.4　CQL 的数据类型

和 HBase 中数据无类型不同，Cassandra（CQL）支持多种数据类型，可以分为原生类型（native type）、集合类型（collection type）、用户自定义类型（user defined type）和元组类型（tuple type）等。

1. 原生类型

原生类型包括字符串、整型、浮点型等。

（1）字符串

① ascii：ASCII 格式字符串

② text/varchar：UTF8 编码字符串

（2）整型

① tinyint：8 位有符号长整型

② smallint：16 位有符号长整型

③ int：32 位有符号长整型

④ bigint：64 位有符号长整型

⑤ varint：任意精度整数整型

（3）浮点型

① decimal：可变精度十进制

② float：32 位浮点（IEEE-754 二进位浮点数算术标准）

③ double：64 位浮点（IEEE-754 二进位浮点数算术标准）

（4）时间型

① date：日期（没有相应的时间值）

格式为：yyyy-mm-dd

② time：毫秒精度的时间（没有相应的日期值）

一般格式为：HH:MM:SS[.fff]，.fff 为毫秒数，在赋值时为可选值

③ timestamp：时间戳（日期和时间），精度为毫秒。

一般形式为：yyyy-mm-dd[HH:MM:SS[.fff]][(+|-)NNNN]，[(+|-)NNNN]为时区，在赋值时为可选值

④ timeuuid：基于时间的 UUID（UUID 标准中的 TYPE1）

⑤ duration：持续时间，使用 ISO8601 格式：类似于 1y2mo3d1h30m15s100ms 形式，其中各字母代表的含义如下。

y：年，mo：月，d：日，h：小时，m：分钟，s：秒，ms：毫秒。

在使用中，Cassandra 无法完全保证该格式数据的意义，因而产生排序困难。例如，可能无法得知 1mo 和 29d 哪个更大，甚至也无法判断 1d 和 24h 的大小，因此 duration 不能在表的主键中使用。

（5）其他类型

① blob：任意字节数组

② boolean：true 或 false

③ counter：计数器

④ inet：IP 地址，支持 IPv4（4 字节长）或 IPv6（16 字节长）

⑤ uuid：长度为 128 位的 UUID，一般采用 TYPE4，即基于随机数生成 UUID。

2. 集合类型

集合类型主要包括 4 种。

（1）Map

Map 是键值对的集合，在 Map 集合中，键是唯一的。建立键空间语句中的 replication 参数就是 Map 类型。

内容形式为：map<1: 'apple ',2: ' banana',3: ' cherry',…>

声明方式为：tags map<text, text>，表示 tags 是一系列键值对的集合，其中键和值都是 text 类型。Map 支持根据键更新或删除元素。

（2）Set

Set 是唯一值集合。

内容形式为：set <'apple ',' banana',' cherry',…>

声明方式为：tags set<text>，表示 tags 是一个 text 类型的集合。

（3）List

List 是非唯一值的顺序集合。

内容形式为：list<'apple ',' banana',' cherry', ' banana',' cherry'…>

声明方式为：tags list<text>，表示 tags 是一个 text 类型的列表，指明一个列表中的位置，即可操作执行元素。

（4）Frozen

Frozen 并非一种集合类型，而是对集合类型的限定。Frozen 是指将 Map、Set 或 List 中的所有元素进行序列化，形成一个整体（类似于 blob）。在没有进行 Frozen 限定时，集合类型均可以对单个元素进行操作，但 Frozen 限定后，就只能对整体进行操作。

3. 用户自定义类型

用户可以在 cqlsh 中，采用下面方式自定义数据格式：

```
CREATE TYPE scores(subject text, score int);
```

该语句定义了名为 scores 的数据类型，包含了 text 型的 subject 和 int 型的 score 两个元素，在 3.0 版本之后的 Cassandra 中，可以直接在建表等命令中使用该数据结构，如：

```
CREATE TABLE achieves(name text, No int, scscores, PRIMARY KEY(No));
```

删除自定义类型，可以采用如下命令：

```
DROP TYPE scores;
```

需要注意的是，如果该自定义类型已经被使用，则无法被删除，如图 6-21 所示。

```
cqlsh:ks1> CREATE TYPE scores(subject text, score int) ;
cqlsh:ks1> CREATE TABLE achieves(name text, No int, sc scores, PRIMARY KEY(No));
cqlsh:ks1> DROP TYPE scores;
InvalidRequest: Error from server: code=2200 [Invalid query] message="Cannot drop user type ks1.scores as it is still used by table ks1.achieves"
cqlsh:ks1> DROP TABLE achieves;
cqlsh:ks1> DROP TYPE scores;
cqlsh:ks1>
```

图 6-21　建立和删除 UDT

在图 6-21 中，第一次执行删除数据类型命令时，系统报错显示该类型正在被 ks1.achieves 使用，当删除该表之后，数据类型也可以被删除。

自定义数据格式可以被修改，例如，为数据类型 scores 增加一个名为 comment 的元素：

```
ALTER TYPE scores ADD comment text;
```

如果需要增加多个元素，则用 AND 关键字连接多个子句。例如，添加两个 text 类型元素时：

```
ALTER TYPE scores ADD comment text AND comment-2text;
```

为数据类型 scores 中的元素改名，使用 RENAME 子句：

```
ALTER TYPE scores RENAME score TO point;
```

描述一个 UDT 的格式，可以采用下面语句：

```
desc type scores;
```

如果需要查看当前所有的 UDT（user defined type），可以使用：

```
desctypes;
```

上述语句的执行效果如图 6-22 所示，对比运行各类 ALTER 指令后，scores 结构发生变化。

```
cqlsh:ks1> CREATE TYPE scores (subject text, score int) ;
cqlsh:ks1> desc type scores;

CREATE TYPE ks1.scores (
    subject text,
    score int
);
cqlsh:ks1> ALTER TYPE scores ADD comment text;
cqlsh:ks1> desc type scores;

CREATE TYPE ks1.scores (
    subject text,
    score int,
    comment text
);
cqlsh:ks1> ALTER TYPE scores RENAME score To point;
cqlsh:ks1> desc type scores;

CREATE TYPE ks1.scores (
    subject text,
    point int,
    comment text
);
cqlsh:ks1>
```

图 6-22　修改和描述 UDT

4. 元组类型

元组（tuple）类型可以看作是另一种用户自定义类型。例如在建表语句中使用如下元组类型：

```
CREATE TABLE ks1.testtable1 (
    col1 text,
    col2 int,
```

```
    col3 tuple<text, text>,
    PRIMARY KEY (col1, col2)
)
```

col3 列被定义为一个元组类型，其中包含两个元素，类型均为 text。和 UDT 不同，元组不会定义各个元素的名字。

6.5 CQL 数据查询

本节介绍利用 CQL 语言进行数据查询的方法，包括条件查询、索引的建立与维护以及使用内置函数等方法。

6.5.1 基本数据查询

假设表 testtable1 结构如下：

```
CREATE TABLE ks1.testtable1 (
    col1 text,
    col2 int,
    col3 tuple<text, text>,
    PRIMARY KEY (col1, col2)
)
```

1. 数据查询的一般语法

使用 SELECT 语句进行数据查询，语法为：

```
SELECT column_list FROM [keyspace_name.] table_name[WHERE prinmary_key_conditions [ AND
clustering_columns_conditions]] | PRIMARY KEY LIMIT
```

可见其语法和 SQL 语句非常类似，但所支持的查询条件较少，例如不支持 JOIN 查询等，这也是大多是 NoSQL 数据库的瓶颈。

例如，返回所有数据：

```
SELECT * from ks1.testtable1;
```

正常情况下，显示结果如图 6-23 所示。

```
cqlsh:ks1> select * from ks1.testtable1;

 col1      | col2 | col3
-----------+------+-------------------------------
other text |   10 | ('another key', 'another value')
  some text |    1 |          ('the key', 'the value')

(2 rows)
cqlsh:ks1> expand on;
Now Expanded output is enabled
cqlsh:ks1> select * from ks1.testtable1;

@ Row 1
------+--------------------------------
 col1 | other text
 col2 | 10
 col3 | ('another key', 'another value')

@ Row 2
------+--------------------------------
 col1 | some text
 col2 | 1
 col3 | ('the key', 'the value')

(2 rows)
cqlsh:ks1>
```

图 6-23　SELECT 查询

可知该表中有两行数据，共三列，其中由第三列可以看出是元组类型。图 6-23 中，查询语句执行了两遍，有两种不同的显示效果。区别是第二次查询之前，执行了语句：

```
expand on;
```

即结果折叠显示，这对于宽行的显示非常直观。如果执行：

```
expandoff;
```

可以关闭折叠显示效果，单独执行 expand 指令不带参数，会显示当前该参数的取值。

2. 整理返回结果

（1）可以利用 LIMIT 语句限制返回结果。

（2）可以使用"PERPARTITION LIMIT"子句限制每个分区的返回元素。例如：

```
SELECT * from ks1.address_3 where firstname in ('apple', 'banana', 'cherry') AND lastname
in ('apple', 'banana', 'cherry') order by no DESC PERPARTITION limit 10;
```

（3）CQL 还可以实现分页显示。语句为：

```
PAGING [ON | OFF]
```

默认每次返回 100 行结果，不带参数运行 PAGING 指令时，会显示当前分页设置。

（4）可以使用 oder by 和 groupby 子句来控制返回结果的顺序和分组，但所涉及的列必须为主键列。

3. 将返回结果显示为 JSON 形式

只需在 SELECT 和所选列之间加入"json"关键词即可，示例如下：

```
SELECT json * from ks1.address _3;
```

4. 聚合查询

常见的聚合操作包括：

（1）Count()：计数。

（2）Max()和 Min()：求最大和最小值。

（3）Sum()：求和。

（4）Avg()：求平均值。

在查询语句中使用聚合操作的方式和 SQL 类似：

```
SELECT COUNT (*) FROM testtable1;
SELECT sum (col2) FROM testtable1;
```

6.5.2　条件查询

利用 WHERE 子句可以在 SELECT、UPDATE 或 DELETE 语句中设置限定条件，但一般只针对主键。此外对于分区列、分簇列，其限制条件并不一样。

对于分区列，可以使用等于（=）、范围比较（>、<、<=、>=）和存在（IN）三种条件。对分簇列进行条件限制，则必须先对该分簇列之前的主键列（分区列或分簇列）使用等于（=）或存在（IN）条件，最后一个分簇列只支持等于（=）和范围比较（=、>、<、<=、>=），不支持存在（IN）条件。

这是由于复合型主键会根据建表语句的语法顺序，依次相接构成键值对的行键。由于行键是排序的，因此复合行键的顺序是先根据第一主键列排序，第一主键列相同的情况下，再根据第二主键列排序，以此类推。假设存在如下表：

```
TABLE test(
    key int,
    col1 int,
    col2 int,
    col3 int,
```

```
    col4 int,
    PRIMARY KEY ((key), col1, col2, col3, col4)
);
```

根据其主键构成顺序，数据的顺序类似于：

```
key | col1 | col2 | col 3 | col4
-----+-------+--------+-------+------
100 |   1  |   1  |   1  |   1
100 |   1  |   1  |   1  |   2
100 |   1  |   1  |   1  |   3
100 |   1  |   1  |   2  |   1
100 |   1  |   1  |   2  |   2
100 |   1  |   1  |   2  |   3
100 |   1  |   2  |   2  |   1
100 |   1  |   2  |   2  |   2
100 |   1  |   2  |   2  |   3
100 |   2  |   1  |   1  |   1
100 |   2  |   1  |   1  |   2
100 |   2  |   1  |   1  |   3
100 |   2  |   1  |   2  |   1
100 |   2  |   1  |   2  |   2
100 |   2  |   1  |   2  |   3
100 |   2  |   2  |   2  |   1
100 |   2  |   2  |   2  |   2
100 |   2  |   2  |   2  |   3
```

为了避免条件查询时进行大范围扫描而引起的性能瓶颈，Cassandra 会要求依次对 key、col1、col2 和 col3 使用等于、范围或存在条件中的一种，col4 则只允许使用等于或范围条件。例如：

```
SELECT * FROM test WHERE key = 100 AND col1 IN (1, 2) AND col2 = 1 AND col3 = 1 AND col4
<= 2;
```

显示效果类似于：

```
key| col1 | col2 | col3 | col4
-----+-----+---------+-------+-------------
100 |   1  |   1  |   1  |   1
100 |   1  |   1  |   1  |   2
100 |   2  |   1  |   1  |   1
100 |   2  |   1  |   1  |   2
```

如果不符合上述语句的条件查询顺序，Cassandra 可能会报错，并中止语句运行。此外，如果分区列有多个，而 where 条件中只涉及部分分区列，Cassandra 也会报同样的错误。

例如：

```
SELECT * FROM test WHERE key = 100 AND col4 <= 2;
```

会报如下错误：

```
InvalidRequest: Error from server: code=2200 [Invalid query] message="Cannot execute this
query as it might involve data filtering and thus may have unpredictable performance. If you
want to execute this query despite the performance unpredictability, use ALLOW FILTERING"
```

报错原因就是没有按照主键顺序设置查询条件，而直接对 col4 进行条件查询，Cassandra 需要扫描所有行键，并跳过行键的前若干字节进行比较，这种查询开销的"性能无法预测"（performance unpredictability）。

图 6-24 中示例演示了如果不满足条件查询约束，只对部分分区列或只对分簇列进行条件查询时，系统报错并拒绝执行的情况，注意这和实际数据量无关（图中所示实际为空表）。

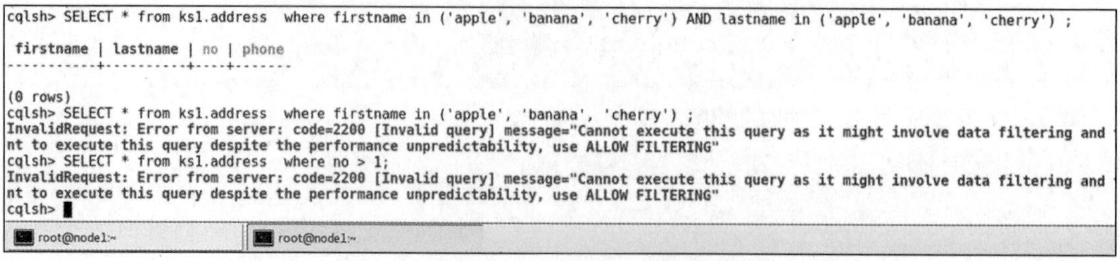

```
cqlsh> SELECT * from ks1.address  where firstname in ('apple', 'banana', 'cherry') AND lastname in ('apple', 'banana', 'cherry') ;

 firstname | lastname | no | phone
-----------+----------+----+-------

(0 rows)
cqlsh> SELECT * from ks1.address  where firstname in ('apple', 'banana', 'cherry') ;
InvalidRequest: Error from server: code=2200 [Invalid query] message="Cannot execute this query as it might involve data filtering and
nt to execute this query despite the performance unpredictability, use ALLOW FILTERING"
cqlsh> SELECT * from ks1.address  where no > 1;
InvalidRequest: Error from server: code=2200 [Invalid query] message="Cannot execute this query as it might involve data filtering and
nt to execute this query despite the performance unpredictability, use ALLOW FILTERING"
cqlsh>
```

root@node1:~   root@node1:~

图 6-24　条件查询对分区列和分簇列的限制

图 6-24 中 ks1.address 表中含有三个主键，其中 firstname 和 lastname 为分区列，no 为分簇列。图中第一条语句为对全部分区列（firstname 和 lastname）进行条件限制的情况，可以看出查询能够正常进行。第二条语句只对部分分区列（firstname）进行条件查询，则系统报错。第三条语句只对分簇列（no）进行条件查询，系统也会报错。

上述问题可以通过建立索引和使用 ALLOW FILTERING 子句解决，详情参见 6.5.3 节。

除了上述查询方式，where 子句还可以进行切片查询：

```
SELECT * FROM test WHERE key = 100 AND col1 = 1 AND col2 = 1 AND (col3, col4) >= (1, 2)
AND (col3, col4) < (2, 3);
```

该语句同时对 col3 到 col4 的范围进行限定，相当于在行键或行键的前 n 个字节上进行了切片。但下面语句是错误的：

```
SELECT * FROM numbersWHERE key = 100 AND col_1 = 1 AND (col_2, col_3, col_4) >= (1, 1,
2) AND (col_3, col_4) < (2, 3);
```

因为切片上下限所用的列是不一致的。

6.5.3　索引机制

Cassandra 支持（二级）索引机制，以加快条件查询速度。

Cassandra 底层采用键值对数据模式，而行键是排序存储的。Cassandra 表中的主键列是构成行键的列，这就相当于主键列存在一个天然的索引。但该索引存在一定限制，主键列按照建表时排定的顺序形成统一的行键，因此如果直接对复合型主键列中的排序靠后的列进行查询，则行键的顺序性无法提供帮助。

针对这种情况，Cassandra 可以对数据表建立一个或多个二级索引。这些索引可以使用在普通列、集合列等场景，但不能应用在计数器列。这些列索引信息会维护在一个隐藏表中。建立索引，以及索引对查询的影响如图 6-25 所示。

从图 6-25 中可以看出，语句：

```
select * from address where name = 'test';
```

可以顺利执行。这是因为 name 是第一主键，在底层则为行键的第一部分。由于键值对中对行键的排序特性，相当于存在默认的索引，因此语句的执行效率较高。

图 6-25 中所示的 age 列并非表 address 的主键，第一次执行下句：

```
select * from address where age = 1;
```

系统会报错，表示语句的执行效率无法预测，并停止查询。实际上，该表为空表，并非数据量巨大且执行效率不可预测的情况，但系统仍然拒绝执行语句。解决该问题有两个方法：

```
cqlsh:ks1> desc table adress;

CREATE TABLE ks1.adress (
    name text,
    no int,
    age int,
    age1 text,
    phone list<text>,
    PRIMARY KEY (name, no)
) WITH CLUSTERING ORDER BY (no ASC)
    AND bloom_filter_fp_chance = 0.01
    AND caching = {'keys': 'ALL', 'rows_per_partition': 'NONE'}
    AND comment = ''
    AND compaction = {'class': 'org.apache.cassandra.db.compaction.SizeTieredCompactionStrategy',
    AND compression = {'chunk_length_in_kb': '64', 'class': 'org.apache.cassandra.io.compress.LZ4C
    AND crc_check_chance = 1.0
    AND dclocal_read_repair_chance = 0.1
    AND default_time_to_live = 0
    AND gc_grace_seconds = 864000
    AND max_index_interval = 2048
    AND memtable_flush_period_in_ms = 0
    AND min_index_interval = 128
    AND read_repair_chance = 0.0
    AND speculative_retry = '99PERCENTILE';

cqlsh:ks1> select * from adress where name = 'test';

 name | no | age | age1 | phone
------+----+-----+------+-------

(0 rows)
cqlsh:ks1> select * from adress where age = 1;
InvalidRequest: Error from server: code=2200 [Invalid query] message="Cannot execute this query as
nt to execute this query despite the performance unpredictability, use ALLOW FILTERING"
cqlsh:ks1> select * from adress where age = 1 ALLOW FILTERING;

 name | no | age | age1 | phone
------+----+-----+------+-------

(0 rows)
cqlsh:ks1> CREATE INDEX indexofadress ON adress(age);
cqlsh:ks1> select * from adress where age = 1;

 name | no | age | age1 | phone
------+----+-----+------+-------

(0 rows)
cqlsh:ks1>
```

图 6-25　索引建立和对查询的影响

一是在无索引的情况下，使用 ALLOW FILTERING 子句：

```
select * from address where age = 1 ALLOW FILTERING;
```

该子句的效果是使整个语句被强制执行。受数据量和数据分布等影响，该查询可能很快完成，也可能耗时巨大，例如，假设表中含有数十亿行数据，但只有几条数据满足 "age=1" 的条件，Cassandra 需要遍历所有数据才能找到这几条结果，然而 Cassandra 无法分辨语句是否能高效完成，只能告警后，交由用户进行判断。

此时建立索引可能是更高效的办法，索引可以在集群中略过无关的节点（或分区），并且在相关节点上快速定位数据。

对 age 列建立索引的语句为：

```
CREATE INDEX indexofaddress ON address(age);
```

其中 indexofaddress 为索引（表）的名字，该索引建立在 address 表的 age 列上。从图 6-25 中可以看出，系统认为可以高效完成查询，不会报错。

删除图中索引 indexofaddress：

```
drop index indexofaddress;
```

一般情况下，索引会在后台自动维护，维护时不会阻塞读写操作。如果需要手动维护索引，可以在命令行下使用命令：

```
nodetool rebuild_index <keyspace><table><indexName>
```

手动维护刚刚建立的索引 indexofaddress，可以执行：

```
nodetool rebuild_index ks1 adressindexofadress
```

关于该指令的详细参数可用下面语句查询：

```
nodetool help rebuild_index
```

注意该命令不是在 cqlsh 环境中运行，而是在操作系统的命令行环境中执行。

6.5.4　使用标量函数

在增删改查操作中，可以使用 CQL 函数或用户自定义函数。常见函数包括以下 5 个。

（1）CAST(selector AS to_type)：显示格式转换。CAST 函数一般只在 SELECT 语句中使用，在使用中还要注意并非所有格式之间都可以自由转换。

示例：

```
SELECT cast( col2 as text) from ks1.testtable;
```

显示效果类似于：

```
cast(col2 as text) | 10
```

（2）writetime (column_name)：返回结果的写入时间（毫秒级时间戳）。

示例：

```
SELECT WRITETIME(col2) from ks1.testtable;
```

显示效果类似于：

```
writetime(col2) | 1525278840191092
```

注意该语句无法用于任何主键列，因为时间戳对应键值对中的某个值（由行键、列族、列名确定的单元），而主键只构成行键，从 Cassandra 键值对的存储格式看，行键并没有单独的时间戳。

（3）TOKEN(column_name)：根据列值，计算其在 Cassandra 环结构中的 token 值（地址），采用的分区算法不同，显示结果的数据类型可能有一些差异。一般只能在 SELECT 语句中使用。

示例：

```
SELECT token (col2) from ks1.testtable1;
```

显示效果类似于：

```
system.token(col2) | -67152434854458697746
```

（4）TTL(column_name)：显示该列的生存期，注意 TTL 的概念仅针对键值对中的值，因此对于主键列无法使用。

（5）uuid()：无参数，用来在 INSERT 和 UPDATE 语句中生成 uuid。

6.6　CQL 数据更新

本节首先介绍 CQL 中的基本增删改方法，之后介绍 CQL 中的读写一致性与轻量级事务议题，然后介绍各种特殊列的操作方法，最后介绍数据批量导入导出方法。

6.6.1　插入、更新和删除

Cassandra 中所有的数据插入、更新和删除，实际上都是在数据集中添加若干个键值对。对于更新来说，其行键、列族名和列名与原数据保持一致，但新键值对的时间戳更新；对于删除来说，其行键、列族名和列名与原数据保持一致，但新键值对中含有墓碑标志，即底层数据仍是一次写入、多次读取的。

假设表 testtable1 结构如下：

```
CREATE TABLE ks1.testtable1 (
    col1 text,
    col2 int,
    col3 tuple<text, text>,
    PRIMARY KEY (col1, col2)
)
```

1. 数据插入

```
INSERT INTO [keyspace_name.] table_name (column_list)
        VALUES (column_values)
         [IF NOT EXISTS]
         [USING TTL seconds | TIMESTAMP epoch_in_microseconds] ;
```

示例插入语句如下：

```
insert into ks1.testtable1(col1,col2,col3) values('some text',1,('the key', 'the
value'));
    insert    into    ks1.testtable1(col1,col2,col3)    values('other    text',10,('another
key','another value'));
```

语句中 text 类型变量需要用单引号包括，Tuple 类型需要用小括号包括其元素集合，各个元素之间用逗号隔开。

如果对相同主键的行进行重复插入，则后插入的值会覆盖之前的值。例如连续执行：

```
insert into ks1.testtable1(col1,col2,col3) values('some text',1,('a', 'b'));
insert into ks1.testtable1(col1,col2,col3) values('some text',1,('c', 'd'));
```

则数据表中只会存在一行数据：'some text',1,('c', 'd')。

2. 数据更新

```
UPDATE [keyspace_name.] table_name
        [USING TTL time_value | USING TIMESTAMP timestamp_value]
        SET assignment [, assignment, ...]
        WHERE row_specification
    [IF EXISTS | IF condition [AND condition]];
```

数据更新语句示例如下：

```
update ks1.testtable1 set col3 = ('new key', 'new value') where col1='some text' and col2
= 1;
```

数据更新需要以下事项。

① update 语句不能更新主键，即 col1 和 col2 不能被更新，因为主键列在底层数据结构中作为行键存储，如果更改行键，则需要遍历所有相关键值对，并进行更新，这相当于进行了数据查找、数据删除和新行插入，开销可能很大。

② update 的 where 条件必须为全部主键的限定条件，这是为了能够直接找到完整的行键（限定条件），再更新相应的值。

数据插入并更新之后的内容如图 6-26 所示。

③ 如果需要对非主键进行条件限定，则需要采用 IF 子句进行限定，例如：

```
update ks1.testtable1 set col3 = ('new key 2', 'new value 2') where col1='some text' and
col2 = 1 IFcol3= ('new key', 'new value') ;
```

```
cqlsh:ks1> select * from ks1.testtable1;

@ Row 1
-----+--------------------------------
 col1 | other text
 col2 | 10
 col3 | ('another key', 'another value')

@ Row 2
-----+--------------------------------
 col1 | some text
 col2 | 1
 col3 | ('new key', 'new value')

(2 rows)
cqlsh:ks1> █
```

图 6-26　数据的基本插入和更新

该语句中 col3 不是主键，因此采用了 IF 子句限定其值。下面的例子采用了 IF EXISTS 条件，即存在符合条件的记录时，才进行更新：

```
update ks1.testtable1 set col3 = ('new key 2', 'new value 2') where col1='some text' and
col2 = 1 IF EXISTS;
```

执行后，如果存在符合条件的记录，屏幕会输出：

```
[applied] | True
```

否则输出：

```
[applied] | False
```

3. 数据删除

```
DELETE [column_name (term)][, ...]
    FROM [keyspace_name.] table_name
     [USING TIMESTAMP timestamp_value]
    WHERE PK_column_conditions
     [IF EXISTS | IF static_column_conditions];
```

基本操作示例如下：

```
delete col3 from ks1.testtable1 where col1='some text' and col2 = 1;
delete from ks1.testtable1 where col1='other text' and col2 = 10;
```

语句对 where 条件的要求和 update 中一致。由于 Cassandra 数据的每一个逻辑行由多个键值对构成，因此在删除时，既可以选择删除一个逻辑行，也可以选择只删除该行中的某几个键值对。此时该行还有其他数据存在，被删除单元会显示为 null。

上述删除语句的执行效果如图 6-27 所示，注意 null 的产生。

```
cqlsh:ks1>
cqlsh:ks1> delete col3 from ks1.testtable1 where col1='some text' and col2 = 1;
cqlsh:ks1> select * from ks1.testtable1;

@ Row 1
-----+--------------------------------
 col1 | other text
 col2 | 10
 col3 | ('another key', 'another value')

@ Row 2
-----+--------------------------------
 col1 | some text
 col2 | 1
 col3 | null

(2 rows)
cqlsh:ks1> delete from ks1.testtable1 where col1='other text' and col2 = 10;
cqlsh:ks1> select * from ks1.testtable1;

@ Row 1
-----+------------
 col1 | some text
 col2 | 1
 col3 | null

(1 rows)
cqlsh:ks1> █
```

图 6-27　两种数据删除方法的效果

4. 以 json 格式插入数据

使用 insertinto 表名后，使用 json 关键字，之后可以使用 json 格式为指定列插入数据。执行：

```
insert into ks1.testtable1 json '{"col1": "json text","col2":1000}';
```

显示结果为：

```
@ Row 3
------+-------------------------------
 col1 | json text
 col2 | 1000
 col3 | null
```

注意 json 字符串需要用单引号括起来。上面的 json 中没有对 col3 赋值，因此系统自动赋值为 null。

执行：

```
insert into ks1.testtable1 json '{"col1": "json text 2","col2":2000 , "col3":["1","2"]}';
```

显示结果为：

```
@ Row 4
------+-------------------------------
 col1 | json text 2
 col2 | 2000
 col3 | ('1', '2')
```

在为 list 类型的 col3 赋值时，用到了 json 数组，数组用中括号表示，元素之间则用逗号隔开。

5. 可选参数

INSERT 和 UPDATE 语句中可以加入一些可选条件。

USING TTL seconds 规定了该条目数据的存活时间（seconds），到达时间后，该条目被自动设置为删除状态，该数据默认为 0，即永远存活。

TIMESTAMP 规定是否采用指定时间戳（epoch_in_microseconds）作为新数据的时间戳，如果不指定，则系统自动将写入时间作为新数据的时间戳。

6. 批处理

批处理有助于减少客户端和服务器之间的网络交互。批处理主要用于 INSERT、UPDATE 和 DELETE 等操作。

语法如下所示：

```
BEGIN BATCH [USING TIMESTAMP epoch_microseconds]
  INSERT …… [USING TIMESTAMP [epoch_microseconds]
  UPDATE ……
  DELETE ……
APPLY BATCH;
```

[USING TIMESTAMP epoch_microseconds]是一个可选项，将所有数据操作的时间戳设置为指定内容（微秒时间戳，形式如 1481124356754405），如果不填写此项，则被更新数据的时间戳为实际写入时间。时间戳可以对批处理整体设置，也可以针对其中一个操作设置。

6.6.2　读写一致性

1. Cassandra 中的一致性选项与设置

由于 Cassandra 使用分布式、数据多副本机制，因此数据在写入和查询时可能出现不一致的情况。Cassandra 可以调整数据读写时的一致性要求。和 Dymano 的向量时钟机制有所不同，Cassandra 将读写一致性预设为多个固定设置如表 6-1 所示。

表 6-1   Cassandra 的读写一致性设置

等级	描述	一致性	可用性
ALL	必须成功读写数据的所有副本	最高	最低
EACH_QUORUM	在所有数据中心，执行 QUORUM 策略（针对写操作）		
QUORUM	在多副本中，成功读写半数以上的副本即判定操作成功，例如如果数据有三个副本，则读取其中两个		
LOCAL_QUORUM	局限在当前（节点所在的）数据中心，执行 QUORUM 策略。避免跨数据中心通信		
ONE/TWO/THREE	有 1（或 2、3）个节点（副本）操作成功，则判定操作成功，读取时表示在多个数据副本中，只读取 1（或 2、3）个副本	ONE 时最低（READ）	ONE 时最高（READ）
LOCAL_ONE	局限在当前（节点所在的）数据中心，执行 ONE 策略。避免跨数据中心通信		
ANY	确保一个副本被写入成功，或者暗示移交数据被成功存储，仅在写操作中使用	最低（WRITE）	最高（WRITE）
SERIAL	仅在读取中使用，系统会返回尚未提交的最新数据。当采用该设置时，将无法在 UPDATE 和 INSERT 语句中使用 IF NOT EXISTS 或 IF EXISTS 子句		
LOCAL_SERIAL	仅在读取中使用，系统会返回尚未提交的最新数据，但只返回当前数据中心的数据		

当设置一致性等级为 ONE 时，实际是选择了 CAP 理论中的 AP，即强调分布式数据的可用性（查询效率）；当设置一致性等级为 ALL 时，则是选择了 CP，即强调数据的强（读取）一致性。也就是说，Cassandra 将权衡可用性与一致性的决定权交给了用户。

查看当前一致性设置，在 cqlsh 中执行：

```
CONSISTENCY;
```

将当前环境的读写一致性设置为所需等级，执行：

```
CONSISTENCY [ONE | quorum | ALL|……];
```

效果如图 6-28 所示。

之后 cqlsh 中执行的语句都将遵循该设置。

```
cqlsh> CONSISTENCY;
Current consistency level is ONE.
cqlsh> CONSISTENCY ALL;
Consistency level set to ALL.
cqlsh> CONSISTENCY;
Current consistency level is ALL.
cqlsh> 
```

图 6-28   一致性级别查看与设置

2. IF 轻量级事务

利用 IF 条件，在满足某个条件时执行更新语句（INSERT、UPDATE 或 DELETE），这可以看作是一种轻量级事务，或称为 Compare and Set CAS。

例如：

```
insert into ks1.testtable1(col1,col2,col3) values('some text',1,('another key','another value')) IF NOT EXISTS;
```

语句保证了如果不满足 where 条件（主键条件），则不进行更新。where 条件可以使用=、<、<=、>、>=、!=和 IN 等运算符。

注意，在 INSERT 语句中使用 IF NOT EXISTS 条件时，不能使用 USING TIMESTAMP 子句指定时间戳，此时时间戳由系统自动生成，并在 CAS 过程中应用。

类似的有：

```
update ks1.testtable1 set col3 = ('new key 2', 'new value 2') where col1='some text' and col2 = 1IF col3= ('new key', 'new value') ;
```

该语句通过 IF 子句为非主键列 col3 设置了 CAS 条件，主键条件仍通过 where 子句设置，该语句实现了检查并修正功能。

CAS 过程通过扩展的 PAXOS 协议完成，这是一个 4 阶段的分布式投票和协调过程，类似于在一个三阶段提交协议的基础上增加了读取当前行数据的节点，其更新效率比一般情况下更低。

通过设置串行一致性级别可以调整 CAS 的运行策略。执行：

```
serial CONSISTENCY;
```

查看当前串行一致性设置。执行：

```
serial CONSISTENCY [Serial | LOCAL_serial];
```

可以将当前环境的串行一致性设置为所需等级。在多数据中心场景下，serial 表示跨数据中心协调，而 LOCAL_serial 表示在本数据中心的相关节点间协调。

注意，当一致性条件（指 CONSISTENCY）设置为 serial 时，无法使用 IF 条件。系统报错如下：

InvalidRequest: Error from server: code=2200 [Invalid query] message="SERIAL is not supported as conditional update commit consistency. Use ANY if you mean "make sure it is accepted but I don't care how many replicas commit it for non-SERIAL reads""

IF 条件还可以应用在建立、修改或删除键空间或数据表时：

```
CREATE KEYSPACE IF NOT EXISTS ks1 WITH replication = {'class': 'SimpleStrategy',
'replication_factor':1};
    DROP TABLE IF EXISTS ks1.testtable;
```

6.6.3　集合列操作

集合列包括 list、map 和 set 3 种类型，类似的还有 tuple 类型。本节介绍对这 4 种类型的操作与约束。

1.　作为主键的限制

执行下面建表语句：

```
ks1.testtable3(col1 int,col2 list<text>,col3 map<text, text>,col4 set<text>,col5
tuple<text,text>, PRIMARY KEY (col1,col2,col3,col4,col5)) ;
```

系统报错如下：

InvalidRequest: Error from server: code=2200 [Invalid query] message="Invalid non-frozen collection type for PRIMARY KEY component col2"

即 col2 为非 frozen 限定的，无法作为主键。进一步发现，list、map 和 set 类型的列如果是非 frozen 限定的，均无法作为主键，而元组（tuple）类型（col5）无此限制。

验证效果如图 6-29 所示。

```
cqlsh:ks1> CREATE TABLE ks1.testtable3(col1 int,col2 list<text>,col3 map<text, text>,col4 set<text>,col5 tuple<text,text>, PRIMARY KEY (col1,col2,col3,col4,col5)) ;
InvalidRequest: Error from server: code=2200 [Invalid query] message="Invalid non-frozen collection type for PRIMARY KEY component col2"
cqlsh:ks1> CREATE TABLE ks1.testtable3(col1 int,col2 list<text>,col3 map<text, text>,col4 set<text>,col5 tuple<text,text>, PRIMARY KEY (col1,col3,col4,col5)) ;
InvalidRequest: Error from server: code=2200 [Invalid query] message="Invalid non-frozen collection type for PRIMARY KEY component col3"
cqlsh:ks1> CREATE TABLE ks1.testtable3(col1 int,col2 list<text>,col3 map<text, text>,col4 set<text>,col5 tuple<text,text>, PRIMARY KEY (col1,col4,col5)) ;
InvalidRequest: Error from server: code=2200 [Invalid query] message="Invalid non-frozen collection type for PRIMARY KEY component col4"
cqlsh:ks1> CREATE TABLE ks1.testtable3(col1 int,col2 list<text>,col3 map<text, text>,col4 set<text>,col5 tuple<text,text>, PRIMARY KEY (col1,col5)) ;
cqlsh:ks1> desc testtable3;

CREATE TABLE ks1.testtable3 (
    col1 int,
    col5 frozen<tuple<text, text>>,
    col2 list<text>,
    col3 map<text, text>,
    col4 set<text>,
    PRIMARY KEY (col1, col5)
) WITH CLUSTERING ORDER BY (col5 ASC)
    AND bloom_filter_fp_chance = 0.01
    AND caching = {'keys': 'ALL', 'rows_per_partition': 'NONE'}
    AND comment = ''
    AND compaction = {'class': 'org.apache.cassandra.db.compaction.SizeTieredCompactionStrategy', 'max_threshold': '32', 'min_threshold': '4'}
    AND compression = {'chunk_length_in_kb': '64', 'class': 'org.apache.cassandra.io.compress.LZ4Compressor'}
    AND crc_check_chance = 1.0
    AND dclocal_read_repair_chance = 0.1
    AND default_time_to_live = 0
    AND gc_grace_seconds = 864000
    AND max_index_interval = 2048
    AND memtable_flush_period_in_ms = 0
    AND min_index_interval = 128
    AND read_repair_chance = 0.0
    AND speculative_retry = '99PERCENTILE';
```

图 6-29　集合列作为主键的限制

调整建表语句，为集合列 col2、col3、col4 加入 frozen 限定：

```
CREATE TABLE ks1.testtable4(col1 int, col2 frozen<list<text>>,col3 frozen<map<text,
text>>,col4 frozen<set<text>>,col5 tuple<text,text>, PRIMARY KEY (col1,col2,col3,col4)) ;
```

语句运行通过，效果如图 6-30 所示。

```
cqlsh:ks1> CREATE TABLE ks1.testtable4(
        ... col1 int,
        ... col2 frozen<list<text>>,
        ... col3 frozen<map<text, text>>,
        ... col4 frozen<set<text>>,
        ... col5 tuple<text,text>,
        ... PRIMARY KEY (col1,col2,col3,col4)) ;
cqlsh:ks1> desc table testtable4;

CREATE TABLE ks1.testtable4 (
    col1 int,
    col2 frozen<list<text>>,
    col3 frozen<map<text, text>>,
    col4 frozen<set<text>>,
    col5 frozen<tuple<text, text>>,
    PRIMARY KEY (col1, col2, col3, col4)
) WITH CLUSTERING ORDER BY (col2 ASC, col3 ASC, col4 ASC)
    AND bloom_filter_fp_chance = 0.01
    AND caching = {'keys': 'ALL', 'rows_per_partition': 'NONE'}
    AND comment = ''
    AND compaction = {'class': 'org.apache.cassandra.db.compaction.SizeTieredCo
    AND compression = {'chunk_length_in_kb': '64', 'class': 'org.apache.cassand
    AND crc_check_chance = 1.0
    AND dclocal_read_repair_chance = 0.1
    AND default_time_to_live = 0
    AND gc_grace_seconds = 864000
    AND max_index_interval = 2048
    AND memtable_flush_period_in_ms = 0
    AND min_index_interval = 128
    AND read_repair_chance = 0.0
    AND speculative_retry = '99PERCENTILE';
```

图 6-30　解除集合列作为主键的限制

继续考察 tuple 类型的 col5 列。发现当 col5 没有被设置为主键时，表结构中被自动加入了 frozen 限定。但 tuple 一般情况下均作为整体操作。

2. 插入数值

假设表 ks1.testtable2 结构如下：

```
TABLE ks1.testtable2 (
    col1 int PRIMARY KEY,
    col2 list<text>,
    col3 map<text, text>,
    col4 set<text>,
    col5 frozen<tuple<text, text>>
)
```

插入一行值如下：

```
INSERT INTO ks1.testtable2(col1, col2, col3, col4, col5)
 values (1, ['apple', 'apple', 'banana', 'cherry', 'banana'],
{'1': 'apple ','1': ' banana','3': ' cherry','4': ' cherry'},
{'apple', 'banana', 'cherry', 'apple'},
('apple', 'banana'))
```

语句运行成功，查询效果如下：

```
@ Row 1
------+-------------------------------------------------------------
 col1 | 1
 col2 | ['apple', 'apple', 'banana', 'cherry', 'banana']
 col3 | {'1': 'apple ', '3': ' cherry', '4': ' cherry'}
 col4 | {'apple', 'banana', 'cherry'}
 col5 | ('apple', 'banana')
```

对语句进行总结：

（1）list 类型：插入值时用方括号包括值的集合，元素用逗号分隔，集合中可以存在重复的值。

（2）map 类型：插入值时用大括号包括值的集合，元素用逗号分隔，键值对用冒号分隔。键必须是无重复的，否则后写入的键值对会覆盖先写入的。值可以重复。

（3）set 类型：插入值时用大括号包括值的集合，元素用逗号分隔。值必须是唯一的，重复写入的值只会写入一次。

3. list 类型的更新和删除

更新 list 类型的 col2，可以根据位置更新一个元素（注意第一个位置是 0）：

```
UPDATE ks1.testtable2 set col2[2] = 'big apple' WHERE col1= 1;
```

效果为：

```
['apple', 'apple', 'big apple', 'cherry', 'banana']
```

删除一个元素：

```
delete col2[2] from ks1.testtable2 WHERE col1= 1;
```

效果为：

```
['apple', 'apple', 'cherry', 'banana']
```

如果要整体更新 col2 的一行：

```
UPDATE ks1.testtable2 set col2 = ['big apple'] WHERE col1= 1;
```

效果为值的替换：

```
['big apple']
```

如果位置标号越界，则会报错。

整体删除 col2：

```
delete col2 from ks1.testtable2 WHERE col1= 1;
```

则该行的 col2 列变成 null。

如果 list 类型为 frozen 限定，则只能采用整体更新、删除的方法。

4. set 类型更新和删除

为 col4 添加新的元素：

```
UPDATE ks1.testtable2 set col3 =col3+{'big apple', ' small apple'} WHERE col1= 1;
```

效果为：

```
{'apple', 'banana', 'big apple', 'cherry', 'small apple'}
```

为 col4 删除一个元素：

```
UPDATE ks1.testtable2 set col3 =col3-{'big apple'} WHERE col1= 1;
```

效果为：

```
{'apple', 'banana', 'big apple', 'cherry', 'small apple'}
```

此时使用的是 UPDATE 方法，注意 "+" "-" 符号的使用。此外，如果被删除的元素并不存在，执行后并不会报错。

col4 整体更新与删除：

```
UPDATE ks1.testtable2 set col4 ={'big apple'} WHERE col1= 1;
delete col4 from ks1.testtable2 WHERE col1= 1;
```

如果 list 类型为 frozen 限定，则只能采用整体更新、删除的方法。

5. map 类型更新和删除

为 col3 添加新键值对：

```
UPDATE ks1.testtable2 set col3 =col3+{'5':'big apple', '6':' small apple'} WHERE col1= 1;
```

效果为：

```
{'1': ' banana', '3': ' cherry', '4': ' cherry', '5': 'big apple', '6': ' small apple'}
```

通过键删除一个元素：

```
delete col3['1'] from ks1.testtable2 WHERE col1= 1;
```

如果指定的键不存在，运行并不会报错。

```
UPDATE ks1.testtable2 set col3 =col3+{'5':'big apple', '6':' small apple'} WHERE col1= 1;
```

col3 整体更新与删除：：

```
UPDATE ks1.testtable2 set col3 ={'10': ' small apple'} WHERE col1= 1;
delete col4 from ks1.testtable2 WHERE col1= 1;
```

如果 map 类型为 frozen 限定，则只能采用整体更新、删除的方法。

6. 元组类型和用户自定义类型

严格地说，元组类型和用户自定义类型（UDT）并非集合，但操作上同集合有一定相似性。元组类型一般只进行整体操作；对于没有 frozen 限定的 UDT 列，可以进行单个元素的操作。

定义 UDT：

```
CREATE TYPE t1(item1 text, item2 int);
```

建立表：

```
CREATE TABLE ks1.testtable5(col1 int PRIMARY KEY,col2 t1);
```

插入数据时必须逐个指明 UDT 中的元素名称：

```
INSERT INTO ks1.testtable5(col1, col2) values (1, {item1:'apple',item2:1});
```

效果为：

```
@ Row 1
------+----------------------------
 col1 | 1
 col2 | {item1: 'apple', item2: 1}
```

更新 UDT 中的一个元素：

```
UPDATE ks1.testtable5 set col2.item1 ='banana' WHERE col1= 1;
```

效果为：

```
@ Row 1
------+----------------------------
 col1 | 1
 col2 | {item1: 'banana', item2: 1}
```

整体更新：

```
UPDATE ks1.testtable5 set col2 = {item1:'big apple',item2:2} WHERE col1= 1;
```

UDT 类型必须整体被删除，无法只删除其中一个元素。此外，当 UDT 中含有集合类型时，必须在建表时使用 frozen 限定，只能对其整体进行操作。

6.6.4 计数器列的操作

从表结构上看，计数器列不能作为主键，且计数器列不能建立索引。从更新方式上看，计数器列只能通过 update 更新（累加）数据，不能使用 insert 方法直接为其赋值。

假设表 test_counter 结构如下：

```
CREATE TABLE test_counter (id int PRIMARY KEY, num counter);
```

更新方法为：

```
UPDATE test_counterSET num = num + 1WHERE id = 1;
```

重复执行上述语句，则在 id=1 这一行中，num 数值不断增加。更换 id 的数值，则会写入新的行。

此外，计数器列采用 64 位整数进行技数，每次可以添加任意数值，但添加的内容不能是时间戳或 uuid 等类型。

6.6.5　日期时间列的操作

1. 日期时间转换函数

下列日期时间转换函数，可以用在 SELECT、UPDATE 和 INSERT 等语句中：

① now()：返回时间性 uuid（timeuuid 格式）。

② TODATE(timeuuid)或 TODATE(timestamp)：转换为日期。

③ Dateof(timeuuid)或 TODATE(timestamp)：转换为完整日期和时间。该函数在新版本 CQL 中不建议使用。

④ TOTIMESTAMP(timeuuid)或 TOTIMESTAMP(date)：转换为时间戳。

⑤ toUnixTimestamp(timeuuid) 或 toUnixTimestamp (date)：转换为 UNIX 时间戳，精度为毫秒级，格式为 64 位。

⑥ minTimeUuid/maxTimeUuid：根据日期或更精确一些的时间计算一个大于或小于该时间的模拟 timeuuid（并非基于真实时间）。例如：

maxtimeuuid('2018-05-01')，返回 8929270f-4c8f-11e8-7f7f-7f7f7f7f7f7f。

mintimeuuid('2018-05-01')，返回 89290000-4c8f-11e8-8080-808080808080。

执行

```
totimestamp(8929270f-4c8f-11e8-7f7f-7f7f7f7f7f7f)
```

结果为 "2018-04-30 16:00:00.000000+0000"，不超过 "2018-05-01"。

执行

```
totimestamp(89290000-4c8f-11e8-8080-808080808080)
```

结果为 "2018-05-02 20:32:11.219000+0000"，不小于 "2018-05-01"。

2. 应用示例

以下面的表结构为例：

```
TABLE ks1.dt_table (
    col1 int,
    col2 timestamp,
    col3 timeuuid,
    col4 bigint,
    PRIMARY KEY (col1, col2, col3, col4)
)
```

插入若干数值，执行：

```
    INSERT INTO dt_table (col1, col2, col3, col4) VALUES (1, toUnixTimestamp(now()), now(),
toTimestamp(now()));
    INSERT INTO dt_table (col1, col2, col3, col4) VALUES (2, toUnixTimestamp(now()),
maxtimeuuid('2018-05-01'), toTimestamp(now()));
    INSERT INTO dt_table (col1, col2, col3, col4) VALUES (3, toUnixTimestamp(now()),
mintimeuuid('2018-05-01'), toTimestamp(now()));执行：
    select * from dt_table;
```

显示效果（节选一条，expand 选项打开）：

```
@ Row 1
------+------------------------------------
 col1 | 1
```

```
col2  |  2018-05-02 20:01:30.778000+0000
col3  |  0b0d2181-4e45-11e8-80fb-c9cbb16b0456
col4  |  1525291290779
```

执行：

```
select todate(col3) from dt_table;
```

显示效果（节选一条）：

```
system.todate(col3) | 2018-04-30
```

执行：

```
select totimestamp (col3) from dt_table;
```

显示效果（节选一条）：

```
system.totimestamp(col3) | 2018-04-30 16:00:00.000000+0000
```

dt_table 表中 col4 为 bigint 类型，但赋值采用了 toTimestamp(now())，这是由于时间戳类型和 bigint 类型存在直接的转换关系。

同理，可以将"8929270f-4c8f-11e8-7f7f-7f7f7f7f7f7f"形式的字符串直接赋值给一个 timeuuid 类型的列，例如上面 dt_table 表中的 col3：

```
…… SET col3= '8929270f-4c8f-11e8-7f7f-7f7f7f7f7f7f ' ……
```

可以将"2018-05-01"形式的字符串直接赋值给一个 date 类型的列，假设存在名为 col5 的列为 date 型，可以采用下面的赋值方式(yyyy-mm-dd)：

```
…… SET col5= '2018-05-01' ……
```

假设存在 time 类型的列 col6，则可以采用下面的赋值方式(HH:MM:SS[.fff])：

```
…… SET col6= '07:00:00' ……
```

或

```
…… SET col6= '07:00:00.000' ……
```

3. 持续时间

对 duration 类型的列，赋值方式为：

```
…… SET col5= 1y2mo3d ……
```

或

```
…… SET col6= 1h30m15s100ms ……
```

6.6.6 批量导入/导出数据

CQL 中可以使用 COPY 将表中数据导出到外部文本文件（CSV 格式）中，也可以批量导入外部文本数据，支持 CSV、TSV 或其他符号隔开的行列结构文本文件。

导出数据的命令语法如下：

```
COPY table_name [( column_list )]TO 'file_name'[, 'file2_name', ...] | STDOUT[WITH option
= 'value' [AND ...]]
```

语法中的 table_name 为表名，[(column_list)]表示需要导出的列名序列（该参数为可选项），file_name 为导出文件的名称，此处可以指定多个文件名，或者导出到 STDOUT 标准输出，option 之后则为若干可选参数。

例如：

```
COPY ks1.testtable1 (col1, col2) TO './testtable1.csv' WITH HEADER = TRUE ;
```

WITH HEADER = TRUE 表示在导出文件的第一行列出表头。

导入数据的命令语法如下：

```
COPY table_name [( column_list )]FROM 'file_name'[, 'file2_name', ...] | STDIN[WITH option
= 'value' [AND ...]]
```

导入数据时的参数和导出类似，需要指定表名、导入文件的名称（或者从 STDIN 标准输入导入），还可以指定需要导入的列，以及设置若干可选参数。

例如：

```
COPY ks1.testtable1 (col1, col2) FROM './testtable1.csv' WITH HEADER = TRUE ;
```

如果需要导入文件的列分隔符不是逗号，则需要在 WITH 后指定分隔符，例如对于如下文件格式：

```
key |  col1 |  col2 |  col 3 |  col4
100 |     1 |     1 |      1 |     1
100 |     1 |     1 |      1 |     2
100 |     1 |     1 |      1 |     3
```

可知该文件第一行为表头，列之间用"|"分割，则导入语句为：

```
COPY ks1.testtable1 (col1, col2) FROM './testtable1.csv'WITH DELIMITER='|' AND
HEADER=TRUE;
```

DELIMITER='|'参数指明了分隔符所采用的 ASCII 字符。

6.7　基本集群维护方法

6.7.1　集群化部署简介

单机部署的 Cassandra 受到是底层数据结构的制约，一般不如大多数关系型数据库功能强大。但 Cassandra 的优势之一在于可以通过集群化部署实现对百亿条数据的高效存取和管理。为了简化集群管理，Cassandra 提供了多种工具和配置手段，可以实现便利的多副本配置和节点伸缩性管理等功能。

6.7.2　多数据中心与机架感知策略

为了描述数据中心和机架等拓扑信息，需要在 cassandra.yaml 文件中配置如下参数：

```
endpoint_snitch: <snitch classes>
```

snitch 主要实现两个功能：一是描述网络拓扑，提高路由效率，二是建立数据中心（Data Center）和机架（Rack）的概念，实现不同的多副本管理。数据中心和机架、节点形成三级树形结构，即节点归属于机架，机架归属于数据中心。

在机架层面上，Cassandra 会执行和 HDFS 类似的多副本机架感知策略，在数据中心层面上，用户可以在建立键空间时指定在多个数据中心存储不同数量的副本。

该配置项的常用参数如下。

（1）SimpleSnitch：不识别数据中心和机架信息，默认所有节点存在于同一个数据中心、同一个机架。这是该配置项的默认配置参数。

（2）GossipingPropertyFileSnitch：采用 cassandra-rackdc.properties 描述各节点所在的数据中心和机架配置信息，在节点之间采用 gossip 协议传递信息。Cassandra 官方推荐在生产环境下使用该机制。如果用户同时配置了 cassandra-topology.properties 文件，cassandra 会把两个文件的信息合并，如果两个文件中存在冲突信息，则以 cassandra-rackdc.properties 的配置为准。

（3）PropertyFileSnitch：采用 cassandra-topology.properties 文件记录拓扑信息。

（4）RackInferringSnitch：根据节点 IP 的第 2 个和第 3 个字节确定其所属的数据中心和机架。

参数解释中提到了两个配置文件：cassandra-rackdc.properties 和 cassandra-topology. properties。这两个文件和 cassandra.yaml 文件放在同一目录下，二者功能类似，都可以对 Cassandra 集群中各个节点配置机架感知策略，原始文件中具有详细说明和示例。但是否生效取决于 endpoint_snitch 的配置。

cassandra-topology.properties 文件指明了集群中所有节点的位置信息，例如：

```
# Cassandra Node IP=Data Center:Rack
    192.168.1.100=DC1:rack1
    192.168.2.101=DC1: rack2
    192.168.1.110=DC2: rack1
    192.168.2.111=DC2: rack3
# default for unknown nodes
    default=DC1: rack1
```

该文件描述了 4 个节点，分属 2 个数据中心（DCx）的 4 个机架（rackx），如果集群中还存在其他节点，则默认位于 DC1: rack1。

cassandra-rackdc.properties 较为简短，只是指明当前节点所述的数据中心和机架位置，不同节点上 cassandra-rackdc.properties 文件的内容是不同的，例如某个节点上的配置内容为：

```
# These properties are used with GossipingPropertyFileSnitch and will
# indicate the rack and dc for this node
    dc=dc1
    rack=rack1
```

采用 cassandra-rackdc.properties 的好处在于，每个节点只负责配置自己的位置，当出现节点变动时，不需要调整每个节点上的配置文件。

6.7.3　nodetool 工具

nodetool 是 Cassandra 自带的集群管理工具，可以执行多种维护性操作，并且显示多种集群状态信息。

在节点的操作系统命令行中不带参数运行 nodetool，可以查看其支持的指令，如图 6-31 所示。

```
[root@node1 ~]# nodetool
usage: nodetool [(-h <host> | --host <host>)] [(-p <port> | --port <port>)]
                [(-pwf <passwordFilePath> | --password-file <passwordFilePath>)]
                [(-u <username> | --username <username>)]
                [(-pw <password> | --password <password>)] <command> [<args>]

The most commonly used nodetool commands are:
    assassinate             Forcefully remove a dead node without re-replicating any data.  Use as a last re
    bootstrap               Monitor/manage node's bootstrap process
    cleanup                 Triggers the immediate cleanup of keys no longer belonging to a node. By default
    clearsnapshot           Remove the snapshot with the given name from the given keyspaces. If no snapshot
    compact                 Force a (major) compaction on one or more tables or user-defined compaction on g
    compactionhistory       Print history of compaction
    compactionstats         Print statistics on compactions
    decommission            Decommission the *node I am connecting to*
    describecluster         Print the name, snitch, partitioner and schema version of a cluster
    describering            Shows the token ranges info of a given keyspace
    disableautocompaction   Disable autocompaction for the given keyspace and table
    disablebackup           Disable incremental backup
    disablebinary           Disable native transport (binary protocol)
    disablegossip           Disable gossip (effectively marking the node down)
    disablehandoff          Disable storing hinted handoffs
    disablehintsfordc       Disable hints for a data center
    disablethrift           Disable thrift server
    drain                   Drain the node (stop accepting writes and flush all tables)
    enableautocompaction    Enable autocompaction for the given keyspace and table
    enablebackup            Enable incremental backup
    enablebinary            Reenable native transport (binary protocol)
    enablegossip            Reenable gossip
    enablehandoff           Reenable future hints storing on the current node
    enablehintsfordc        Enable hints for a data center that was previsouly disabled
    enablethrift            Reenable thrift server
    failuredetector         Shows the failure detector information for the cluster
    flush                   Flush one or more tables
    garbagecollect          Remove deleted data from one or more tables
    gcstats                 Print GC Statistics
    getcompactionthreshold  Print min and max compaction thresholds for a given table
    getcompactionthroughput Print the MB/s throughput cap for compaction in the system
    getconcurrentcompactors Get the number of concurrent compactors in the system.
    getendpoints            Print the end points that owns the key
    getinterdcstreamthroughput Print the Mb/s throughput cap for inter-datacenter streaming in the system
    getlogginglevels        Get the runtime logging levels
```

图 6-31　Nodetool 命令与参数

执行 nodetool help <*command*>，可以查看对应指令的用途和用法。

下面介绍 nodetool 工具的一些常用指令和用法，注意，所介绍的指令和参数均仅为常用情况，详细用法和参数等可使用 help 指令查询。

1. 查看集群状态信息

通过 nodetool info 和 nodetool status 可以查看集群部署情况。此外，查看当前 Cassandra 的版本，可以使用：

```
nodetool version
```

查看集群中，所有节点的环地址：

```
nodetool ring
```

效果如图 6-32 所示。

```
[root@node1 ~]# nodetool ring

Datacenter: datacenter1
==========
Address          Rack     Status State   Load          Owns          Token
                                                                      9109101682352260883
192.168.209.181  rack1    Up     Normal  180.77 KiB    100.00%       -9183572257443555506
192.168.209.181  rack1    Up     Normal  180.77 KiB    100.00%       -9168418089363212009
192.168.209.181  rack1    Up     Normal  180.77 KiB    100.00%       -9155880709417970436
192.168.209.181  rack1    Up     Normal  180.77 KiB    100.00%       -9150974996877157719
192.168.209.181  rack1    Up     Normal  180.77 KiB    100.00%       -9115370449670412871
192.168.209.180  rack1    Up     Normal  178.8 KiB     100.00%       -9090117581445593137
192.168.209.181  rack1    Up     Normal  180.77 KiB    100.00%       -9074084859695864317
192.168.209.181  rack1    Up     Normal  180.77 KiB    100.00%       -9049750976685648459
192.168.209.181  rack1    Up     Normal  180.77 KiB    100.00%       -9033417698245417991
192.168.209.180  rack1    Up     Normal  178.8 KiB     100.00%       -8981076388370356026
192.168.209.180  rack1    Up     Normal  178.8 KiB     100.00%       -8962412643004554688
192.168.209.180  rack1    Up     Normal  178.8 KiB     100.00%       -8941254869451815097
192.168.209.180  rack1    Up     Normal  178.8 KiB     100.00%       -8863533960159388775
192.168.209.180  rack1    Up     Normal  180.77 KiB    100.00%       -8832520404310893668
192.168.209.180  rack1    Up     Normal  178.8 KiB     100.00%       -8817774245411167762
192.168.209.181  rack1    Up     Normal  180.77 KiB    100.00%       -8728641765280492423
192.168.209.181  rack1    Up     Normal  178.8 KiB     100.00%       -8667589302026483970
192.168.209.181  rack1    Up     Normal  180.77 KiB    100.00%       -8664697047777438755
192.168.209.181  rack1    Up     Normal  180.77 KiB    100.00%       -8619814685236153873
192.168.209.180  rack1    Up     Normal  178.8 KiB     100.00%       -8600116329116494897
```

图 6-32　查看 Cassandra 的环与 token 信息

其他常用的信息查看功能如下所示。

① nodetool describecluster：查看集群名称、用到的分区算法和拓扑策略等。

② nodetool netstats：显示当前主机的网络统计信息。

③ nodetool describering <keyspace>：查看键空间相关的 token 分布信息。

④ nodetool tablestats <keyspace.table>：查看数据表的统计信息。

2. 存储和持久化管理

nodetool flush -- <keyspace> (<table> ...)：将指定键空间或表的数据持久化（从 memtable 到 SSTables）。

nodetool compact：执行 major compation。命令可以带多种参数，指定 token 范围、sstable 文件范围以及键空间和表名。例如指定键空间和表：

```
nodetool compact --user-defined --<keyspace><tables>...
```

停止 compaction 过程：

```
nodetool stop
```

还可以通过下列指令查看和 compaction 相关的统计信息。查看 compaction 的操作历史：

```
nodetool compactionhistory
```

查看 compaction 的状态信息：

```
nodetool compactionstats
```

3. 数据管理

数据修复：

```
nodetool repair [--] [keyspace tables...]
```

手动检查并修复数据的一致性，可以在频繁执行数据修改或删除动作之后执行，或定期执行。手动检查并修复数据的一致性。例如，在当前节点，顺序修复所有的键空间：

```
nodetool repair -seq
```

修复指定数据中心，该命令只能在当前数据中心使用：

```
nodetool repair -dc DC1
```

指定键空间和表名的情况：

```
nodetool repair <keyspace_name><table1><table2>
```

6.7.4　常见节点管理方法

1.　加入新节点

新节点加入的过程称为 bootstrap，主要完成新节点中的虚拟节点 token 分配，以及加入环，并重新分配数据分布等过程。当对节点进行正确配置后，bootstrap 一般会自动完成，如果在 bootstrap 过程中出现故障，可以在故障排除后，利用下面的命令：

```
nodetool bootstrap resume
```

重新恢复 bootstrap 过程。

理论上，节点每次执行 bootstrap 都将进行身份的初始化，形成不同的 token 以及主机 ID 等信息。

2.　移除主机/节点

使用：

```
nodetool decommission -h <host>
```

移除一个活跃主机，即当前连接的主机。

使用：

```
nodetool removenode<ID>
```

移除一个故障节点（主机）。参数为节点 ID，可以通过 nodetool status 命令查到。执行后，可以通过：

```
nodetool removenode status
```

查看执行历史和状态。

这两种指令都是永久移除，此时会将旧节点负责的数据分区交给其他节点负责，因此可能产生一定的数据传输开销。

3.　转移节点

所谓转移（move）节点，是将某个节点的 token 换成新的，类似于 decommission + bootstrap，但是效率更高。

当配置 num_tokens: 1 时，即不使用虚拟节点时，可以通过：

```
nodetool move -- <new token>
```

实现转移节点（主机），此时需要手动指定新节点的 token。

转移节点等操作之后，可以执行：

```
nodetool cleanup
```

来清理不再负责的分区数据，否则这些旧数据会一直存放在硬盘上。

4. 节点数据重建

节点数据重建是指临时性故障之后，根据其他节点，以反熵方式重建数据。常见用法如下：

```
nodetool rebuild
```

其他可选参数可通过 help 指令查询。

6.8　编程访问 Cassandra

Cassandra 提供了多种语言的编程接口，包括 Java、Python、Ruby、C#、Nodejs、PHP、C++、Scala、Erlang、Go、Perl 等。相对比而言，使用 Java 语言是最为高效，也是功能最丰富的访问方式。Datastax 公司提供了绝大多数访问 Cassandra 的驱动库包，此外也有一些第三方提供的驱动可用。

6.8.1　通过 Java 访问 Cassandra

Datastax 公司提供了 Java 访问 Cassandra 的驱动库包，其使用过程略显烦琐，可以从官方网站查阅文档并寻找下载链接。截至 2018 年 6 月，驱动的最新版本为 3.5。

下载驱动库包后，解压会发现在其根目录有三个 jar 包（driver-core、driver-mapping 和 driver-extras），在其 lib 子目录下有更多的 jar 包。根目录和 lib 子目录下的所有 jar 包原则上均要导入到 java 工程的 classpath 中。在 3.5 版本驱动包中缺少一个包：netty-common-4.0.56.Final.jar，需要自行下载。

完成上述工作后，即可进行编程工作。利用 Java 语言可以实现同步或异步方式访问 Cassandra，本节介绍同步方式。

由于 Cassandra 提供了 CQL 语言，因此本例主要介绍建立连接、发送 CQL 语言和获取结果的基本过程。

首先导入相关的库包：

```
import com.datastax.driver.core.Cluster;
import com.datastax.driver.core.ColumnDefinitions.Definition;
import com.datastax.driver.core.ResultSet;
import com.datastax.driver.core.Row;
import com.datastax.driver.core.Session;
```

建立和数据库的连接：

```
cluster = Cluster.builder().withClusterName("Test Cluster").addContactPoint
("192.168.209.180").build();
Session session = cluster.connect();
```

执行 CQL 语句，这里以查询为例：

```
ResultSet rs = session.execute("select * from test_cassandra.users");
```

获取表结构，并显示：

```
for (Definition definition : rs.getColumnDefinitions())
```

```
{
        System.out.print(definition.getName() + "(" +definition.getType()+")" +"\t");
}
        System.out.print("\n");
```

Definition 为每一列的定义信息，这里输出了其名称（definition.getName()）和数据类型（definition.getType()），假设表中存在 id 和 name 两列，则输出结果类似于：

```
id(int)name(varchar)
```

输出查询结果：

```
for (Row row : rs)
{
        System.out.println(String.format("%d\t%s\t", row.getInt("id"), row.getString
("name")));
}
```

语句对查询结果进行了格式化显示。可以看到获取数据需要根据列名和数据类型进行。这里假设查询者已知 id 和 name 两列的数据类型（可以通过 Definition 实例获取）。

将 session.execute 参数换成其他 CQL 语句，即可完成各类操作。其他用法可参考前面提到的官方文档。

6.8.2　通过 Python 访问 Cassandra

Cassandra 提供了 Thrift 接口，并支持 C/C++、C#、PHP、Node.js、Ruby 和 Python 等多种语言。对于 Python 语言，可以使用 cassandra-driver 驱动组件简化连接过程，该组件屏蔽 Thrift 接口的实现细节，用户可以实现对数据库的透明访问。

该驱动组件由 Datastax 公司开发，并托管到 github 上，开源免费，可以采用 pip 方式进行安装：

```
pipinstallcassandra-driver
```

由于 Cassandra 使用 CQL 语言操作数据库，因此通过 Python 3.x 进行访问的过程，实际就是建立和数据库的连接之后，发送 CQL 语句，并获取返回结果的过程。

对代码的解释如下。

（1）建立连接

```
from cassandra.cluster import Cluster
cluster = Cluster(['192.168.209.180'])
cluster.port =9042
session = cluster.connect()
session = cluster.connect('test_cassandra')
```

代码建立一个 Cluster 实例，输入远程 IP 地址（列表）。注意，由于 Cassandra 在分布式部署时采用对等的环形结构，因此 IP 参数支持逗号隔开的地址列表（list）。

代码默认连接 Cassandra 的 9042 端口，如果服务端没有修改过配置，不需要在代码中显示指定。

操作完毕后，应将连接关闭：

```
cluster.shutdown()
```

（2）执行 CQL 语句

首先连接到某个键空间，有两种方法：

```
session = cluster.connect('test_cassandra')
```

或

```
session.execute("use test_cassandra")
```

示例 CQL 语句如下：

```
session.execute("insert into users(id, name) values(1, 'Alice');")
session.execute("insert into users(id, name) values(2, 'Bob');")
rows = session.execute('select * from users')
    for r in rows:
    print(r)
session.execute("delete from users where id=2")
```

简而言之，可以通过 session.execute 传递各种 CQL 语句。

如果执行的语句为 Insert 或 Delete 等，则正确执行或出现小错误时（如重复插入、删除的行数为零），不会有返回值。如果出现重大错误时（如新建的表和已有表重名），会直接抛出异常。可以通过 try/except 结构进行保护和捕捉异常。

如果执行的语句是 select 等，则返回值为二维数组，以上述代码为例，返回结果为：

```
Row(id=1, name='Alice')
Row(id=2, name='Bob')
```

结果也可以用 rows[0].id 或 rows[0][0]等方式使用或显示出来。

有关 cassandra-driver 类库的接口文档，可以参考在线的官方文档（目前是 3.14 版本）。

小结

本章介绍了 Cassandra 的技术原理和基本使用方法。首先介绍了亚马逊的 Dynamo 系统，对其环结构、一致性策略、成员管理和容错性技术等进行了介绍，并介绍了 Cassandra 的底层数据模型等相关技术原理。之后介绍了 Cassandra 的基本安装配置方法，然后介绍了利用 CQL 语言和 cqlsh 环境对 Cassandra 的表和数据进行操作的方法，介绍了 Cassandra 的维护与扩展应用等相关议题。最后，介绍了通过 Java 和 Python 编程访问 Cassandra 的方法。

思考题

1. HBase 和 Cassandra 在架构上有什么不同？各自的架构有什么优缺点？

2. 在 Cassandra 或 Dynamo 的环形架构中，如果添加一个新的节点，其他节点如何获知该事件？如果有节点发生故障，其他节点如何获知？如果该节点的故障是暂时的，可能会产生什么影响？

3. 在部署 Cassandra 集群时，如何配置数据中心和机架？多数据中心对性能会产生何种影响？

4. Cassandra 表中主键分为哪几种类型？如何区分它们？

5. 为什么集合类型作为主键时，必须进行 frozen 限定？计数器列是否可以作为主键？

6. 如果对分簇列进行条件查询，需要采用何种办法？

07 第7章 MongoDB的原理和使用

本章以 MongoDB 为例，介绍文档型数据库的原理和基本使用方法。

MongoDB 使用基于文档的存储模型。和其他 NoSQL 数据库相比，文档型存储模型可以描述更复杂的数据结构，例如在一列中嵌套其他列，或者在文档中嵌套其他文档，这使得 MongoDB 具有很强的数据描述能力。

MongoDB 并非唯一的文档型数据库，但是是该类数据库中最知名且应用最为广泛的。MongoDB 官方并未对其底层原理做过多介绍，但这并不影响 MongoDB 的使用。

在部署方式上，MongoDB 可以进行单机部署，也可以实现分区（分片）和多副本（复制集），还可以实现在单机上部署多个实例。

MongoDB 提供了丰富的操作功能，并提供了命令行操作方式和编程访问方式，但由于没有提供类似 SQL 或 CQL 式的操作语言，其语法规则略显繁杂。

7.1　概述

文档型数据库采用类似 JSON 的方式存储数据，因此可以建立比二维表更复杂的数据结构（称为富数据模型，Rich Data Model），可以实现字段的嵌套和循环等，这是文档型相比键值对、列存储等模式的主要优势。文档型数据库一般也支持分布式架构、支持强横向扩展性、弱一致性、弱事务等特点，这和其他 NoSQL 数据库是类似的。

目前常见的文档型数据库有 MongoDB 和 Apache CouchDB 等。相比较而言，MongoDB 的受关注度更高，一些知名公司如百度、Adobe、EA 等都是其用户。MongoDB 创立于 2007 年，是当前最知名的文档型数据库之一。最初是由美国的一家互联网广告服务商 DoubleClick 的技术团队创建的，目前由独立公司（MongoDB 公司）维护，近几年一致保持稳定的发展态势，每年都会发布新的版本，如图 7-1 所示。

图 7-1　MongoDB 的版本演进

除了易于使用、易于横向扩展等 NoSQL 数据库的常见特点之外，MongoDB 也提供了丰富的功能，例如，支持索引（包括二级索引和地理空间索引）、支持聚合查询，以及支持对大文件的存储与管理等。本章以 MongoDB 为代表介绍文档型数据库。

7.2　MongoDB 的技术原理

7.2.1　文档和集合

从本质上看，MongoDB 是典型的无模式 NoSQL 数据库，MongoDB 会采用"文档"（Document）来表示描述数据的结构。一组文档称为"集合"，可以类比于传统数据库中的"数据表"。但集合是无模式的，不同结构的文档可以归属于一个集合。不过，从使用角度来看，一般会在集合中存储相同结构的文档，以提高查询效率。"文档"实际使用类似 JSON 的方式，例如：

```
{"name": "apple ", "color": "red ", "taste": "sweet"}
```

MongoDB 采用 BSON（Binary JSON）来进行数据存储与编码传输。BSON 可以看作 JSON 的改进，目前已经形成开放标准。其主要优势在于通过改进存储结构，使检索速度更快，例如，BSON 在实际存储时会将各个字段长度存储在字段头部，因此在遍历数据时更容易跳过不需要的数据。此外，BSON 支持多种数据类型，例如字符串、整型、浮点型等，这使得用户操作更加容易。

BSON 支持多种内嵌数据结构，常见类型如下。

（1）ObjectID：对象 ID，每个文档必须拥有一个唯一的 ID。ID 一般为 12 字节二进制数据。包括 4 字节时间戳、3 字节设备 ID、2 字节进程 ID 和 3 字节计数器。

（2）String：utf-8 编码的字符串，在文档中使用双引号引用。

（3）Boolean：布尔值，true 或者 false，在文档中不使用引号引用。

（4）Integer：整数，在文档中不使用引号引用。整数具有 32 位（int）和 64 位（long）两种类型。

（5）Double：浮点数，在文档中不使用引号引用。如果使用 128 位浮点数，则可以使用 Decimal 类型。

（6）Arrays：数组或者列表。

（7）Object：嵌入文档，一个值为一个文档。

（8）Null：空值。

（9）Timestamp：时间戳。

（10）Minkey/Maxkey：BSON 中的最低值和最高值。

（11）Date：UNIX 格式的日期或时间。

（12）BinaryDate：二进制数据，别名为 binData。

BSoN 中还包括正则表达式、JavaScript 代码等。

通过支持 Arrays，文档可以支持嵌套，例如：

```
{
    "name": "apple",
    "color": "red",
    "taste": "sweet",
    Pricelist:[
    {"date":"2018-1-1","price","5.1"},
    {"date":"2018-1-2","price","5.4"},
    {"date":"2018-2-5","price","4.8"}]
}
```

上述结构记录了"apple"价格在多日的变化情况。其中"Pricelist"为一个嵌套文档的列表，内容是日期和价格。

如果利用关系型数据库存储该结构，一般会将"apple"的属性信息与每日价格分别存储为两个数据表，并通过外键建立关联。MongoDB 则利用数据嵌套的方式，在一个表（集合）中描述全部数据关系，这使得在查询时不必使用 join 语句，在单表中即可完成查询。由于在分布式环境中 join 查询的开销较大，因此 MongoDB 的数据结构更适合分布式环境。

7.2.2 分片机制和集群架构

1．分片机制

MongoDB 将数据水平切分机制称为分片（Sharding），MongoDB 支持对文档的自动分片技术。分片的依据是分片键（Shard Keys），类似于 Cassandra 中的分区键。分片键可以由文档的一个或多个字段构成，分片键决定集群中数据分布是否均衡等特性。

MongoDB 支持 3 种分片（片键）策略：升序分片、哈希分片和位置分片。

升序分片会将片键进行升序排序，并在当前分片的数据量达到某个阈值时进行分片，此时所有新写入的数据都分片到最新的数据分片中；哈希分片会将片键进行哈希运算，使数据的分布更均匀，新写入的数据可能会平均分配到所有分片中；位置分片类似于对片键的前缀或字串机型判断，例如，根据 IP 地址的前 2 或 3 个段进行分片，这样具有相同子网 IP 的数据被看作网络位置相同，从而被分到相同的片中。

在分片内部，数据在实际存储时还会被分为更小的块，称为 chunk。一个 chunk 的大小默认为 64M，超过该大小的 chunk 会被分裂为两个新 chunk。如果不同服务器上的 chunk 数量差异较大，MongoDB 可以通过一个称为 balancer 的组件将 chunk 的数量在各节点间平衡。

2. 复制集

MongoDB 支持（分片的）多副本，多副本是以主从备份的形式实现的。MongoDB 中称这种机制为复制集（Replication Set）机制。在这种机制下，主节点（Primary 节点）负责数据的写入和更新。主节点在更新数据的同时，会将操作信息写入日志，称为 oplog（即 HBase 的 Hlog、Cassandra 中的 commit log）。从节点（Secondary 节点）监听主节点 oplog 的变化，并根据其内容维护自身数据的更新，使之和主节点保持一致。

由于数据写入只通过主节点进行，因此不会出现亚马逊 Dynamo 中所描述的多方写入引起的数据版本冲突现象，因此写一致性更好，但写入效率比 Dynamo 中描述的机制略低。

用户既可以由主节点读取数据，也可以由从节点读取数据。注意，此时主从节点之间只能保持数据的最终一致性，如果对数据一致性要求较高，则应该只从主节点读取。这也是一种用户层面上对 CAP 理论中 C 和 A 的权衡。

从节点可能有多个，取决于配置的副本数量。各节点之间需要相互了解、相互通信、相互检测心跳信息等，当主节点宕机时，从节点会检测到该错误，并通过选举等方式（配置数量一半以上的从节点投票通过），使某一个从节点提升为主节点，接管对数据的更新操作。

主节点选举算法称为 Bully 算法，和 Paxos 算法相比，Bully 算法简化很多，不能保证投票议题的唯一性与顺序一致性等。Bully 的大致机制是，每个从节点根据时间戳和优先级等属性将已知节点排序，并认定列表中第一个节点为主节点，这个节点也可以是自己。如果该认定得到半数以上其他节点的共识，则认定选举成功。

MongoDB 中的复制集机制如图 7-2 所示。

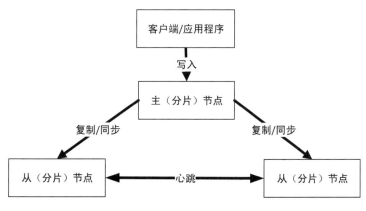

图 7-2　MongoDB 的复制集机制

3. 集群架构

存在分片机制时，MongoDB 集群中存在 3 种基本角色。

负责存储实际数据分片的设备称为 Mongod（或称为 Shard）。如果用户不使用数据分片，例如在单个服务器而非分布式环境中部署 MongoDB，则用户可以直接访问存储数据的 Mongod 服务器。

Mongos 服务器，作为用户访问集群的入口，负责与客户端的交互工作，并在内存中缓存分片数据的存储和路由信息。客户端只要知道 Mongos 服务的入口即可使用整个集群，客户端对集群细节并不关心。一般情况下，Mongos 服务器也兼具平衡存储的 balancer 组件功能。

Config 服务器，负责持久化存储各类元数据和配置信息，当 Mongos 服务器启动时，会通过 Config 服务器读取相关信息并缓存到内存。

在集群中，Mongod 和 Mongos 和 Config 都可以由多台设备构成。

MongoDB 机进行集群化部署的拓扑结构如图 7-3 所示。

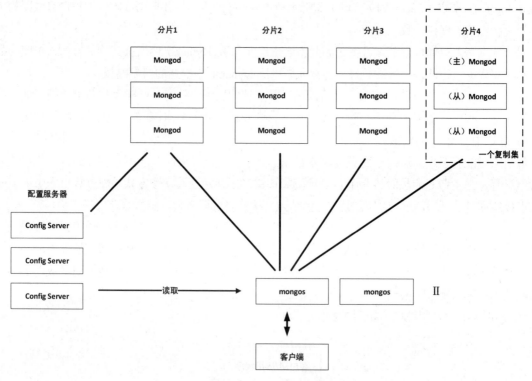

图 7-3　MongoDB 集群架构

4. 存储引擎

MongoDB 支持以下三类存储引擎。

（1）WiredTiger：是目前推荐的存储引擎（MongoDB 3.2 版本之后支持），支持文档级别的多副本和一致性管理、快照和检查点、操作日志、数据压缩等多种特性。

（2）In-Memory：是指将数据存储在内存中，以加速查询，但不进行持久化存储。

（3）MMAPv1：是 MongoDB 早期使用的存储引擎，一般认为其综合性能不如 WiredTiger。但由于存在时间较长，因此它对一些外围组件或第三方插件的支持可能更好。

7.2.3　CouchDB 简介

和之前介绍的 HBase 和 Cassandra 不同，MongoDB 并非 ASF 旗下软件，遵守的开源协议为 GNU 的 AGPL 3.0。CouchDB 则是由 ASF 维护的分布式文档型数据库，遵守的开源协议为 Apache License 2.0。由于同为文档型存储模式，因此经常和 MongoDB 做比较。

二者的宏观设计较为相似，但在细节上存在一定差异，例如，MongoDB 采用 C++语言编写，而 CouchDB 则采用 Erlang 语言编写（最初也是采用 C++编写的）。

在技术选择上，CouchDB 更多地采用通用技术，并考虑和 ASF 其他模块的配合。例如，在网络传输方面，MongoDB 自定了更高效的、基于 TCP/IP 的二进制格式协议，而 CouchDB 则采用了通用的 HTTP/REST 的接口，这使得 WEB 开发人员更容易使用。

在数据存储上，CouchDB 采用通用的 JSON 格式存储和传输数据，并且没有"集合"的概念。

在数据查询方面，MongoDB 支持动态查询，查询时不需要先建立索引，而 CouchDB 不支持动态查询，必须先为查询模式建立视图。

在多副本和数据同步方面，CouchDB 支持多主节点间的数据复制，理论上多个主节点都可以支持写入操作，并且 CouchDB 支持类似 Dynamo 的 MVCC 多版本一致性协调机制。而 MongoDB 只支持主从复制，其一致性更容易维护。

MongoDB 和 CouchDB 都处在持续的发展中，因此其功能和差别也会随之变化。

7.3　安装配置 MongoDB

7.3.1　单机环境部署

MongoDB 可以安装在多种操作系统上，包括多种类型的 Linux 系统、Windows 系统和 MacOS 系统等。

以 CentOS7 系统为例，可以采用 yum 方式进行节点安装。

首先，配置 MongoDB 3.6 的安装源，在/etc/yum.repos.d/文件夹下，建立文本文件 mongodb.repo，内容如下：

```
[mongodb-org-3.6]
name=MongoDB Repository
baseurl=https://repo.mongodb.org/yum/redhat/$releasever/mongodb-org/3.6/x86_64/
gpgcheck=1
enabled=1
gpgkey=https://www.mongodb.org/static/pgp/server-3.6.asc
```

之后可以使用下面命令，进行自动安装：

```
yum install -y mongodb-org
```

安装完毕后，在命令行前台打开 mongod 进程，执行：

```
mongod --dbpath /root/db1/
```

mongod 为 mongodb 中最基本的数据服务进程。--dbpath 参数指定数据存储位置，如果不指定该参数，可能造成进程无法启动。进程使用的端口、配置文件等均使用默认值。

还可以执行：

```
mongod --dbpath /root/db1/ --config /etc/mongod.conf --logpath /var/log/ --port 27020
```

其中--config 指定配置文件位置，--logpath 指定日志位置，注意上述参数所涉及的位置和文件必须是已存在且有足够的访问权限的。--port 参数指定进程开启的端口，而 mongod 的默认端口为 27017。

进程成功启动后，将保持在命令行窗口前台运行，即此时如果关闭命令行窗口，则进程会退出。

该命令也可以加入更多参数，例如指定数据存储位置、日志存储位置或配置文件等。可以通过：

```
mongod --help
```

查看参数列表。

关闭进程可以通过：

```
mongod -shutdown
```

或关闭指定端口号的 monod 进程：

```
mongod -shutdown--port 27017
```

如果希望将 mongod 进程以系统服务方式启动，可以执行：

```
systemctl start mongod.service
```

此时系统使用的配置文件为/etc/mongod.conf，而其他参数为系统默认值，不需要特别指定（或者在配置文件中指定）。其他服务管理指令，如实现开机自启动等，可以参考第 6 章中的类似指令。

启动完毕后，可以执行下面命令启动服务：

```
systemctl start mongod.service
```

也可以参考 Cassandra 章节中的服务启动命令，实现开机自启动等功能。

安装完毕后，可以使用下面命令进入 MongoDB 的 Shell 环境，以验证安装：

```
mongo --host 127.0.0.1:27017
```

如果安装正确，可以进入图 7-4 所示的 Shell 环境。

```
[root@node1 ~]# mongo --host 127.0.0.1:27017
MongoDB shell version v3.6.4
connecting to: mongodb://127.0.0.1:27017/
MongoDB server version: 3.6.4
Server has startup warnings:
2018-05-19T03:40:30.684+0800 I CONTROL  [initandlisten]
2018-05-19T03:40:30.684+0800 I CONTROL  [initandlisten] ** WARNING: Access control is not enabled for the database.
2018-05-19T03:40:30.684+0800 I CONTROL  [initandlisten] **          Read and write access to data and configuration is unrestricted.
2018-05-19T03:40:30.684+0800 I CONTROL  [initandlisten]
2018-05-19T03:40:30.684+0800 I CONTROL  [initandlisten]
2018-05-19T03:40:30.684+0800 I CONTROL  [initandlisten] ** WARNING: /sys/kernel/mm/transparent_hugepage/enabled is 'always'.
2018-05-19T03:40:30.684+0800 I CONTROL  [initandlisten] **          We suggest setting it to 'never'
2018-05-19T03:40:30.684+0800 I CONTROL  [initandlisten]
2018-05-19T03:40:30.684+0800 I CONTROL  [initandlisten] ** WARNING: /sys/kernel/mm/transparent_hugepage/defrag is 'always'.
2018-05-19T03:40:30.684+0800 I CONTROL  [initandlisten] **          We suggest setting it to 'never'
2018-05-19T03:40:30.684+0800 I CONTROL  [initandlisten]
> help
        db.help()                    help on db methods
        db.mycoll.help()             help on collection methods
        sh.help()                    sharding helpers
        rs.help()                    replica set helpers
        help admin                   administrative help
        help connect                 connecting to a db help
        help keys                    key shortcuts
        help misc                    misc things to know
        help mr                      mapreduce

        show dbs                     show database names
        show collections            show collections in current database
        show users                   show users in current database
        show profile                 show most recent system.profile entries with time >= 1ms
        show logs                    show the accessible logger names
        show log [name]              prints out the last segment of log in memory, 'global' is default
        use <db_name>                set current database
        db.foo.find()                list objects in collection foo
        db.foo.find( { a : 1 } )     list objects in foo where a == 1
        it                           result of the last line evaluated; use to further iterate
        DBQuery.shellBatchSize = x   set default number of items to display on shell
        exit                         quit the mongo shell
> quit()
[root@node1 ~]#
```

图 7-4 MongoDB Shell 环境

在 MongoDB 的 Shell 环境中执行：

```
exit
```

或

```
quit()
```

可以退出 Shell 环境。

7.3.2 MongoDB 的配置文件

采用 yum 方式安装软件，配置文件及其位置为/etc/mongodb.conf，该文件为 yaml 格式。进行配置时需要注意空格缩进等格式问题。

配置内容分为几组，常见的组和信息如下。

```
systemLog: #系统日志的相关信息
  path: /var/log/mongodb/mongod.log#日志存储位置
  ......
processManagement:
  fork: true  # 设置为 true 时，进程在后台启动
pidFilePath: /var/run/mongodb/mongod.pid
```

#mongod 进程的 pid 文件（写入）位置。当进行单节点多实例部署时，需要注释掉该语句，则 mongod 进程不会创建 pid 文件；或保证不同实例配置的 pid 文件路径不同，且 pid 文件已存在。

```
storage: #存储位置和引擎等
  dbPath: /var/lib/mongo #存储位置
  journal:
    enabled: true #是否允许存储 journal 日志，journal 日志可用于存储数据恢复
  engine:  #MongoDB 三类存储引擎的配置信息
    mmapv1:
    wiredTiger:
      engineConfig:
        journalCompressor: none #wiredTiger 使用的存储压缩选项，可选择 none、snappy 或 zlib 等。
    inMemory:
net:
#网络连接选项，例如监听地址和端口等。
```

在 MongoDB 中，最基本的 mongod 进程采用的默认端口为 27017。此外，当需要远程访问 MongoDB 或进行集群化部署时，需要将 bindIp 设置为节点的真实外部 IP 地址。

```
port: 27017
bindIp: 127.0.0.1
```

其他配置选项还包括复制集、分片、安全等信息。

7.4 基本命令行操作

7.4.1 Shell 环境

在命令行环境中输入：

```
mongo
```

或

```
mongo --host 127.0.0.1:27017
```

可以进入 MongoDB 的命令行环境，后者指定了要连接的节点地址和端口。

在命令行环境中，执行：

```
help
```

可以看到帮助主题列表，效果如图 7-5 所示。

根据 help 帮助主题列表的提示，执行：

```
db.help()
```

或

```
db.collection.help()
```

可以查看和数据库、集合操作相关的指令列表。

```
> db.help()
DB methods:
        db.adminCommand(nameOrDocument) - switches to 'admin' db, and runs command [just call
        db.aggregate([pipeline], {options}) - performs a collectionless aggregation on this d
        db.auth(username, password)
        db.cloneDatabase(fromhost)
        db.commandHelp(name) returns the help for the command
        db.copyDatabase(fromdb, todb, fromhost)
        db.createCollection(name, {size: ..., capped: ..., max: ...})
        db.createView(name, viewOn, [{$operator: {...}}, ...], {viewOptions})
        db.createUser(userDocument)
        db.currentOp() displays currently executing operations in the db
        db.dropDatabase()
        db.eval() - deprecated
        db.fsyncLock() flush data to disk and lock server for backups
        db.fsyncUnlock() unlocks server following a db.fsyncLock()
        db.getCollection(cname) same as db['cname'] or db.cname
        db.getCollectionInfos([filter]) - returns a list that contains the names and options
        db.getCollectionNames()
        db.getLastError() - just returns the err msg string
        db.getLastErrorObj() - return full status object
        db.getLogComponents()
        db.getMongo() get the server connection object
        db.getMongo().setSlaveOk() allow queries on a replication slave server
        db.getName()
        db.getPrevError()
        db.getProfilingLevel() - deprecated
        db.getProfilingStatus() - returns if profiling is on and slow threshold
        db.getReplicationInfo()
        db.getSiblingDB(name) get the db at the same server as this one
        db.getWriteConcern() - returns the write concern used for any operations on this db,
        db.hostInfo() get details about the server's host
        db.isMaster() check replica primary status
        db.killOp(opid) kills the current operation in the db
        db.listCommands() lists all the db commands
```

图 7-5　进 MongoDB Shell 环境中的帮助信息

MongoDB 的 Shell 环境是基于 Javascript 语言的，除了支持 MongoDB 的各项功能，它还支持标准 Javascript 语法，甚至可以定义函数并进行调用。因此，在 MongoDB 的 Shell 环境中可以完成很多复杂操作。例如定义一个加法函数并调用，如图 7-6 所示。

```
> function plus(a,b){ return a+b}
> c=plus(3,4)
7
>
```

图 7-6　在 MongoDB Shell 中定义函数

MongoDB Shell 环境中的功能较多。受篇幅所限，下面只列举一些常用方法和参数。其他详细语法可以参与 MongoDB 的官方参考文档。

此外，MongoDB shell 环境中还可以使用一个重要的指令：

```
db.runCommand( { <command> } )
```

db.runCommand 指令可以完成多种复杂的数据操作，具体由<command>参数指定。执行效果则与后文介绍的各种方法类似，但语法和具体执行效果均存在差异。例如，下面两条语句是基本等价的，都是进行了一次条件查询（返回 mycol 集合中 item3 字段的数值大于 10 的所有文档）：

```
db.mycol.find({item3:{ $gt:10}})
```

```
db.runCommand({find:"mycol",filter:{item3:{ $gt:10}}})
```

后文介绍的各类数据操作方法类似于第一条语句，这一类方法一般更简洁，也更常用。而第二种利用 runCommand 的方法，相对强大一些，可以配置更多的参数。对于一个确定的集合，这两个语句返回的文档是相同的，但显示效果却有差异，如图 7-7 所示。

```
> db.mycol.find({item3:{ $gt:10}})
{ "_id" : ObjectId("5b26244561143a93402fca24"), "item1" : "first item 3", "item2" : "second item 2", "item3"
: 20, "item4" : [ "small apple", "small banana", "big cherry" ] }
> db.runCommand({find:"mycol",filter:{item3:{ $gt:10}}})
{
        "cursor" : {
                "firstBatch" : [
                        {
                                "_id" : ObjectId("5b26244561143a93402fca24"),
                                "item1" : "first item 3",
                                "item2" : "second item 2",
                                "item3" : 20,
                                "item4" : [
                                        "small apple",
                                        "small banana",
                                        "big cherry"
                                ]
                        }
                ],
                "id" : NumberLong(0),
                "ns" : "mydb.mycol"
        },
        "ok" : 1
}
```

图 7-7　两种不同风格的数据操作方法

db.runCommand 指令还可以完成大量数据库与节点环境的维护与管理工作。

7.4.2　数据库和集合操作

1. 数据库操作

MongoDB 中的文档均归属于某个集合，集合归属于数据库。在实际操作中，可以将集合类比为关系型数据库中的表。

和数据库、集合相关的命令如下。

查看当前连接的服务器：

```
db.getMongo()
```

查看数据库列表：

```
show dbs
```

切换使用某个具体的数据库：

```
use <db>
```

该语句有两个功能，如果<db>指示的数据库存在，则切换使用它；如果目标数据库不存在，则新建并切换。

在执行 use<db>指令后，查看该数据库中的所有集合：

```
show collections
```

以 JSON 方式显示集合名称：

```
db.getCollectionNames()
```

如果需要查看当前数据库中更详细的集合信息，可以执行：

```
db.getCollectionInfos()
```

在执行 use<db>指令后，删除当前数据库，并删除相关数据：

```
db.dropDatabase()
```

显示当前数据库名称：

```
db
```

2. 集合操作

新建集合的指令如下，此时可以设置若干参数：

```
db.createCollection(<name>)
```

参数的解释如下。

name：集合名称，当采用字符串描述集合名称时，需要用双引号包括。例如：

```
db.createCollection("mycol")
```

注意，MongoDB Shell 中对变量名的大小写敏感。

```
db.createCollection("myCol")
```

上面命令仍会新建一个集合，不会报"集合已存在"的错误。

删除集合：

```
db.myCol.drop()
```

其中 **myCol** 需要替换为实际待删除的集合名称。需要注意的是，只有当第一条文档写入时，相关的数据库和集合才会被真正创建出来，否则只是缓存显示而已。

3. 定长集合操作

除了指定名称，新建集合指令还可以附加若干可选参数。例如：

```
db.createCollection("cappedCol",{capped:true,size:10000})
```

该指令建立了一个特殊的集合，可以称之为定长集合，该集合具有 capped:true 属性，即该集合的容量是固定的，只能容纳 10000 个文档。容量会被循环使用，也就是说当写入第 10001 个文档时，它会覆盖第 1 个文档，以此类推。

定长集合可以用于实时监控（只关心最新状态，不断丢弃过期数据），其顺序插入和顺序查询都非常快。

判断一个集合是否为 capped 属性，可以用下面的命令：

```
db.cappedCol.isCapped()
```

7.4.3 基本增删改查操作

1. 文档插入

向集合中插入数据的语法如下：

```
db.COLLECTION_NAME.insert(document)
```

COLLECTION_NAME 需要替换为实际的集合名称，document 则是以 BSON 格式描述的文档格式与内容。注意，集合中的文档可能是不同类型的，因此每次插入都必须指定文档的格式。

指令示例如下（mycol 为集合名称）：

```
db.mycol.insert({
    item1: 'first item',
    item2: 'second item',
    item3 : 1,
    item4: ['apple','banana','cherry']
})
```

查看集合中的全部文档：

```
db.mycol.find()
```

输出效果类似于：

```
{ "_id" : ObjectId("5b01cec83ac830a568244657"), "item1" : "first item", "item2" : "second item", "item3" : 1, "item4" : [ "apple", "banana", "cherry" ] }
```

注意，系统自动生成了 ObjectId。

在插入或更新文档时，可以预先定义文档：

```
doc1={item1: 'item3', item2: 'item4', item3 : 1, item4: ['Beijing','Tianjin','Shanghai','Chongqing']}
```

再进行插入：

```
db.mycol.insert(doc1)
```

效果与直接插入 BSON 字符串时类似。

插入语句可以同时插入多个文档，语法类似于：

```
db.mycol.insert(doc1, doc2)
```

2. 文档查询

返回当前集合的全部文档：

```
db.mycol.find()
db.mycol.find().pretty()
```

其中第二条指令会以易读方式显示结果，如图 7-8 所示。

```
> db.mycol.find()
{ "_id" : ObjectId("5b01cec83ac830a568244657"), "item1" : "first item", "item2" : "second item", "item3" : 1, "item4" : [ "apple", "banana", "cherry" ] }
{ "_id" : ObjectId("5b01d14a3ac830a568244658"), "item1" : "item3", "item2" : "item4", "item3" : 1, "item4" : [ "Beijing", "Tianjin", "Shanghai", "Chongqing" ] }
{ "_id" : ObjectId("5b01d2303ac830a568244659"), "item1" : "first item", "item2" : "second item", "item3" : 1, "item4" : [ "apple", "banana", "cherry" ] }
> db.mycol.find().pretty()
{
        "_id" : ObjectId("5b01cec83ac830a568244657"),
        "item1" : "first item",
        "item2" : "second item",
        "item3" : 1,
        "item4" : [
                "apple",
                "banana",
                "cherry"
        ]
}
{
        "_id" : ObjectId("5b01d14a3ac830a568244658"),
        "item1" : "item3",
        "item2" : "item4",
        "item3" : 1,
        "item4" : [
                "Beijing",
                "Tianjin",
                "Shanghai",
                "Chongqing"
        ]
}
{
        "_id" : ObjectId("5b01d2303ac830a568244659"),
        "item1" : "first item",
        "item2" : "second item",
        "item3" : 1,
        "item4" : [
                "apple",
                "banana",
                "cherry"
        ]
}
```

图 7-8　MongoDB Shell 中的数据查询

3. 文档更新

文档更新的基本语法为：

```
db.collection.update(
    <query>,
    <update>,
    {
        upsert: <boolean>,
        multi: <boolean>,
        writeConcern: <document>
    }
)
```

其中<query>为查询条件。

<update>为更新操作符，常见的操作符为 "$set"，即设置一系列值。

upsert 为布尔型可选项，表示如果不存在可以更新的记录，是否插入一个新值，默认为 false。

multi 为布尔型可选项，表示如果存在多个满足查询条件的记录，是否全部更新，默认值为 false，即只更新第一条满足查询条件的记录。

writeConcern 表示抛出异常的级别，表示是否在出现网络或服务器故障等时刻抛出错误信息，一般使用时可以不做设置。

例如：

```
db.mycol.update( { "item3" : { $gt : 0 } } , { $set : { "item2" : "OK"} } );
db.mycol.update( { "item3" : { $gt : 0 } } , { $set : { "item2" : "OK"} } ,true,true);
```

第一条语句会在满足 item3 大于零的集合中更新一条结果，返回结果类似于：

```
writeResult({ "nMatched" : 1, "nUpserted" : 0, "nModified" : 1 })
```

第二条语句会尝试在没有满足条件的结果时新建一个记录，并且如果有多条满足查询条件的结果，则全部进行更新，假设此时集合中有 3 条数据满足集合条件，返回结果为：

```
writeResult({ "nMatched" : 3, "nUpserted" : 0, "nModified" : 3})
```

如果其中一条数据的 item2 的值已经是 OK，则返回结果为：

```
writeResult({ "nMatched" : 3, "nUpserted" : 0, "nModified" : 2})
```

也就是说对已经符合更新后结果的集合不进行重复更新。

4. 文档删除

删除文档的语法：

```
db.collection.remove(
    <query>,
    justOne: <boolean>
)
```

其中，<query>为查询条件，justOne 为可选的布尔型变量，说明对于满足查询条件的文档是全部删除还是只删除一条，默认参数为 false，即删除全部满足条件的文档。

示例如下：

```
db.collection.remove({"item3":{$gt:0}},true)
```

删除当前集合中的全部文档：

```
db.col.remove({})
```

从上述语法可以看出，在 MongoDB 中并没有主键的概念，任何一个字段都可以作为条件进行增删改查，操作的灵活性很强，这和 Cassandra 具有明显差别。

7.4.4　聚合和管道

聚合操作通过 aggregate 语句实现。aggregate 支持多种比较、逻辑、范围和聚合运算符，并支持多种管道操作。所谓管道，指将前一条语句的结果作为第二条语句的输入，在 MongoDB 中，也可以理解为具体的聚合方法。

常见的管道操作包括：$group、$project 、$match、$sort、$limit 和$skip 等。

常见的聚合运算符包括：$sum、$avg、$min/ $max、$first/ $last 和$push 等。

常见的比较运算符包括：$gt/$lt、$gte/$lte、$ne 等，这些运算符和上一节的用法相同。

此外，aggregate 还支持与、或（$or）、$in/$nin 等逻辑或范围运算符。

1. $group 管道与分组求和

聚合操作的示例语法如下：

```
db.mycol.aggregate({$group : {_id : "$item1", num : {$sum : 1}}})
```

语句中的_id :"$item1"表示以 item1 为聚合条件，_id :不能被省略。"$item1"中的$符号表示 item1 是一个字段，如果删掉该符号，则各个文档的_id 不再是 item1 字段的取值，而是 item1 这个字符串。此外，语句中"$item1"的引号也必须保留。

语句的输出结果包括 item1 和一个用$sum 聚合运算符实现的求和，也就是对文档进行条件分组，并统计每组元素个数。{$sum:1}中的 1 表示倍率，即将计数结果乘以这个数值，因此这个求和的实际结果为分组计数。

该语句的效果类似于下面的 SQL 语句：

```
select item1, count(*) from mycol group by item1
```

类似的语句：

```
db.mycol.aggregate([{$group : {_id : "$item1", num: {$sum:"$item3"}}}])
```

表明在分组后，对各组 item3 进行求和。注意，需要在进行聚合操作的字段名前加上"$"标识。注意，图 7-9 中的 3 次聚合操作，其中第二条语句并未实现正确聚合。

```
> use mydb
switched to db mydb
> db.mycol.aggregate([{$group : {_id : "$item1", nu: {$avg:"item3"}}}])
{ "_id" : "item3", "nu" : null }
{ "_id" : "first item", "nu" : null }
> db.mycol.find()
{ "_id" : ObjectId("5b01cec83ac830a568244657"), "item1" : "first item", "item2" : "OK1", "item3" : 1, "item4" : [ "app
{ "_id" : ObjectId("5b01d14a3ac830a568244658"), "item1" : "item3", "item2" : "OK1", "item3" : 1, "item4" : [ "Beijing"
{ "_id" : ObjectId("5b01d2303ac830a568244659"), "item1" : "first item", "item2" : "OK1", "item3" : 1, "item4" : [ "app
> db.mycol.aggregate([{$group : {_id : "$item1", num: {$sum:"item3"}}}])
{ "_id" : "item3", "num" : 0 }
{ "_id" : "first item", "num" : 0 }
> db.mycol.aggregate([{$group : {_id : "$item1", num: {$sum:"$item3"}}}])
{ "_id" : "item3", "num" : 1 }
{ "_id" : "first item", "num" : 2 }
>
```

图 7-9　MongoDB Shell 中的聚合操作

2. $project、$match、$sort、$limit 和$skip 管道

这几个管道的作用分别如下。

（1）$project：可以看作对显示结果的字段进行调整，语法和约束条件与 find 语句中的 projection 参数基本一致，即利用 1 和 0 实现显示开关。示例语句如下：

```
db.mycol.aggregate({$project:{item1:1,item2:1,item3:1}})
```

（2）$match：过滤输出。语法和约束条件类似于 find 语句中的 query 参数。示例语句如下：

```
db.mycol.aggregate({$match:{"item3":{$gt:1,$lt:15}}})
```

输出结果为 item3 字段在 1 和 15 之间的全部文档，此时会输出全部的列。

（3）$sort：结果排序。示例语句如下：

```
db.mycol.aggregate({$sort:{item2:1}})
```

（4）$limit 和$skip：限制显示结果，以及略过返回结果的前几项。示例语句如下：

```
db.mycol.aggregate({$limit:2},{$skip:1})
```

这几个管道操作独立使用时，可以看作是上一节所述的相似方法的替代，但此处的写法更适合与其他聚合操作配合使用，形成更复杂的查询逻辑。例如：

```
db.mycol.aggregate({$group : {_id : "$item1",num : {$sum : 1}}}, {$sort:{item2:1}},
{$limit:2})
```

效果是首先实现分组显示，之后对结果按 item2 排序，并限制显示数量为 2。

3. $unwind 管道

$unwind 是一个较特殊的操作符，作用是把一个集合列拆分为多个值，这样会将一个文档拆分为多个文档显示。例如有如下文档：

```
{ "_id" : ObjectId("5b26114961143a93402fca22"), "item1" : "first item", "item2" :
"second item", "item3" : 1, "item4" : [ "apple", "banana", "cherry" ] }
```

如果是使用下面语句进行聚合：

```
db.mycol.aggregate({$unwind:"$item4"})
```

显示结果为：

```
{ "_id" : ObjectId("5b26114961143a93402fca22"), "item1" : "first item", "item2" :
"second item", "item3" : 1, "item4" : "apple" }
{ "_id" : ObjectId("5b26114961143a93402fca22"), "item1" : "first item", "item2" :
"second item", "item3" : 1, "item4" : "banana" }
{ "_id" : ObjectId("5b26114961143a93402fca22"), "item1" : "first item", "item2" :
"second item", "item3" : 1, "item4" : "cherry" }
```

可以看出是将 item4 进行了拆分。

4. 常见聚合运算符

常见的聚合运算符包括：

（1）$sum：求和。形式为$sum:1，数值 1 表示倍率，即将计数结果乘以这个数值。

（2）$min/ $max：返回一个极值。示例语句如下：

```
db.mycol.aggregate({$group : {_id : "item1", num : {$max:"$item3"}}})
```

（3）$avg：返回平均值。语法和$min/ $max 类似。注意如果对非数字型字段使用$avg 方法，则会返回 null 值。

（4）$first/ $last：将资源文档排序后，返回第一个或最后一个文档数据。语法和$min/ $max 类似。如果没有进行过排序，则按自然次序返回。

（5）$push：将数值插入到一个数组中。例如：

```
db.mycol.aggregate({$group : {_id : "$item2", item3_group: {$push : "$item3"}}})
```

语句首先以"item2"为条件分组显示。$push 子句说明输出字段中的 item3_group 为一个列表，每一项为该组中一个文档的 item3 数值。

7.4.5　索引操作

1. 维护索引

建立索引可以提高查询效率。MongoDB 支持对一个或多个字段建立索引。

示例语句为：

```
db. mycol.createIndex({"item1":1})
```

其中 createIndex 的参数有两个，前者为字段名，后者 1 表示升序，-1 表示降序。

对多个字段建立复合索引，此时需要对每个字段设置顺序：

```
db.mycol.createIndex({"item1":1," item2":-1})
```

注意对于复合索引，最多可以选择 31 个字段。

creatIndex 指令可以设置多个可选参数：

```
db.mycol.createIndex({"item1":1," item2":-1}, {name: "myindex", background: true})
```

该语句设置了索引的名称为 myindex，并指示在后台建立索引。

其他常用的可选参数如下。

unique：布尔型，表示是否建立唯一索引，默认为 false。

dropdups：布尔型，表示是否删除重复记录，默认为 true。

weights：整数型，取值在 1~99999 之间，表示和其他索引相比较时的权重。

查看某个集合的所有相关索引：

```
db.mycol.getIndexes()
```

删除索引：

```
db.mycol.dropIndex("myindex ")
```

其中 myindex 需要替换为实际的索引名称，可以通过上文的 getIndexes() 命令查询。

删除一个集合的所有索引：

```
db. mycol.dropIndexes
```

对于同一个集合，可以最多建立 64 个索引。建立索引会产生额外的系统开销，此外在进行文档更新和删除时，需要对索引进行维护，此时也会产生系统开销。存储索引会占用额外的硬盘空间。

一般情况下，当所有查询（条件）字段为索引或索引的一部分时，以及所有查询的返回字段都属于同一个索引时，数据无需通过扫描整个文档获得，而是通过索引即可完成查询，此时索引发挥的效果最好。

2．全文索引

MongoDB 还支持建立全文索引，方法是对字符串类型（包括字符串数组类型）的字段建立"text"类型的索引：

```
db. mycol. createIndex ({"item1":"text"})
```

全文索引可以针对多个字段建立，例如：

```
db.mycol.createIndex ({"item1":"text","item2":"text"})
```

此时可以对集合进行全文检索：

```
db. mycol.find({$text:{$search:"first"}})
```

注意，每个集合只能建立一个全文索引。

检索包含多个关键字其中之一的文档：

```
db.mycol.find({$text:{$search:"first second"}})
```

返回结果为任意字段包含"first"或"second"其中之一的记录。

检索包含"first"，但不包含"second"的记录：

```
db.mycol.find({$text:{$search:"first -second"}})
```

检索包含"first item"完整词组的记录：

```
db.mycol.find({$text:{$search:"\"first item\""}})
```

需要注意语句中检索条件的语法格式。

上述全文检索功能只能针对建立全文索引的字段进行。而对于没有建立过索引的字段会被自动忽略。如果集合没有建立过全文索引，则执行查询会产生报错。

3．地理位置索引

MongoDB 还支持一些特殊的索引，例如地理位置索引等。一个简单的例子如下：

建立一个地理信息有关的表，并插入数据：

```
db.createCollection("geo_db")
db.geo_db.insert({"name" : "school", "loc" : [10,20]})
db.geo_db.insert({"name" : "home", "loc" : [10,100]})
db.geo_db.insert({"name" : "mall", "loc" : [100,100]})
db.geo_db.insert({"name" : "park", "loc" : [10,25]})
```

其中最关键的是 loc 字段，内容为一个二维数组，即经纬度信息（经度在前，纬度在后）。注意，合法的经纬度坐标取值范围为从[-179,-179]到[180,180]，超出这个范围的坐标值会产生报错。

建立地理位置索引（2D 索引）：

```
db.geo_db.createIndex({"loc" : "2d"})
```

语法和建立普通索引相类似，"2d"关键字说明了该索引的属性。索引建立后，可以实现$near 等查询方法。

例如，根据距离排序：

```
db.geo_db.find({loc:{$near:[10,20]}})
```

返回结果为：

```
{ "_id" : ObjectId("5b26857f61143a93402fca29"), "name" : "school", "loc" : [ 10, 20 ] }
{ "_id" : ObjectId("5b26859d61143a93402fca2c"), "name" : "park", "loc" : [ 10, 25 ] }
{ "_id" : ObjectId("5b26858a61143a93402fca2a"), "name" : "home", "loc" : [ 10, 100 ] }
{ "_id" : ObjectId("5b26859461143a93402fca2b"), "name" : "mall", "loc" : [ 100, 100 ] }
```

设定最大距离限制：

```
db.geo_db.find({loc:{$near:[10,20],$maxDistance:50}})
```

注意，50 为两点经纬度的数值差异之和，并非精确值，单位也并非米、公里等常见长度单位。由于地球是球体，且维度差异所代表的实际距离会随着维度高低而不同，因此这种简单求差的计算方式必然存在误差，但是当两点距离较近时，误差较小，此时这种粗略的估算方法有利于快速返回所需结果。如果需要精确数值，并进行单位换算，则需要参考相关专业资料。

查找一个矩形范围内节点的例子：

```
db.geo_db.find({"loc":{"$within":{$box:[[1,1],[30,30]]}}})
```

$within 表示在范围内，$box 表示查找矩形区域，参数:[[1,1],[30,30]]可以看作是矩形区域的对角线坐标。

查找一个指定半径的圆形区域内节点的例子：

```
db.geo_db.find({"loc":{"$within":{$center:[[20,20],5]}}})
```

$center 表示查找圆形区域，参数[[20,20],5]表示圆心和半径。

另外一种执行返回最近 n 个节点的方法（利用 runCommand 命令）：

```
db.runCommand({"geoNear":"geo_db","near":[20,20],"num":5})
```

其中一条返回结果为（假设存在一个坐标为[21,21]的位置信息）：

```
{
    "dis" : 1.4142135623730951,
    "obj" : {
        "_id" : ObjectId("5b268de661143a93402fca31"),
        "name" : "school",
        "loc" : [
            21,
            21
        ]
    }
}
```

该方法的好处是得到两点之间的距离信息，即"dis"值，取值为[20,20]到[21,21]的几何距离。

7.4.6 Gridfs 的原理和操作

1. Gridfs 基本原理

MongoDB 中限制文档大小的上限为 16MB。为了支持更大数据（文件）的存储，MongoDB 中自带了一个轻量级的分布式文件系统（或称为存储引擎）——Gridfs。Gridfs 随 MongoDB 安装，可以实现文件分块和分布式存储等。

和 HDFS 这样的典型分布式文件系统不同，Gridfs 并非一个完整或完善的分布式文件系统，Gridfs 实际上仍采用 MongoDB 的文档和集合方式存储分块后的文件——将文件分块存储为两个集合。其中，一个集合称为 files，存储文件和分块的元数据信息。Files 集合的结构如下：

```
{
  "_id" :<ObjectId>,
  "length" :<num>,
  "chunkSize" :<num>,
  "uploadDate" :<timestamp>,
  "md5" :<hash>,
  "filename" :<string>,
  "contentType" :<string>,
  "aliases" :<string array>,
  "metadata" :<any>,
}
```

从字段的英文名称可以看出，字段包括文档 ID、文档长度（字节为单位）、分块大小、（第一个分块的）上传时间、文件 MD5 校验值、MIME 类型、别名信息和其他元数据信息等。

另一个集合称为 trunk，存储数据分块本身。trunk 集合的结构如下：

```
{
  "_id" :<ObjectId>,
  "files_id" :<ObjectId>,
  "n" :<num>,
  "data" :<binary>
}
```

_id 为文档的唯一 id，files_id 为文件 id，n 为当前分块数值（从 0 开始计数），data 为实际数据。Gridfs 的分块较小，默认为 255KB，一般建议直接使用该数值（即 trunk 中"data"的大小），而 trunk 文档大小的上限仍为 16MB。Gridfs 为 trunk 建立索引以加快查询速度。

通常，对于小于 16MB 的文件，建议直接采用二进制方式（binary）将其存储到文档中，而不使用 Gridfs。

2. Gridfs 的基本操作方法

用户可以通过命令行使用 Mongofiles 命令操作 Gridfs，无需关注实现细节。

其基本语法为：

```
mongofiles <options> <command> <filename or _id>
```

执行：

```
mongofiles -help
```

则可以查看该命令可选参数与操作指令。

<options>为可选参数，<command> 为操作指令，<filename or _id>为文件名或 Gridfs 中的存储

id。常用的<command>指令包括以下 5 个。

（1）list：查看文件列表

```
mongofiles -h node1:27017 -d mydb list
```

其中-h 参数表示连接到相应的节点和端口。-d 参数表示连接到哪个数据库。list 操作指令表示显示文件列表。

（2）put：复制文件到 Gridfs

```
mongofiles -h node1:27017 -d mydb put -r -l ./work/data/Steve.txt Steve.txt
```

其中-r 表示覆盖 Gridfs 中的同名文件；-l 参数指定本地文件路径；./work/data/表示这是一个相对路径。最后的 Steve.txt 表示在 Gridfs 之上的文件名。

如果执行：

```
mongofiles -h node1:27017 -d mydb put ./work/data/Steve.txt
```

即不使用-l 参数，此时复制仍会成功，但会在 Gridfs 之上建立一个名为./work/data/Steve.txt 的文件。

（3）get：从 Gridfs 下载文件

```
mongofiles -h node1:27017 -d mydb get -l Steve.txt Steve.txt
```

其中-l 参数表示下载后的本地文件名。

（4）delete：删除文件

```
mongofiles -h node1:27017 -d mydb delete Steve.txt
```

（5）search：查询文件

```
mongofiles -h node1:27017 -d mydb search Ste
mongofiles -h node1:27017 -d mydb search Steve.txt
```

查询文件可以通过模糊匹配进行，例如，第一条语句会查询所有以 Ste 开头的文件。

在首次进行文件复制之后，可以利用上述 list 指令查看 Gridfs 中的文件列表，也可以通过 mongo 命令连接到相应的数据库，在 mongo 环境中执行：

```
show collections;
```

可以看到数据库中多了两个集合：

```
fs.chunks
fs.files
```

执行：

```
db.fs.files.find()
```

可以查看所存储的各个文件的元数据信息。

fs.files 中的文档内容如图 7-10 所示。

```
> show collections;
fs.chunks
fs.files
> db.fs.files.find()
{ "_id" : ObjectId("5b24cf9316454616cf0f7229"), "chunkSize" : 261120, "uploadDate" : ISODate("2018-06-16T08:51:
31.925Z"), "length" : 1361168, "md5" : "d431ed24d6969c0accdbb2c61e40cacf", "filename" : "./work/data/Steve.txt"
 }
>
```

图 7-10　Gridfs 文件在数据库中的存储

fs.chunks 集合也可以利用该方式查看，但其内容为编码后的文件数据分块，一般是冗长且不能被直接理解的。

从上述操作方法可以看出，Gridfs 实际是将文件切分为小块数据，并存储为文档和集合组成的数据结构。如前文所述，Gridfs 提供了一种易用的大文件存储方法，但并非一个完整的分布式文件系统。

7.5　批量操作和数据备份

1.　批量导入导出

MongoDB 提供了两个命令行工具，mongoexport 和 mongoimport，用于实现批量数据的导入导出。导出数据的示例为：

```
mongoexport -h node1:27017 -d mydb -c mycollection -o ./result.txt
```

其中-h 参数指定要连接到的 mongod 或 mongos 进程，-d 和-c 参数分别指定数据库名和集合名称，-o 参数之后则是导出的目的文件。该指令执行之后，mydb. mycollection 集合中的数据将以 JSON 文本的方式导出并存储到 result.txt 文件中。

导入数据的示例为：

```
mongoimport -h node1:27017 -d mydb -c newcollection --file ./result.txt
```

其中目标集合 newcollection 可以是之前不存在的，该语句会新建这个集合，--file 参数则用来指定本地数据文件。

2.　数据库备份和恢复

MongoDB 提供了两个命令行工具，mongodump 和 mongorestore，用于实现数据库的备份与恢复。数据库备份：

```
mongodump -h node1:27017 -d mydb -o ./backup
mongodump -h node1:27017 -d mydb -o, --out="./backup"
```

这两个命令是等价的，其效果是将 mydb 数据库的所有集合备份到当前目录的 backup 子目录下，如果目标目录是之前不存在的，则会被新建出来。

命令被执行后，./backup 目录中会出现一个子目录，名为 mydb，即备份数据库的名字，在该目录下是各个集合，每个集合存储为一个.bson 文件和一个 metadata.json 文件，前者为实际数据文件，后者为元数据文件。执行效果如图 7-11 所示。

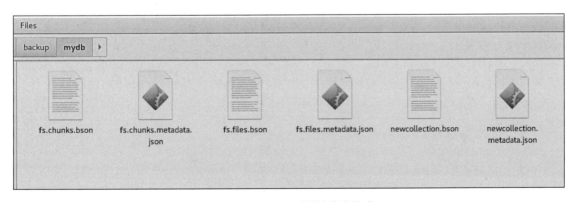

图 7-11　MongoDB 的数据备份格式

数据备份还可以用-c 参数指定集合，以及指示采用 gzip 压缩方式，如：

```
mongodump -h node1:27017 -d mydb -c newcollection -o, --gzip --out "./gzip-backup"
```

执行效果如图 7-12 所示。

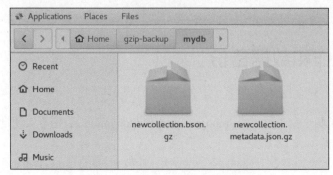

图 7-12　MongoDB 的压缩备份格式

恢复数据：

```
mongorestore -h node1:27017 -d mydb1 --dir ./backup/mydb
```

注意此--dir 参数后为 backup/mydb 目录，目标数据库 mydb1 如果不存在，则会被新建出来。如果备份数据是 gzip 压缩格式，则可以执行：

```
mongorestore -h node1:27017 -d mydb2 --gzip --dir ./gzip-backup/mydb
```

上述 4 个工具都可以通--help 参数查看参数和指令列表。

7.6　MongoDB 集群化部署

MongoDB 支持在单节点或多节点上运行多个实例，这些实例可以组成复制集或分片集。

7.6.1　单机多实例

利用单机多实例机制，可以在单机上模拟进行集群部署。

在单个节点上启动多实例，需要为不同的实例执行端口和数据存放目录。示例语句为：

```
mongod --dbpath /root/db1/ --port 27023
```

该示例命令使用初始配置文件运行，其中不包含任何用户配置，但数据存储位置和端口进行了单独指定。执行效果如图 7-13 所示。

在命令行中执行：

```
mongo --host 127.0.0.1:27023
```

可以连接到该进程。由于使用初始配置，因此该进程监听的主机地址为 bindIp: 127.0.0.1，此时，通过主机名或外部 IP 地址可能无法连接到该进程。注意，此时进程在前台运行，关闭该命令行窗口则进程也会关闭。

另一个示例语句：

```
mongod --dbpath /root/db2/ --config /root/mongod.conf --port 27024
```

该示例语句通过--config 参数指定了配置文件为/root/mongod.conf，并且通过--dbpath 参数指定了数据存储位置为/root/db2/。此外，还可以通过--logpath 为不同实例指定不同的日志存储位置。

配置文件中设置了 bindIp:192.168.209.180（即该主机的真实 IP 地址），以及 fork:true（以后台守护进程方式运行）属性，则可以通过外部地址或主机名访问到该进程：

```
mongo --host node1:27024
```

或

```
mongo -host 192.168.209.180:27024
```

```
[root@node1 ~]# mongod --dbpath ~/db2/ --port 27024
2018-06-10T18:40:33.040+0800 I CONTROL  [initandlisten] MongoDB starting : pid=12342 port=27024 dbpath=/root/db2/ 64-bit host=node1
2018-06-10T18:40:33.041+0800 I CONTROL  [initandlisten] db version v3.6.4
2018-06-10T18:40:33.041+0800 I CONTROL  [initandlisten] git version: d0181a711f7e7f39e60b5aeb1dc7097bf6ae5856
2018-06-10T18:40:33.041+0800 I CONTROL  [initandlisten] OpenSSL version: OpenSSL 1.0.1e-fips 11 Feb 2013
2018-06-10T18:40:33.041+0800 I CONTROL  [initandlisten] allocator: tcmalloc
2018-06-10T18:40:33.041+0800 I CONTROL  [initandlisten] modules: none
2018-06-10T18:40:33.041+0800 I CONTROL  [initandlisten] build environment:
2018-06-10T18:40:33.041+0800 I CONTROL  [initandlisten]     distmod: rhel70
2018-06-10T18:40:33.041+0800 I CONTROL  [initandlisten]     distarch: x86_64
2018-06-10T18:40:33.041+0800 I CONTROL  [initandlisten]     target_arch: x86_64
2018-06-10T18:40:33.041+0800 I CONTROL  [initandlisten] options: { net: { port: 27024 }, storage: { dbPath: "/root/db2/" } }
2018-06-10T18:40:33.041+0800 I -        [initandlisten] Detected data files in /root/db2/ created by the 'wiredTiger' storage engine
2018-06-10T18:40:33.041+0800 I STORAGE  [initandlisten] wiredtiger_open config: create,cache_size=3390M,session_max=20000,eviction=(
false,log=(enabled=true,archive=true,path=journal,compressor=snappy),file_manager=(close_idle_time=100000),statistics_log=(wait=0),v
2018-06-10T18:40:33.828+0800 I STORAGE  [initandlisten] WiredTiger message [1528627233:828605][12342:0x7fa45cb6bb00], txn-recover: M
2018-06-10T18:40:33.906+0800 I STORAGE  [initandlisten] WiredTiger message [1528627233:906212][12342:0x7fa45cb6bb00], txn-recover: R
2018-06-10T18:40:33.954+0800 I STORAGE  [initandlisten] WiredTiger message [1528627233:954335][12342:0x7fa45cb6bb00], txn-recover: R
2018-06-10T18:40:33.995+0800 I STORAGE  [initandlisten] WiredTiger message [1528627233:995763][12342:0x7fa45cb6bb00], txn-recover: S
2018-06-10T18:40:34.012+0800 I CONTROL  [initandlisten]
2018-06-10T18:40:34.012+0800 I CONTROL  [initandlisten] ** WARNING: Access control is not enabled for the database.
2018-06-10T18:40:34.012+0800 I CONTROL  [initandlisten] **          Read and write access to data and configuration is unrestricted
2018-06-10T18:40:34.012+0800 I CONTROL  [initandlisten] ** WARNING: You are running this process as the root user, which is not reco
2018-06-10T18:40:34.012+0800 I CONTROL  [initandlisten]
2018-06-10T18:40:34.012+0800 I CONTROL  [initandlisten] ** WARNING: This server is bound to localhost.
2018-06-10T18:40:34.012+0800 I CONTROL  [initandlisten] **          Remote systems will be unable to connect to this server.
2018-06-10T18:40:34.012+0800 I CONTROL  [initandlisten] **          Start the server with --bind_ip <address> to specify which IP
2018-06-10T18:40:34.012+0800 I CONTROL  [initandlisten] **          addresses it should serve responses from, or with --bind_ip_all
2018-06-10T18:40:34.012+0800 I CONTROL  [initandlisten] **          bind to all interfaces. If this behavior is desired, start the
2018-06-10T18:40:34.012+0800 I CONTROL  [initandlisten] **          server with --bind_ip 127.0.0.1 to disable this warning.
2018-06-10T18:40:34.012+0800 I CONTROL  [initandlisten]
2018-06-10T18:40:34.012+0800 I CONTROL  [initandlisten] ** WARNING: /sys/kernel/mm/transparent_hugepage/enabled is 'always'.
2018-06-10T18:40:34.012+0800 I CONTROL  [initandlisten] **          We suggest setting it to 'never'
2018-06-10T18:40:34.012+0800 I CONTROL  [initandlisten]
2018-06-10T18:40:34.012+0800 I CONTROL  [initandlisten] ** WARNING: /sys/kernel/mm/transparent_hugepage/defrag is 'always'.
2018-06-10T18:40:34.012+0800 I CONTROL  [initandlisten] **          We suggest setting it to 'never'
2018-06-10T18:40:34.012+0800 I CONTROL  [initandlisten]
2018-06-10T18:40:34.019+0800 I FTDC     [initandlisten] Initializing full-time diagnostic data capture with directory '/root/db2/dia
2018-06-10T18:40:34.019+0800 I NETWORK  [initandlisten] waiting for connections on port 27024
2018-06-10T18:40:57.965+0800 I NETWORK  [listener] connection accepted from 127.0.0.1:55562 #1 (1 connection now open)
2018-06-10T18:40:57.967+0800 I NETWORK  [conn1] received client metadata from 127.0.0.1:55562 conn1: { application: { name: "MongoDB
type: "Linux", name: "CentOS Linux release 7.4.1708 (Core) ", architecture: "x86_64", version: "Kernel 3.10.0-693.17.1.el7.x86_64"
```

图 7-13　在单节点上启动多个 mongod 实体（前台运行方式）

成功执行的效果如图 7-14 所示。

```
[root@node1 ~]#
[root@node1 ~]# mongod --dbpath /root/db1/ --config /root/mongod.conf --port 27024
about to fork child process, waiting until server is ready for connections.
forked process: 12266
child process started successfully, parent exiting
```

图 7-14　在单节点上启动多个 mongod 实体（后台守护进程方式）

此时两个实例各自独立运行，并无联系。

对于指定了 --dbpath 属性的进程，在关闭时也需要指定该属性：

```
mongod --shutdown --dbpath /root/dbconf/ --port 27024
```

注意，在进行单机多实例部署时，需要确保各个进程的数据存储位置、pid 文件、所占用端口等参数都是不相同且可用的。

7.6.2　部署复制集

根据 7.2.2 节描述，复制集即一主多从、读写分离的数据库集群，复制集中并不会对表进行水平拆分，只实现了数据多副本。

本节利用单机多实例机制，在单节点（服务器名为 node1）上利用 27024、27025、27026 和 27027 4 个端口开启 4 个实例，模拟多节点场景。

1. 启动 mongod 进程并加入复制集

将 mongod 进程启动为复制集方式，可执行：

```
mongod --dbpath /root/db1/ --config /root/mongod.conf --port 27024 --replSet test_replica_set
```

图 7-15 所示的是用单机多实例方式模拟启动 3 个 mongod 节点，并通过 --replSet（注意大小写）参数将它们加入复制集 test_replica_set。

```
[root@node1 ~]# mongod --dbpath /root/db1/ --config /root/mongod.conf --port 27024  --replSet test_replica_set
about to fork child process, waiting until server is ready for connections.
forked process: 14408
child process started successfully, parent exiting
[root@node1 ~]# mongod --dbpath /root/db2/ --config /root/mongod.conf --port 27025  --replSet test_replica_set
about to fork child process, waiting until server is ready for connections.
forked process: 14458
^[[Achild process started successfully, parent exiting
[root@node1 ~]# mongod --dbpath /root/db3/ --config /root/mongod.conf --port 27026  --replSet test_replica_set
about to fork child process, waiting until server is ready for connections.
forked process: 14504
child process started successfully, parent exiting
[root@node1 ~]#
```

图 7-15　以复制集方式启动三个 mongod 进程

启动上述节点后，再通过 mongo 命令连接到第一个节点：

```
mongo --host node1 --port 27024
```

对复制集进行初始化：

```
rs.initiate({_id:"test_replica_set",members:[{_id :0,host:"node1:27024"},{_id:1,host:"node1:27025"},{_id:2,host:"node1:27026"}]})
```

下面两条语句的执行效果也是相同的：

```
config={_id:"test_replica_set",members:[{_id :0,host:"node1:27024"},{_id:1,host:"node1:27025"},{_id:2,host:"node1:27026"}]}
rs.initiate(config)
```

语句中的 _id 为复制集名称，members 为成员列表，各个成员需要说明其 ID、主机名和端口等信息。

查看执行效果，可以执行下列命令：

```
rs.status()
```

显示复制集和节点（角色）的状态信息，效果如图 7-16 所示。

```
> rs.initiate({_id:"test_replica_set",members:[{_id :0,host:"node1:27024"},{_id:1,host:"node1:27025"},{_id:2,host:"node1:27026"}]})
{
        "ok" : 1,
        "operationTime" : Timestamp(1528657492, 1),
        "$clusterTime" : {
                "clusterTime" : Timestamp(1528657492, 1),
                "signature" : {
                        "hash" : BinData(0,"AAAAAAAAAAAAAAAAAAAAAAAAAAA="),
                        "keyId" : NumberLong(0)
                }
        }
}
test_replica_set:OTHER> rs.status()
{
        "set" : "test_replica_set",
        "date" : ISODate("2018-06-10T19:13:45.126Z"),
        "myState" : 1,
        "term" : NumberLong(1),
        "heartbeatIntervalMillis" : NumberLong(2000),
        "optimes" : {
                "lastCommittedOpTime" : {
```

图 7-16　初始化复制集

或执行：

```
rs.config()
```

显示的内容为复制集和各个节点（角色）配置信息。

用户连接并进行初始化的节点会被设置为主节点（Primary），其他则被自动设置为从节点（Secondary）。在主节点执行：

```
rs.stepDown()
```

会使主节点放弃当前角色，并在集群中重新进行选举。此外执行：

```
rs.stepDown(120)
```

会使当前节点放弃角色，并在 120 秒之内不能被选为主节点。

如果需要为复制集添加新的节点，则需要将新节点以--replSet 参数启动，之后通过 mongo 命令连接到复制集主节点，并执行：

```
rs.add("node1:27027")
```

如果需要删除节点，则可执行：

```
rs.remove("node1:27027")
```

执行成功后，shell 环境的命令提示符会显示所在复制集名称，类似于：

```
test_replica_set:PRIMARY>
```

在执行某些 mongod 管理命令时，可能需要将当前数据库切换到管理数据库（admin database）：

```
use admin
```

可以根据系统报错提示，执行该切换命令，例如出现类似的报错信息时：

removeShard may only be run against the admin database.

2. 管理复制集

rs.status()和 rs.config()的输出结果都是标准的 JSON 格式，因此可以进行赋值、选择显示、数据修改等操作：

```
con=rs.config()
con.members[2].priority=0
con.members[2].hidden=true
rs.reconfig(con)
```

上述 4 条语句首先定义了变量 con，之后将 con 成员列表中的第 3 个（编号从 0 开始）设置为隐藏节点且低优先级。最后一条指令以 con 变量为参数，将该角色的属性进行重设。

对赋值集各节点的属性进行操作时，需要满足相关的约束条件。图 7-17 中对 votes 属性进行了两次设置，其中第二次设置了一个非法的数值-1，可以从图中看到报错信息（errmsg）：

```
test_replica_set:PRIMARY> con.members[1].votes=1
1
test_replica_set:PRIMARY> rs.reconfig(con)
{
        "ok" : 1,
        "operationTime" : Timestamp(1528951719, 1),
        "$clusterTime" : {
                "clusterTime" : Timestamp(1528951719, 1),
                "signature" : {
                        "hash" : BinData(0,"AAAAAAAAAAAAAAAAAAAAAAAAAAA="),
                        "keyId" : NumberLong(0)
                }
        }
}
test_replica_set:PRIMARY> con.members[1].votes=-1
-1
test_replica_set:PRIMARY> rs.reconfig(con)
{
        "ok" : 0,
        "errmsg" : "votes field value is -1 but must be 0 or 1",
        "code" : 103,
        "codeName" : "NewReplicaSetConfigurationIncompatible",
        "operationTime" : Timestamp(1528951719, 1),
        "$clusterTime" : {
                "clusterTime" : Timestamp(1528951719, 1),
                "signature" : {
                        "hash" : BinData(0,"AAAAAAAAAAAAAAAAAAAAAAAAAAA="),
                        "keyId" : NumberLong(0)
                }
        }
}
test_replica_set:PRIMARY>
```

图 7-17　对复制集角色属性进行设置

查看集群管理的所有命令列表与描述，可以执行：

```
rs.help()
```

3. 节点属性

利用复制集可以实现主节点故障恢复，这是基于分布式选举机制实现的。可以通过设置各个从节点的属性来调整选举过程。从节点的属性可以通过 rs.config()命令查看，效果如图 7-18 所示。

```
{
    "_id" : "test_replica_set",
    "version" : 8,
    "protocolVersion" : NumberLong(1),
    "members" : [
            {
                    "_id" : 1,
                    "host" : "node1:27025",
                    "arbiterOnly" : false,
                    "buildIndexes" : true,
                    "hidden" : true,
                    "priority" : 0,
                    "tags" : {

                    },
                    "slaveDelay" : NumberLong(0),
                    "votes" : 0
            },
            {
                    "_id" : 2,
                    "host" : "node1:27026",
                    "arbiterOnly" : false,
                    "buildIndexes" : true,
                    "hidden" : false,
                    "priority" : 1,
                    "tags" : {

                    },
                    "slaveDelay" : NumberLong(0),
                    "votes" : 1
            },
```

图 7-18　复制集中节点的属性

属性的解释如下。

（1）_id 和 host：节点的 id、所属的物理主机和端口。其中_id 不能手动修改。

（2）arbiterOnly：仲裁者只参与投票，但不能被选举为主节点，此外也不从主节点同步数据。为复制集添加仲裁者角色，首先将新角色以--replSet 参数启动，并通过 mongo 命令连接到复制集主节点执行：

```
rs.addArb("node1:27028")
```

执行成功后，可以看到该节点的 arbiterOnly 属性为 true。目前不支持将复制集中的仲裁者角色与普通角色相互转换，只能将节点移出复制集，再以新属性重新加入。

（3）priority：候选优先级。默认情况下，节点的 priority 属性为 1，可以设置的范围为 0 到 1000。当 priority 设置为 0 时，该节点无法被选为主节点。

（4）vote：投票优先级，可设置为 1 或 0。设置为 0 时，该节点不参与投票，该节点必须同时也是 priority 为 0 的节点。

（5）hidden：是否为隐藏节点，可设置为 true 或 false。对客户端或不可见的节点，不能被选为主节点，一般用来做离线任务或数据备份。隐藏节点必须同时也是 priority 为 0 的节点。

（6）buildIndexes：是否允许该节点构建索引。对于备份节点等，可以设置为 false，以节省存储开销。一旦将该属性设置为 false，就不能再设置为 true。

（7）tags：内容为文档型数据，但对内部格式没有要求。tags 可以用来实现节点分组，甚至机架感知等配置。

（8）slavesDelay：设置值为整数。表示该（从）节点和主节点的同步延迟，即该节点会和主服务器同步前一段时间的数据，而非当前数据，其作用是实现错误回滚等功能。

对从节点属性的操作，需要满足上述约束条件。

7.6.3　部署分片集

分片即数据表的横向拆分机制，在 Cassandra 和 HBase 等 NoSQL 数据库中也都有类似机制。MongoDB 中通过 Mongos 服务器实现分片路由，通过 Config 服务器存储分片和配置信息，详情可参见图 7-2。

本节利用单机多实例机制，在单节点（服务器名为 node1）的 27020、27021、27029 和 27030 4 个端口开启 4 个实例，模拟 4 台物理节点。将 27020、27021 端口实例规划为两个分片服务器，27030 端口实例规划为 mongo 分片控制器，27029 端口实例规划为 config 服务器。

1．部署分片集

首先部署 config 服务器，示例语句如下：

```
mongod --dbpath /root/conf/ --config /root/mongod.conf --port 27029 -configsvr --replSet
config
```

该语句在 27029 端口开启一个实例，--configsvr 参数表明启动为 config 服务器，--replSet config 参数指示该实例归属于一个名为 config 的复制集中（同时也是配置数据库名）。

由于使用了复制集，因此可以根据上一节的方法，在 config 复制集中添加更多的节点，实现配置信息的冗余存储。同样由于使用了复制集，还需要根据上一节的方法将复制集初始化：

```
mongo --host node1 --port 27029
```

连接该实例，进入 shell 环境，并执行：

```
rs.initiate()
```

由于本例中的 config 复制集只有一台服务器，因此 rs.initiate()中不需要添加其他参数。

开启一个系统命令行窗口执行：

```
mongos --configdb config/node1:27029 --port 27030
```

该命令开启了一个 mongos 进程，注意该命令会在前台打开 mongos 进程，可以从命令行窗口观察进程控制台输出，但如果该命令行窗口关闭，则进程也会关闭。命令中的 config/node1:27029 指明配置服务数据库名称为 config，该名称必须和 config 服务器中的配置相同，/之后则为 config 服务器的访问地址和端口，如果该地址输入错误或 config 服务器状态异常，mongos 实例也无法正常工作。

在同一个分片集群中，mongos 实例可以有多个，由于 mongos 本身并不存储数据，而是访问 config 服务获取分片信息，因此访问任何一个 mongos 的后续操作效果都是相同的。

正确启动 mongos 的效果如图 7-19 所示。

启动两个数据节点进程（提前确认数据存储位置和配置文件都是可用的）：

```
mongod --dbpath /root/db10/ --config /root/mongod.conf --port 27020
mongod --dbpath /root/db11/ --config /root/mongod.conf --port 27021
```

（在 mongo 进程所在服务器）执行下面命令，连接到之前配置的 mongos：

```
mongo --port 27030
```

在 shell 界面中执行下面两条命令，将两个节点加入到分片集：

```
sh.addShard("node1:27020")
sh.addShard("node1:27021")
```

```
[root@node1 ~]# mongos --configdb config/node1:27029 --port 27030
2018-06-14T21:04:46.155+0800 W SHARDING [main] Running a sharded cluster with fewer than 3 config servers should only be done for
n.
2018-06-14T21:04:46.160+0800 I CONTROL  [main]
2018-06-14T21:04:46.160+0800 I CONTROL  [main] ** WARNING: Access control is not enabled for the database.
2018-06-14T21:04:46.160+0800 I CONTROL  [main] **          Read and write access to data and configuration is unrestricted.
2018-06-14T21:04:46.160+0800 I CONTROL  [main] ** WARNING: You are running this process as the root user, which is not recommende
2018-06-14T21:04:46.160+0800 I CONTROL  [main]
2018-06-14T21:04:46.160+0800 I CONTROL  [main] ** WARNING: This server is bound to localhost.
2018-06-14T21:04:46.160+0800 I CONTROL  [main] **          Remote systems will be unable to connect to this server.
2018-06-14T21:04:46.160+0800 I CONTROL  [main] **          Start the server with --bind_ip <address> to specify which IP
2018-06-14T21:04:46.160+0800 I CONTROL  [main] **          addresses it should serve responses from, or with --bind_ip_all to
2018-06-14T21:04:46.160+0800 I CONTROL  [main] **          bind to all interfaces. If this behavior is desired, start the
2018-06-14T21:04:46.160+0800 I CONTROL  [main] **          server with --bind_ip 127.0.0.1 to disable this warning.
2018-06-14T21:04:46.160+0800 I CONTROL  [main]
2018-06-14T21:04:46.160+0800 I SHARDING [mongosMain] mongos version v3.6.4
2018-06-14T21:04:46.160+0800 I CONTROL  [mongosMain] git version: d0181a711f7e7f39e60b5aeb1dc7097bf6ae5856
2018-06-14T21:04:46.160+0800 I CONTROL  [mongosMain] OpenSSL version: OpenSSL 1.0.1e-fips 11 Feb 2013
2018-06-14T21:04:46.160+0800 I CONTROL  [mongosMain] allocator: tcmalloc
2018-06-14T21:04:46.160+0800 I CONTROL  [mongosMain] modules: none
2018-06-14T21:04:46.160+0800 I CONTROL  [mongosMain] build environment:
2018-06-14T21:04:46.160+0800 I CONTROL  [mongosMain]     distmod: rhel70
2018-06-14T21:04:46.160+0800 I CONTROL  [mongosMain]     distarch: x86_64
2018-06-14T21:04:46.160+0800 I CONTROL  [mongosMain]     target_arch: x86_64
2018-06-14T21:04:46.160+0800 I CONTROL  [mongosMain] db version v3.6.4
2018-06-14T21:04:46.160+0800 I CONTROL  [mongosMain] git version: d0181a711f7e7f39e60b5aeb1dc7097bf6ae5856
2018-06-14T21:04:46.160+0800 I CONTROL  [mongosMain] OpenSSL version: OpenSSL 1.0.1e-fips 11 Feb 2013
2018-06-14T21:04:46.160+0800 I CONTROL  [mongosMain] allocator: tcmalloc
2018-06-14T21:04:46.160+0800 I CONTROL  [mongosMain] modules: none
2018-06-14T21:04:46.160+0800 I CONTROL  [mongosMain] build environment:
2018-06-14T21:04:46.160+0800 I CONTROL  [mongosMain]     distmod: rhel70
2018-06-14T21:04:46.160+0800 I CONTROL  [mongosMain]     distarch: x86_64
2018-06-14T21:04:46.160+0800 I CONTROL  [mongosMain]     target_arch: x86_64
2018-06-14T21:04:46.160+0800 I CONTROL  [mongosMain] options: { net: { port: 27030 }, sharding: { configDB: "config/node1:27029"
2018-06-14T21:04:46.161+0800 I NETWORK  [mongosMain] Starting new replica set monitor for config/node1:27029
2018-06-14T21:04:46.162+0800 I SHARDING [thread1] creating distributed lock ping thread for process node1:27030:1528981486:836038
2018-06-14T21:04:46.162+0800 I NETWORK  [mongosMain] Successfully connected to node1:27029 (1 connections now open to node1:27029
```

图 7-19　启动 mongos 进程

效果如图 7-20 所示。

```
mongos> sh.addShard("node1:27020")
{
        "shardAdded" : "shard0000",
        "ok" : 1,
        "$clusterTime" : {
                "clusterTime" : Timestamp(1528981623, 3),
                "signature" : {
                        "hash" : BinData(0,"AAAAAAAAAAAAAAAAAAAAAAAAAAA="),
                        "keyId" : NumberLong(0)
                }
        },
        "operationTime" : Timestamp(1528981623, 3)
}
mongos> sh.addShard("node1:27021")
{
        "shardAdded" : "shard0001",
        "ok" : 1,
        "$clusterTime" : {
                "clusterTime" : Timestamp(1528981626, 2),
                "signature" : {
                        "hash" : BinData(0,"AAAAAAAAAAAAAAAAAAAAAAAAAAA="),
                        "keyId" : NumberLong(0)
                }
        },
        "operationTime" : Timestamp(1528981626, 2)
}
```

图 7-20　将节点加入分片集

操作完成后，可以通过下面 3 个命令查看分片效果：

```
db.printShardingStatus()
sh.status()
db.runCommand({ listshards : 1})
```

效果如图 7-21 所示。

```
mongos> db.printShardingStatus()
--- Sharding Status ---
  sharding version: {
        "_id" : 1,
        "minCompatibleVersion" : 5,
        "currentVersion" : 6,
        "clusterId" : ObjectId("5b2263e2fb98617645b0464f")
  }
  shards:
        {  "_id" : "shard0000",  "host" : "node1:27020",  "state" : 1 }
        {  "_id" : "shard0001",  "host" : "node1:27021",  "state" : 1 }
  active mongoses:
        "3.6.4" : 1
  autosplit:
        Currently enabled: yes
  balancer:
        Currently enabled:  yes
        Currently running:  no
        Failed balancer rounds in last 5 attempts:  0
        Migration Results for the last 24 hours:
                No recent migrations
  databases:
        {  "_id" : "config",  "primary" : "config",  "partitioned" : true }
                config.system.sessions
                        shard key: { "_id" : 1 }
                        unique: false
                        balancing: true
                        chunks:
                                shard0000          1
                        { "_id" : { "$minKey" : 1 } } -->> { "_id" : { "$maxKey" : 1 } } on : shard0000 Timestamp(1, 0)
```

图 7-21　查看分片集信息

有关该分片集的信息存储在名为 config 的数据库中，用户可以通过 mongo 命令连接到 mongos 服务器，并通过下列语句查看 config 数据库中的集合：

```
use config
show collections
```

现在，一个分布式分片集被创建出来了。

2. 在分片集中建立数据库表

在分片集中建立一些数据库表。

```
sh.enableSharding("test_shard_db")
sh.shardCollection("test_shard_db.testcollection",{testshardkey:1})
```

这两个语句首先建立一个允许分片的数据库 test_shard_db，并在数据库中建立一个名为 testcollection 的集合，并指定集合中存在一个名为 testshardkey 的字段作为分片键，该分片键为范围片键，使用下面语句则可以建立哈希片键：

```
sh.shardCollection("test_shard_db.testcollection",{testshardkey: "hashed"})
```

主要差别在于，判断分片归属时是否会对分片键字段进行哈希运算。

虽然在 MongoDB 的数据表中，集合中的文档结构可以是任意的，但在数据分片场景下，要保障集合中的每个文档都具有 testshardkey 字段，才能实现自动分片。

当设置分片后，客户端或应用程序需要连接到 mongos 实例，以便无缝访问所有分片的数据。如果客户端直接连接到某个 mongod 实例，则只能访问该实例中所存储的分片数据，即只能访问集合中的部分数据。除此之外，分片后的数据库和集合在操作方法上与无分片情况下的基本相同。

使用下列语句可以查看某个数据库是否存在支持分片状态：

```
use config
db.databases.find( { "partitioned": true } )
```

或

```
db.databases.find()
```

可以查看所有数据库的分片状态。执行：

```
db.collections.find()
```

则可以查看该数据库中所有的片键。

或者通过命令：

```
use test_shard_db
db.runCommand({isdbgrid:1})
```

也可以检验 test_shard_db 数据库是否为分片状态。当输出中含有下面字段时：

```
"isdbgrid" : 1
```

表示该数据库处在分片状态。

3. 管理分片

在 mongo 环境中，可以利用 addShard 语句持续添加新的分片服务器，移除某个分片节点可以执行：

```
use admin
db.runCommand( { removeShard: " node1:27020" } )
```

由于移除分片节点需要将该节点所管理的数据移动到其他节点上，因此移除过程可能需要花费较长时间，此时应尽量避免对被移除节点做其他操作。removeShard 指令可以被重复执行。当语句第一次执行时，系统启动清空节点数据的工作，此时提示信息类似于：

```
{
        "msg" : "draining started successfully",
        "state" : "started",
        "shard" : "shard0001",
        "note" : "you need to drop or movePrimary these databases",
        "dbsToMove" : [ ],
        "ok" : 1,
        "$clusterTime" : {
            "clusterTime" : Timestamp(1528996277, 3),
            "signature" : {
                "hash" : BinData(0,"AAAAAAAAAAAAAAAAAAAAAAAAAAA="),
                "keyId" : NumberLong(0)
            }
        },
        "operationTime" : Timestamp(1528996277, 3)
}
```

重复执行 removeShard 语句，则上面的提示信息会反复出现，但 state 内容可能变为 ongoing，指示清空节点的工作正在进行。当 state 内容变为 completed 时，则表示清空和移除操作已经完成，此时可以通过 sh.status()等语句检验效果。

4. 分片集和复制集的联合配置

将两种机制联合配置的基本思路是，先建立多个副本集，然后将复制集作为整体建立一个分片。举例来说，假设存在两个复制集：repset1 和 repset2，其成员关系如表 7-1 所示。

表 7-1　　　　　　　　　　　repset1 和 repset2 复制集成员关系

复制集	repset1	repset1
成员	Node1:27050	Node1:27051
	Node2:27050	Node2:27051
	Node3:27050	Node3:27051

如果希望将 repset1 和 repset2 配置为两个分片，则需要首先根据前文描述，建立 config 服务器和

mongos 实例，并连接到 mongos 服务器，执行：

```
sh.addShard("repset1/node1:27050, node2:27050, node3:27050")
sh.addShard("repset2/node1:27051, node2:27051, node3:27051")
```

之后仍根据前文描述，执行后续的必要操作，则可以在集群中建立两个分片，每个分片由一个复制集进行冗余存储，这样既实现了数据的水平切分，又实现了冗余存储。

7.7　通过 Java 访问 MongoDB

MongoDB 官方网站提供了 Java 语言驱动包（本例中使用 3.7.1 版本）。驱动包可以通过 github 网站下载。MongoDB 提供了多种编程访问方法。

方法一，同步调用方式（调用后阻塞进程，等待返回结果），使用下面的组件包：

```
mongo-java-driver-3.7.1.jar
```

该 jar 包为 uber 模式，即单个包中集成了所有相关类库，将其导入到 Java 工程的 classpath 路径下，即可进行编程工作。

方法二，另一种同步调用方式，使用下面的组件包：

```
mongodb-driver-core-3.7.1.jar
mongodb-driver-sync-3.7.1.jar
bson-3.7.1.jar
```

MongoDB 比较推崇该方法（在 3.7 版本之后）。其中 mongodb-driver-sync 包提供了同步的方法封装，mongodb-driver-core 包为底层驱动，bson 包则提供了 bson 数据结构的操作和封装方法。使用时需要将 3 个包导入到工程的 classpath 路径下。

方法三，异步调用方式（调用后立即返回，通过回调函数获取结果），使用下面的组件包：

```
mongodb-driver-core-3.7.1.jar
mongodb-driver- async -3.7.1.jar
bson-3.7.1.jar
```

mongodb-driver-async 提供异步调用接口。使用方法和方法二相同。

7.7.1　表和数据操作

本例中主要介绍同步调用方式，下面对代码进行简单介绍。

1. 需要 import 的基础性类库

要完成完整的增删改查等操作，需要 import 的类库很多，这里首先介绍以下一些基础性的类库。

和连接数据库、建立客户端有关的类库：

```
import com.mongodb.ConnectionString;
import com.mongodb.client.MongoClient;
import com.mongodb.client.MongoClients;
```

和数据库、集合与 bson 文档操作有关的类库：

```
import com.mongodb.client.MongoDatabase;
import com.mongodb.client.MongoCollection;
import org.bson.Document;
```

和游标有关的类库（主要用于查询遍历）：

```
import com.mongodb.client.MongoCursor;
```

其他可能需要的 Java 标准库可以根据编程需要进行添加，这里不再赘述。

2. 建立连接

连接到节点：

```
MongoClient mongoClient = MongoClients.create
("mongodb://192.168.209.180:27020");
```

如果连接到复制集，可以输入多个节点地址，中间用逗号隔开：

```
MongoClient mongoClient = MongoClients.create
("mongodb://192.168.209.180:27020, 192.168.209.180:27021");
```

切换到 testdb 数据库和 testcollection 集合，如果数据库或集合不存在，则新建：

```
MongoDatabase db = mongoClient.getDatabase("testdb");
MongoCollection col = db.getCollection("testcollection");
```

之后即可进行增删改查操作。

其他一些相关语句如下。

删除数据库或集合：

```
db.drop();
col.drop();
```

关闭客户端连接：

```
mongoClient.close();
```

3. 定义 BSON 文档

定义 BSON 文档，并追加内容：

```
Document doc1 = new Document("name", "some fruits").append("count_of", 3)
    .append("varieties", Arrays.asList("banana","cherry","orange"));
```

doc1 为 org.bson.Document 类型，该类型实际为一个列表，每项有两个元素，前者为字段名，后者为值。新建实例后，重复使用 append 方法，依次追加多组数据。

Document 类型也可以通过字符串转换获得，字符串必须符合 Document 所需的格式：

```
Document doc2 = Document.parse({ "name" : "more fruits", "count_of" : 3, " varieties " :
    "['banana','cherry','orange']" });
```

还可以定义 DBObject 类型，并转换为 Document 类型：

```
DBObject obj1= new BasicDBObject();
obj1.put("name", "more fruits");
obj1.put("count_of", 3);
obj1.put("varieties ", "['banana','cherry','orange']");
Document doc3 = Document.parse(obj1.toString());
```

注意 DBObject 和 BasicDBObject 包需要预先 import。

```
import com.mongodb.DBObject;
import com.mongodb.BasicDBObject;
```

4. 插入数据、修改数据和删除数据

插入一条数据：

```
col.insertOne(doc1);
```

插入多条数据，需要首先定义一个 Document 列表：

```
List<Document> documents = new ArrayList<Document>();
```

在列表中加入若干 Document 元素：

```
documents.add(doc2);
```

执行插入：

```
col.insertMany(documents);
```

删除一条或多条数据，参数为 Document 类型的删除条件：

```
col.deleteOne(doc1);
col.deleteMany(new Document("name", "some fruits"));
```

deleteOne 和 deleteMany 的差别是前者在所有满足条件的文档中删除一条，而后者是删除全部。

更新一条数据：

```
col.updateOne(eq("name", "more fruits"), new Document("$set", new Document("count_of", 4)));
```

该语句中有两个参数。前一个参数表示更新 Text 等于 eq"more fruits"的文档，后一个参数为一个文档，该文档使用$set 参数，修改当前值。$set 参数是一个文档类型，内容为字段和修改后的值。

类似的语句如下，利用 updateMany 更新所有符合条件的数据：

```
col.updateMany(eq("name", "more fruits"),new Document("$inc", new Document("count_of", 1)));
```

语句中的$inc 方法使数字类型元素的数值累加。

上面语句还可以写成：

```
UpdateResult updateResult = col.updateMany(lt("count_of", 3), inc("count_of", 1));
```

为了使用语句中的 inc 方法，以及使用 lt、gt 或 eq 等逻辑运算符，需要 import 相应的包，语句如下：

```
import static com.mongodb.client.model.Filters.*;
import static com.mongodb.client.model.Updates.*;
```

更新列表类型：

```
col.updateMany(eq("name", "more fruits"), new Document("$push", new Document("varieties",
"grape")));
    col.updateMany(eq("name", "more fruits"), new Document("$pop", new Document("varieties",
-1)));
```

根据之前的定义，Array 是一个列表类型。语句通过$push 追加元素，通过$pop 删除列表中的元素。$pop 参数中的-1 表示删除第一个列表元素，如果设置为 1 则删除列表中的最后一个元素。

5. 查询数据

利用游标（MongoCursor）类型实现数据查询和遍历显示：

```
Document myDoc = (Document) col.find(eq("Text", "more fruits")).iterator();
    MongoCursor<Document> cursor = col.find().iterator();
    try {
        while (cursor.hasNext()) {
            System.out.println(cursor.next().toJson());
        }
    } finally {
        cursor.close();
    }
```

从代码可以看出，游标的每一项为一个 Document 类型。Find()方法的参数为查询条件，eq 表示等式比较关系，参数为比较的 Document 元素。toJson()方法将 Document 转换为 Json 字符串。

对查询结果进行排序：

```
Document myDoc = (Document) col.find(eq("Text", "more fruits")).sort(descending("count_
of")).first();
```

本例只输入了第一个 Document 元素。注意，为了在 sort 中使用 descending 运算符，需要 import 相应的包：

```
import static com.mongodb.client.model.Sorts.*;
```

一个复杂一些的例子：

```
cursor = col.find(and(gt("count_of", 1), lt("count_of", 10))).projection(include("name",
```

```
"count_of")).projection(excludeId()).iterator();
```

本例中设置了两个比较条件，两个条件的关系为"与"（and）。

语句中设置了两个 projection 条件，其一为结果中包含的列（include），另一个 excludeId()条件则表示不显示 id 列。projection 条件中最常用的为 include 和 exclude，但这两者不能同时应用于同一个语句。注意，为了使用 projection（include 和 exclude），需要 import 相应的包：

```
import static com.mongodb.client.model.Projections.*;
```

本节代码仿照了 MongoDB 官方在 github 上给出的例程。

6. 异步调用

异步调用方法和本例介绍的同步调用方法类似，所使用的语句基本都是相同的，但需要利用回调函数（Callback）获取结果。此外，如果涉及多线程编程，则需要对时序、锁等问题进行控制。以查询为例，参考代码如下：

```
collection.find().first(new SingleResultCallback<Document>() {
            @Override
            public void onResult(final Document document, final Throwable t) {
                System.out.println(document.toJson());
            }
        });
```

7.7.2 Gridfs 操作

操作 Gridfs 需要导入下列库包：

```
import com.mongodb.client.gridfs.*;
import com.mongodb.client.gridfs.model.*;
```

操作 Gridfs 也需要首先连接到相应的数据库，这里不再赘述，之后需要建立一个 GridFSBucket 对象：

```
GridFSBucket gridFSBucket = GridFSBuckets.create(database);
```

该对象用来进行后续的上传、下载和改名、删除等操作。

下面对基本操作代码进行简单介绍。

1. 上传文件

基本思路是将待上传的文件写入一个流，再将其写入 Gridfs，实例如下。

首先定义一个字符串（Hello World），并进行 UTF8 编码。

```
InputStream streamToUploadFrom = new ByteArrayInputStream("Hello
World".getBytes(StandardCharsets.UTF_8));
```

利用 uploadFromStream 方法上传字符串（streamToUploadFrom）到 Gridfs，文件名为 testfile，返回值为文件 id。采用默认上传参数（GridFSUploadOptions）：

```
ObjectId fileId = gridFSBucket.uploadFromStream("testfile", streamToUploadFrom,
new GridFSUploadOptions());
```

最后关闭该流：

```
streamToUploadFrom.close();
```

如果以比特流方式上传文件（如图片等），方法如下。

构造一个示例比特流：

```
byte[] data = " Hello World ".getBytes(StandardCharsets.UTF_8);
```

利用 openUploadStream 方法打开一个上传流：

```
GridFSUploadStream uploadStream = gridFSBucket.openUploadStream("testfile2");
```

写入示例比特流：

```
uploadStream.write(data);
```

关闭上传流。

```
uploadStream.close();
```

2.　查询文件

利用游标实现遍历文件（名），类似于普通文档的遍历查询过程：

```
GridFSFindIterable gft = gridFSBucket.find();
    MongoCursor<GridFSFile> cursor = gft.iterator();
    try {
            while (cursor.hasNext()) {
            System.out.println(cursor.next().getFilename());
            }
    } finally {
        cursor.close();
    }
```

注意 cursor.next() 实际为 GridFSFile 对象，可以从该对象获取文件名、id 等信息，这些信息存储在相应的 fs.files 集合中。

进行条件查询：

```
gridFSBucket.find(eq("filename"," testfile"))
```

查询过程实际是对 fs.files 集合进行的，可以通过命令行等方式查看该集合的结构，并将其字段用作查询条件。

3.　下载文件

方式一：写入字符串。需要先在本地建立一个文件流：

```
streamToDownloadTo = new FileOutputStream("./testfile.txt");
```

再建立一个 MongoDB 的下载流，读取信息写入本地文件流，最后关闭下载流：

```
GridFSDownloadOptions downloadOptions = new GridFSDownloadOptions();
gridFSBucket.downloadToStream("testfile", streamToDownloadTo, downloadOptions);
```

downloadToStream 下载流的参数为文件名、本地文件流和下载参数：

```
streamToDownloadTo.close();
```

方式二：写入比特流（到内存）：

```
downloadStream = gridFSBucket.openDownloadStream("testfile2");
```

获取 Gridfs 上的文件大小：

```
fileLength = (int) downloadStream.getGridFSFile().getLength();
```

将文件写入一块内存数组：

```
bytesToWriteTo = new byte[fileLength];
downloadStream.read(bytesToWriteTo);
```

关闭下载比特流：

```
downloadStream.close();
```

4.　其他操作

删除文件：

```
gridFSBucket.delete(fileId);
```

重命名文件：

```
gridFSBucket.rename(fileId, "testfile3");
```

上述两个命令中的 fileid，可以在查询时通过下面方式获取：

```
cursor.next().getObjectId()
```

7.8 通过 Python 访问 MongoDB

通过 Python 3.x 访问 MongoDB 需要借助开源驱动库 pymongo（由 MongoDB 官方提供），可以通过 pip 方式安装：

```
pip install pymongo
```

下面介绍常见用法。

1. 建立连接

导入所需的类库：

```
from pymongo import MongoClient
```

和服务器建立连接：

```
client=MongoClient("192.168.209.180: 27017")
```

如果和一个复制集（或 mongos 集群）建立连接，也可以填写多个实例地址：

```
client=MongoClient("192.168.209.180: 27017, 192.168.209.180: 27018")
```

或者采用下面的方式指定复制集，注意参数的写法和上面不同：

```
client=MongoClient(host=["192.168.209.180:27020"], replicaset="test_replica_set")
```

切换到指定数据库（testdb），如果不存在，则新建：

```
db = client.get_database("testdb")
```

另一种写法是：

```
db = c.testdb
```

切换到一个集合（testcollection），如果不存在，则新建：

```
col = db.get_collection("testcollection ")
```

或者：

```
col = db.testcollection
```

以上两种写法中，前者称为字典式风格，后者称为属性风格。

删除集合：

```
db.drop_collection("testcollection ")
```

2. 插入、更新和删除数据（文档）：

定义一个 JSON 文档：

```
item = {
    "name" : "fruits",
    "count_of" : 3,
    " varieties" : ["banana","cherry","orange "]
    }
```

插入一条记录（insert_one）到集合：

```
col.insert_one(item)
```

批量更新（update_many），利用$push 方法更新数据到 list 元素：

```
col.update_many({"name":"fruits"},{"$push":{" varieties":"lemen"}})
```

利用$push 和$each 方法插入多个元素：

```
col.update_many({"name":"fruits"},{"$push":{"varieties":{"$each":["grape","blueberry"]}}})
```

上述语句中第一个参数为更新依据，即对所有 Text 为 fruits 的文档进行更新。

以累加方式更新数字类型元素：

```
col.update_many({"name":"fruits"},{"$inc":{"count_of":1}})
```

更新数据，利用$pop 方法删除 list 类型中的第一条数据：

```
col.update_many({"name":"fruits"},{"$pop":{" varieties ":-1}})
```

其中参数-1 表示从列表的第一个元素开始删除；如果是 1，则从列表的末尾开始删除。

删除数据：

```
collection.delete_one({"name ": "fruits"}
```

更新数据，利用$set 方法修改元素当前值：

```
col.update_many({"name":"fruits"}, {"$set":{"count_of":10}})
```

3. 查看数据

查询符合条件的第一条数据：

```
col.find_one ()
col.find_one({"Text ": "fruits"})
```

显示效果类似于：

```
{'_id': ObjectId('5b3136dc33dc83233c2e7845'), ' name': 'fruits', 'count_of': 3, '
varieties': ' ['banana', 'orange', 'orange']}
```

可以当作 python 的字典类型进行操作。

查询符合条件的所有数据，并对结果排序、限制数量以及跳过条目：

```
for r in col.find({"name": "fruits"}).sort('Text').limit(5).skip(1):
    print(r)
```

控制显示的列：

```
for r in col.find({'name':'fruits'},projection={'count_of':False}):
    print(r)
```

注意，如前文所述，在使用 projection 关键字时，除了_id 字段，其他列不可混用 true 和 false。

聚合查询（条件计数）：

```
col.find({' name':'fruits'}).count()
```

在查询时使用比较运算符($lt)：

```
for r in col.find({"count_of":{"$lt":20} }):
    print(r)
```

4. 地理索引与查询

进行地理信息的查询（如$near 查询），需要首先建立索引，流程如下。

导入 GEO2D 包：

```
from pymongo import MongoClient, GEO2D
```

假设已经连接到所需数据库和集合（col），则建立地理信息索引如下：

```
col.create_index([("loc", GEO2D)])
```

插入一些样例数据，即经纬度信息：

```
result = db.places.insert_many([{"loc": [2, 5]}, {"loc": [30, 5]}, {"loc": [1, 2]},{"loc":
[4, 4]}])
```

进行$near 查询，并显示结果：

```
for doc in db.places.find({"loc": {"$near": [3, 6]}}).limit(3):
    print(doc)
```

5. Gridfs 操作

利用 pymongo 类库可以实现 Gridfs 的各种常见操作，使用方法如下。

首先导入所需的类库：

```
import gridfs
```

之后连接到所需的数据库，并建立一个 Gridfs 对象：

```
fs = gridfs.GridFS(db)
```

插入数据：

```
fileid = fs.put(b"hello world",filename="testfile")
```

put 的第 1 个参数为字节形式的数据（注意前面的 b 关键字），第 2 个参数为文件名，如果写入成功，返回值为文件 id。

判断文件是否存在：

```
fs.exists({"filename":"testfile"})
```

返回值为 true 或 false。

查看文件列表，返回值为 list 形式的文件名：

```
fs.list()
```

查询文件：

```
for doc in fs.find({"filename":"testfile"}):
    print(doc._id)
    print(doc.filename)
    print(doc.read())
```

语句在查找完成后显示其文件 id 和文件名，并读取其内容。

获取文件名之后，还可以通过 get 方式读取内容和信息（fileid 为文件 id）：

```
out = fs.get(fileid)
print(out.read())
print(out.filename)
```

删除文件：

```
fs.delete(fileid)
```

小结

本章首先介绍了文档式数据库和 MongoDB 的基本技术原理和特点。然后，对 MongoDB 的安装配置和使用方法进行了介绍，对 MongoDB 的命令行操作方法、批量操作方法和集群化部署方法等进行了介绍。最后，介绍了通过 Java 和 Python 语言编程访问 MongoDB 的基本方法。

思考题

1. MongoDB 集群中的数据多副本策略和 Cassandra 集群有何不同？
2. 列存储模式对比关系型存储模式有何优缺点？
3. MongoDB 集群中是否会出现单点失效问题？
4. 什么情况下适合使用 Gridfs？
5. 对 MongoDB 和 Cassandra 进行条件查询时有何不同？
6. 为了加速查询，是否可以对一个大型集合中的每个字段都建立索引？这会产生什么样的影响？

08 第8章 其他NoSQL数据库简介

本章介绍一些不同类型的 NoSQL 数据库,包括图数据库、基于键值对的内存数据库以及搜索引擎系统等。

图数据库专门描述节点与关系,但通常分布式部署能力较弱。和关系型数据库相比,图数据库的关系更明确也更自由,不存在外键等约束条件。点、线的属性内容可以自由设置,类似于文档型或列存储数据库。本章以 Neo4j 为例介绍图数据库。

本章所讲的内存数据库实际使用的是键值对存储模式,并且会将数据放入内存,以加快访问速度,通常被用作缓存系统。这种数据库通常会使用优秀的内存管理技术,其他架构和关键技术等与之前介绍的 NoSQL 数据库类似。本章以 Redis 为例进行简要介绍。

搜索引擎系统不是典型的数据库,但也涉及对数据的处理和管理,例如,原始数据的存储和管理,以及倒排索引的建立和使用等。本章对其基本原理进行简要介绍。

8.1 图数据库简介

所谓图，并非指"图片"，而是指将数据存储为顶点（或称为实体）和边（或称为关系）的数据存储模式，也可以称此类关系为网络。图的应用领域很多，如社交网络分析、地理空间分析和基于商品、购买行为的推荐系统等。对于图关系的深入讨论涉及图论的相关知识。

理论上说，传统的关系型数据模型的 E-R 图，描述的就是实体与关系的拓扑图，因此关系型数据库可以处理所谓的图结构数据。但是关系型数据库通过外键和关联表等方式建立实体之间的联系（实际为属性之间的联系），当出现复杂的关系导致边比较多的情况时，其性能较差。以图 8-1 所示的场景为例，关系型数据库通过外键和关联表建立属性之间的联系，而在图数据库中，直接通过定义边实现（实际是将关联表简化为边）。因此处理复杂的关系图时，效率更高、更方便。

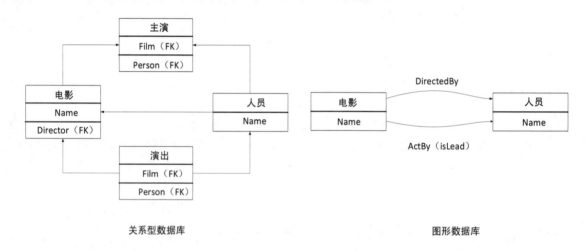

图 8-1 图数据模型和关系模型对比

常见的图数据管理和计算模型有 Neo4j 和 ApacheSpark 框架下的 Graphx 等。

Neo4j 是一个基于 Java 语言的开源图数据库系统，由 Neo Technology 公司维护。Neo4j 具有强大的图处理和查询搜索能力，通过专用的 Cypher 语言，可以非常便利地完成各类操作，它还具有图形化操作界面和可视化展示组件等配套工具。

目前，Neo4j 一般采用单机部署，缺少数据分片、多副本等机制，但支持比较严格的事务机制，并可以提供数据的强一致性。由于分布式部署与分布式计算能力较弱，Neo4j 难以对大规模图数据进行计算。

谷歌公司曾于 2010 年发表论文 "Pregel: A System for Large-Scale GraphProcessing"，介绍了一种名为 Pregel 的分布式图计算模型。该模型基于整体同步并行计算模型(Bulk Synchronous Parallel Computing Model，BSP)，实现海量图数据的高效并行计算，包括图的遍历、路径计算、出入度（顶点的出边、入边条数）以及 PageRank 等。

开源大数据处理软件 ApacheSpark 中的 GraphX 模块是一个 Pregel 模型的具体实现，它将图关系转化为 Spark 中的 RDD 概念，实现分布式 DAG（有向无环图）计算，其运算性能较高。但 GraphX 不像 Neo4j 一样强调图数据的管理与查询等功能。

8.2　Neo4j 的安装与使用

　　Neo4j 可以作为单机软件运行在 Windows 或 linux 系统上，安装过程较为简单，并且提供了 Web 界面进行操作和结果展示。Neo4j 也提供 Cypher 语言来简化数据定义和操作，并提供 Java 和 Python 语言的访问驱动。

8.2.1　在 Windows 中安装 Neo4j

　　在安装 Neo4j 之前，首先需要配置 Java 环境，在系统环境变量中配置%JAVA_HOME%变量，具体过程不再赘述，但注意%JAVA_HOME%路径最好以 jre 结尾，否则可能造成启动报错（Neo4j 3.4.x 版本下）。

　　从 Neo4j 官方网站下载 community 版软件后，解压到合适的位置即可。

　　软件的目录结果如图 8-2 所示。

名称	修改日期	类型	大小
bin	2018/6/24 1:36	文件夹	
certificates	2018/6/24 1:59	文件夹	
conf	2018/6/24 1:36	文件夹	
data	2018/6/24 1:59	文件夹	
import	2018/6/11 14:57	文件夹	
lib	2018/6/24 1:36	文件夹	
logs	2018/6/24 1:59	文件夹	
plugins	2018/6/11 14:57	文件夹	
run	2018/6/11 14:57	文件夹	
LICENSE.txt	2018/6/11 14:57	文本文档	36 KB
LICENSES.txt	2018/6/11 14:57	文本文档	85 KB
NOTICE.txt	2018/6/11 14:57	文本文档	7 KB
README.txt	2018/6/11 14:57	文本文档	2 KB
UPGRADE.txt	2018/6/11 14:57	文本文档	1 KB

图 8-2　Neo4j 的目录结构

　　重要的目录如下。

　　（1）Bin 目录存储软件控制命令，其中最重要的命令为 neo4j.bat，不带参数执行时，可以看到可用参数：

```
Usage: neo4j { console | start | stop | restart | status | install-service | uninstall-service | update-service } < -Verbose >
```

　　（2）Conf 目录下只有一个配置文件 neo4j.conf，即软件的配置文件。

　　（3）Data 目录为默认的数据文件存储位置，该位置可以通过配置项 dbms.directories.data 修改。

　　（4）Logs 目录下为运行日志。

　　（5）Lib 目录下为各类 java 库包。

　　Neo4j 的启动有以下两种方式。

　　（1）前台启动方式。首先以管理员身份打开一个命令行窗口，在合适的目录下运行：

```
neo4j.bat console
```

　　则软件会在窗口前台运行。

　　（2）服务模式。执行：

```
neo4j install-service
```

```
neo4j uninstall-service
```

可以安装和卸载 Neo4j 服务。当服务安装完毕后，可以通过：

```
neo4j start
neo4j stop
neo4j restart
neo4j status
```

分别实现服务的启动、停止、重启和状态查看。

在 conf/neo4j.conf 配置文件中找到并配置如下内容（注意，需取消句首的注释符号"#"）：

```
dbms.connector.http.enabled=true
dbms.connector.http.listen_address=localhost:7474
dbms.security.auth_enabled=false
```

开启软件的 Web 操作界面，并禁用安全认证功能（可选）。

当软件启动后，打开浏览器，输入访问地址，进入 Neo4j 的 Web 操作界面（注意，输入正确的主机名或 IP 地址）。页面会提示输入用户名密码，默认用户名和密码均为 neo4j，首次连接时，页面会提示修改密码。

为了方便使用，还可以在系统环境变量中加入%NEO4J_HOME%变量，指向解压位置，并且在PATH 环境变量中加入%NEO4J_HOME%\bin，但这并非必要操作。

8.2.2　在 CentOS 7 中安装 Neo4j

在 CentOS 7 中仍然可以使用 yum 方式进行安装，方法如下。

首先，下载 Neo4j 的软件公钥，并利用 rpm 命令进行安装：

```
wget http://debian.neo4j.org/neotechnology.gpg.key
rpm --import neotechnology.gpg.key
```

然后，在/etc/yum.repo.d/目录中执行：

```
[neo4j]
name=Neo4j Yum Repo
baseurl=http://yum.neo4j.org/stable
enabled=1
gpgcheck=1
```

最后执行：

```
yum install neo4j -y
```

安装完毕后，在命令行执行：

```
neo4j start
```

可以在后台启动软件，效果如图 8-3 所示。

```
[root@node1 tmp]# neo4j
Usage: neo4j { console | start | stop | restart | status | version }
[root@node1 tmp]# neo4j start
Active database: graph.db
Directories in use:
  home:         /var/lib/neo4j
  config:       /etc/neo4j
  logs:         /var/log/neo4j
  plugins:      /var/lib/neo4j/plugins
  import:       /var/lib/neo4j/import
  data:         /var/lib/neo4j/data
  certificates: /var/lib/neo4j/certificates
  run:          /var/run/neo4j
Starting Neo4j.
WARNING: Max 1024 open files allowed, minimum of 40000 recommended. See the Neo4j manual.
Started neo4j (pid 9452). It is available at http://localhost:7474/
There may be a short delay until the server is ready.
See /var/log/neo4j/neo4j.log for current status.
[root@node1 tmp]#
```

图 8-3　在 CentOS 7 中启动 Neo4j

图 8-3 中可以看到配置文件、数据目录等的存储位置。修改配置文件，确认打开 http 访问端口之后（默认应为打开状态），即可通过 http://localhost:7474/ 进行操作访问。

8.2.3 Neo4j 的 Web 操作界面

Neo4j 的 Web 主界面如图 8-4 所示。

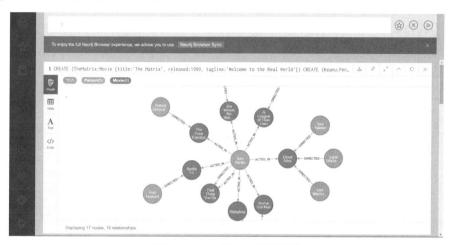

图 8-4　Neo4j 的 Web 操作界面

图 8-4 中左侧（深色）为导航菜单栏，单击会弹出相应的子页面。菜单从上到下依次为：

（1）Database Information：数据库和图（边、节点等）的基本属性信息。

（2）Favorites：示例语句和用户自行保存的常用语句。

（3）Documentation：文档。

（4）Neo4j Browser Sync：与云端数据库同步。

（5）Browser Settings：图形界面配置。

（6）AboutNeoconj：版权信息等。

图 8-4 中最上部为 Cypher 语句的输入框，下部为结果栏。在输入框中输入 Cypher 语句，会在结果栏中看到建立的图关系。效果如图 8-5 所示。

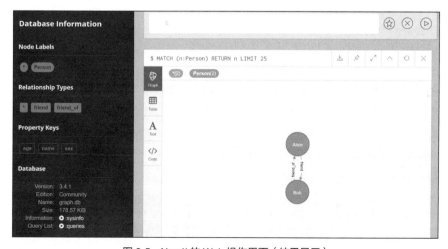

图 8-5　Neo4j 的 Web 操作界面（结果显示）

输入框后面（右上角）的 3 个按钮代表收藏（到 Favorites 界面），清空语句和执行语句。图 8-5 中显示建立了 Alice 和 Bob 两个节点，并在两个节点之间建立了两个关系。目前我们采用 Graph 方式查看它们，也可以采用 Table、Text 或 Code 等方式查看它们（见图 8-5 中中部竖型菜单）。

当单击图 8-4 中最左侧菜单栏的第一个 Database Information 图标后，会弹出图 8-5 所示的左侧的子页面，从中可以根据节点标签（NodeLabels）和关系类型（RelationshipTypes）等快速导航到所建立的图关系。

在网页初始状态下，可以看到图 8-6 所示的教程栏。此外，在输入框中输入：

```
:playstart
```

也会出现该教程栏（注意保留句首的冒号）。

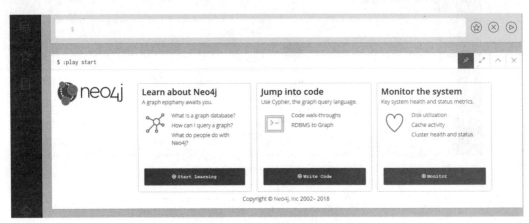

图 8-6　Neo4j 的教程界面

8.2.4　Cypher 语言简介

Neo4j 提供了一种称为 Cypher 语言的图数据操作语言。Cypher 语言是一种声明式查询语言，其语法较为简单，方便对点线关系进行操作。利用 Cypher 语言可以实现节点与关系的定义、修改、删除和查询等功能，其中查询还支持条件查询和聚合查询等。

下面举一些简单的例子。

1. 创建节点

创建节点的命令为 create，例如：

```
create (n)
```

关于 Cyber 语言的语法，有以下注意事项。

（1）Cypher 语言中对命令的大小写不敏感，但是对标签和属性是大小写敏感的。

（2）在语句末尾可以加上分号表示结尾，但在 Web 操作环境中，默认一次输入一条语句，此时可以不加分号。

（3）字符串值需要用引号包括，用单双引号均可。

下面语句则创建了两个节点 n 和 m：

```
create (n: Person {name: "Bob",sex: "male"}) return n
    create (m: Person {name: "Alice",sex: "male",age: 20}) return m
```

n 和 m 是两个临时（局部）变量，并不会被持久化存储。两个节点拥有共同的类型标签 Person，拥有诸如 name、sex 和 age 等属性。return n 句式的功能为显示上一条命令的结果，这里显示的就是刚建立的节点。

在节点建立之后，系统会自动为每个节点建立一个唯一的 id，因此如果将同样的语句执行两遍，会生成两个独立的节点，其标签、属性相同。

2. 创建关系

为 Bob 和 Alice 建立一个单向的 friend_of 关系，做法是从 Person 类型的节点中找到 name 为 Bob 和 Alice 的节点（通过 where 查询），并建立关系。注意，Neo4j 中的关系是单向的（可以看作矢量）：

```
MATCH (a: Person), (b: Person)
WHERE a.name = 'Bob' AND b.name = 'Alice'
CREATE (a)-[r:friend_of {name:a.name +"and" + b.name}]->(b)
RETURN r;
```

语句使用 CREATE 命令建立关系，语法样式为：

```
CREATE(节点)-[r:关系标签{可选的关系属性}]->(另一个节点)
```

语句使用 Match……Where……语句，表示对已存在的节点建立关系。如果直接使用 CREATE 命令，则会建立两个新节点 a 和 b，并为 a 和 b 建立关系。

语句中的 name:a.name +"and" + b.name 即字符串 Bob and Alice，是 friend_of 关系的一个属性。

语句中的->符号表明了关系的方向，建立不同方向的关系，可以参考下面两个子句：

```
CREATE (a)-[r:friend{name:a.name +"and" + b.name}]->(b)
CREATE (a)<-[r:friend{name:a.name +"and" + b.name}]-(b)
```

下面语句同时建立了三个节点和两个关系：

```
create p=
    (n:Person{name:"alice"})
    -[:play_with{game:"football"}]->
    (q:Person{name: "Chris"})
    <-[:play_with{game:"tennis"}]-
    (m:Person{name:"bob"})
return p;
```

利用 CREATE UNIQUE 命令可以创建唯一节点，但唯一节点必须基于某个已有节点和关系，不能单独存在：

```
MATCH (n:Person {name:'Bob' })
    CREATE UNIQUE (n)-[:like]-(m:Person {name: 'derek',sex:'male'})
    RETURN m
```

如果重复运行上面语句，则只会建立一个新节点。但是，如果两次 CREATE UNIQUE 的参数不同，则会建立出两个节点，例如：

```
CREATE UNIQUE (n)-[:like]-(m:Person {name: 'derek'})
CREATE UNIQUE (n)-[:like]-(m:Person {name: 'derek',sex:'male'})
```

3. 查询节点和关系

查询节点的命令为 match，Cypher 支持条件查询，以及对返回结果的控制。

例如查询所有节点：

```
match (n) return n
```

查询标签为 Person 的节点，将结果以某个属性排序（order by n.name），限制返回结果为 10 个（limit10），并略过一个结果（skip1）：

```
match (n: Person) return n order by n.name skip 1 limit10
```

条件查询（查询指定标签、属性的节点）：

```
match (n: Person) where n.name="Bob" return n
```

match 的内容可以为多个，例如：

```
match (a: Person), (b: Person)WHERE a.name = 'Bob' AND b.name = 'Alice' returna, b;
```

或查询所有和 bob 有关系的节点，无论是什么关系：

```
MATCH (n:Person {name:'Bob'})--(p)RETURN p;
```

在查询时对关系的标签、属性和方向进行限制：

```
MATCH (n: Person{ name: 'bob' })-[r: friend_of]->(p)RETURN p
MATCH (n:Person {name:'Bob'})-->(p)RETURN p;
MATCH (n:Person {name:'Bob'})<--(p)RETURN p;
```

可以比较--、-->和-[r]-等写法所表示的含义。

对节点类型进行约束：

```
MATCH (a:Person {name:"alice"})  MATCH (a)-->(x) return x;
```

或者：

```
MATCH (a:Person {name:"alice"}) optional MATCH (a)-->(x) return x;
```

该语句中使用了 optional MATCH 命令，意为如果没有符合条件的结果，则返回一个空值，注意如果第一个 MATCH 子句返回了 n 个符合条件的结果，但 optional MATCH 子句中有 m 个结果没有任何匹配的结果，则返回 m 个空值。

MATCH 中可以使用 where 子句和逻辑运算符，例如过滤指定属性：

```
MATCH (a: Person) where a.name = "alice" OR a.age < 30 return a;
```

语句中使用了或（OR）运算符，此外还可以使用与（AND）、非（NOT）、存在于（IN）等：

```
MATCH (a) WHERE a.name not IN ["alice", "bob"] RETURN a
```

在 Where 语句中约束关系：

```
MATCH (n)-[r]->() WHERE type(r)='friend_of' return n
```

注意，如果返回关系 r，则无法在 Web 界面中用图形（graph）方式显示，只能采用 text 方式显示。

4. 更新标签或属性

利用 set 命令可以为节点和关系修改属性和标签，例如：

```
MATCH (n {name: 'alice'}) SET n.lastname = 'Jackson' RETURN n
```

为所有具有属性 name: 'alice'的节点增加一个 lastname 属性。

删除属性可以用 null 关键字：

```
MATCH (n {name: 'alice'}) SET n.lastname = null RETURN n
```

删除属性和标签，还可以使用 remove 命令：

```
MATCH (n { name: 'alice' }) REMOVE n.age , n.sex RETURN n;
```

修改标签：

```
MATCH (n {name: 'alice'}) SET n: girl RETURN n
```

复制属性或标签：

```
MATCH (n{name: 'Chris'}), (m{name: 'bob'}) SET n.age= m. age RETURN n, m;
```

5. 删除节点和关系

删除符合条件的节点：

```
ATCH (n: Person{name:"Bob"}) DELETE n
```

如果符合条件的节点存在和其他节点的关系，则无法完成删除，提示类似于：

Neo.ClientError.Schema.ConstraintValidationFailed: Cannot delete node<29>, because it still has relationships. To delete this node, you must first delete its relationships.

此时需要删除节点和它所有的对外关系：

```
MATCH (n { name: alice})-[r]-() DELETE n, r
```

以此类推，删除所有的节点和关系：

```
MATCH (n) OPTIONAL MATCH (n)-[r]-() DELETE n,r
```

6. 聚合函数

Cypher 语言支持在查询等场景中使用聚合函数，常见的聚合函数有 count、sum、avg、max、min 等。例如：

```
MATCH (n {name:'bob'}) RETURN count(*)
MATCH (n:Person) RETURN avg(n.age)
```

有关 Cypher 语言的详细语法，可以从 Web 操作界面的 Documents 子窗口中查询相关文档。

8.2.5 通过 Java 访问 Neo4j

Neo4j 提供了 .NET、Java、Python、JavaScript、http（rest 风格），以及集成到 Spring 框架的驱动包。此外，Neo4j 也有非官方的 JDBC 接口。

利用 Java 语言访问 Neo4j 有以下两种方式。

第一种为服务端方式，即运行 Neo4j 的数据库服务端，然后客户端通过 bolt 接口传递 Cypher 语句，并获取结果。这种方式需要使用官方提供的 Java 驱动包（neo4j-java-driver-1.6.1.jar），可以在 maven 网站下载（目前最新版本为 1.6.1）。使用时将该驱动包导入工程的 classpath 即可。

第二种为嵌入式方式，即通过 Java 语言和驱动包（neo4j-3.x.jar）直接新建数据库文件或访问已有的数据库文件。这种方式的效率更高，并且可以进行一些图的计算，例如路径发现等。用到的驱动包也可以通过 maven 网站下载。

本节介绍第一种方式，只需要建立和 Neo4j 服务端的连接，并传送 Cypher 语句即可。代码简单分析如下。

首先导入所需的类库：

```
import org.neo4j.driver.v1.*;
import static org.neo4j.driver.v1.Values.parameters;
```

导入的第二个包用来在执行 Cypher 语句时传递参数。

建立连接：

```
Driver driver = GraphDatabase.driver( "bolt://localhost:7687",
    AuthTokens.basic( "neo4j", "123456" ) );
Session session = driver.session() ;
```

语句使用了 Neo4j 自行规定的 bolt 协议，默认端口为 7687。该协议可以通过 conf/neo4j.conf 文件进行配置，相关的配置项为：

```
dbms.connector.bolt.enabled=true
dbms.connector.bolt.listen_address=:7687
```

建立连接之后即可远程执行 Cypher 语句。

传递 Cypher 语句：

```
session.run( "MATCH (n) OPTIONAL MATCH (n)-[r]-() DELETE n, r");
```

```
session.run( "create p=(n:Person{name:{name1}})" +
    "-[:play_with{game:{game1}}]->(q:Person{name: {name2}})" +
    "<-[:play_with{game:{game2}}]-(m:Person{name:{name3},sex:{sex1}})",
        parameters( "name1", "alice", "name2","bob","name3", "chris",
```

```
        "game1", "football","game2","tennis","sex1","male" ) );
StatementResult result = session.run( "MATCH (n:Person {name:{name1}})--(p.name)
    RETURN p" ,parameters( "name1", "bob" ) );
```

上述 3 个语句分别执行了删除，新建节点和关系，以及查询，其中删除和新建语句一般无返回值。如果语句执行出错，会抛出异常，可以采用 try/catch 方式加以保护。

语句中使用大括号标识动态的参数，如{name1}。参数通过 parameters 子句描述，具体语法可以参见上面的语句。

查看返回结果：

```
for (Record record : result.list())
{
    for (String key : result.keys())
    {
        System.out.println( record.get(key));
        System.out.println( record.asMap().toString());
    }
}
```

语句的逻辑是首先遍历结果集（result），找到每一条记录（record），遍历结果集所含有的字段名（key），并且以 key 为条件遍历对应的值。

注意，在 MATCH 语句中，如果 returnp，则只会返回节点 id；如果 return p.name，则只会返回节点的 name 属性，这一点和 Python 的例子有所不同。

操作完毕后，需要关闭连接、释放资源。

```
session.close();
driver.close();
```

8.2.6 通过 Python 访问 Neo4j

利用 Python 3.x 访问 Neo4j 数据库，需要借助官方提供的 neo4j-driver 库。该类库可以通过 pip 方式安装：

```
pip install neo4j-driver
```

由于 Neo4j 提供了 Cypher 语言，因此编程访问 Neo4j 数据库只需要建立连接，并传送 Cypher 语句即可。代码简单分析如下。

首先导入类库：

```
from neo4j.v1 import GraphDatabase
```

建立连接：

```
driver = GraphDatabase.driver("bolt://localhost")
session = driver.session()
```

语句使用了 bolt 协议，默认端口号为 7687。建立连接之后即可传递 Cypher 语句，并获取列表形式的返回结果：

```
session.run("CREATE (a:Person {name:alice})")
result = session.run("MATCH (a:Person) RETURN a.name")
for record in result:
    print(record["name"])
```

显示结果为值字符串，例如：

```
alice
```

如果查询语句为：

```
result = session.run("MATCH (a:Person) RETURN a")
```

显示语句可以改为：

```
print(record["a"])
```

显示结果为该节点的全部属性，例如：

```
<Node id=22 labels={'Person'} properties={'name': 'alice'}>
```

操作结束后，需要关闭连接：

```
session.close()
```

详细说明参见 Neo4j 官方文档。

8.3　Redis 和内存数据库

内存数据库一般不被看作和键值对、列存储和文档型数据库相并列的 NoSQL 存储模式。常见的内存数据库如 Redis、Memcached 等，实际为键值对存储模式。内存数据库强调尽可能优化地使用内存，通过将数据或热点数据缓存到内存，提高数据存取效率，一般用于数据缓存等场景。

Redis 本质为环形结构的分布式键值对数据库，经常被用作缓存系统，其特色是对内存的优化利用和管理。

Redis 支持单机部署和分布式集群部署。在集群环境中支持数据水平分片机制。Redis 集群使用和 Dynamo 类似的环形架构，如图 8-7 所示。

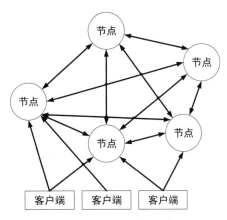

图 8-7　Redis 集群架构示意图

但 Redis 没有使用一致性哈希机制，而是引入了哈希槽的概念。Redis 集群有 16384（2^{14}）个哈希槽，假设集群中所有设备平分这些哈希槽，数据则根据其行键的散列计算结果，映射到不同的哈希槽中。在集群中添加、去除或改变节点信息，都会涉及对哈希槽的重新分配，这和 Dynamo 也是类似的。

在数据多副本方面，Redis 支持主从复制机制，策略和 MongoDB 很类似，一个主节点可以对应多个从节点，当主节点发生故障时，可以从多个从节点中选举出一个新的主节点。

在内存管理方面，Redis 支持最近最少使用算法（Least Recently Used，LRU）。其核心思想是，如果数据最近被访问过，则未来被访问的概率也更高，因此这样的数据应该被保存到内存中，而对于一段时间内没有被访问的数据，算法会将其移出内存（进行持久化存储或写入虚拟内存等）。支持 LRU 特性，使得 Redis 适合作为缓存系统使用。

内存中的数据会随着节点宕机、重启等行为而丢失。为了永久保存数据，Redis 提供了多种数据持久化策略，可以实现故障恢复等功能，常见的策略有 RDB 和 AOF。RDB 是指在指定时间间隔，将数据保存为快照（.rdb 文件），其经常用于整个数据集的备份，存储格式比较紧凑，备份恢复性能较高。AOF 是指逐次记录写入服务器的数据条目，追加到一个.aof 文件末尾。AOF 文件的易读性、实时性较好，但文件体积较大。

Redis 支持发布订阅机制，也就是说 Redis 可以作为简易的消息队列使用。客户端可以创建频道并发布消息，其他客户端可以通过订阅频道获取消息，每个客户端可以订阅多个频道。

Redis 支持多种数据结构，包括字符串（string）、散列（hash）、列表（list）、集合（set）、有序集合（sorted set）等。在使用方面，Redis 具有 Cluster、Connection、Geo、Hashes、HyperLog、Keys、Lists、Pub/Sub、Scripting、Server、Sets、Sorted Sets、Strings、Transactions14 个 Redis 命令组，包含 200 多个 Redis 命令，支持范围查询、地理空间查询等高级查询机制。在编程接口方面，支持多种主流编程语言，如 C/C++、Java、Python、Erlang、Go、PHP、MATLAB 和 R 语言等。

Redis 支持一种"事务"机制，即将多个指令放入一个队列，并批量顺序执行。但这种事务机制和传统关系型数据库有所不同，Redis 事务并不能保证整个事务的原子性，也就是说，当 Redis 事务中出现个别语句执行失败时，Redis 会继续执行其他语句，而不是回滚整个事务。可见，事务机制的实质为命令的批处理机制，除此之外，Redis 还支持使用 LUA 脚本语言编写复杂的处理逻辑。

在 Redis 集群管理方面，存在多种图形化管理工具，如 Redis Desktop Manager，可实现简单、高效的集群监控与管理功能。

作为一种热门的 NoSQL 数据库，Redis 在 Web 系统后端等方面得到了广泛应用。

与 Redis 类似的内存数据库系统还有 Memcached。目前，Memcached 经常和 PHP 语言搭配使用，它同样也是基于内存的键值对数据库。和 Redis 相比，Memcached 不能直接实现集群化部署，需要通过客户端编程或第三方插件完成分区、多副本（主从结构）等功能。此外，Memcached 不支持持久化存储，这意味着 Memcached 无法做到灾难恢复。另外，Memcached 的功能略显单一，一般只作为缓存系统使用，缺乏订阅发布等机制，无法直接作为消息队列使用。

8.4 搜索引擎系统

搜索引擎（Search Engine）系统，也称全文检索系统，一般被用作 Web 搜索引擎，或者用于限定行业、领域的垂直模糊搜索领域。常见的 Web 搜索引擎服务（如谷歌、百度等）可以看作是搜索引擎系统和网络爬虫系统（负责抓取并分析网页和链接）的结合体，其强大的查询能力已经被广泛了解，如图 8-8 所示。

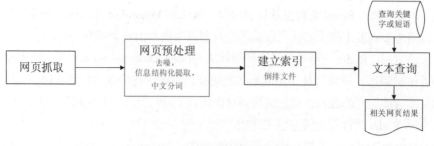

图 8-8　Web 搜索引擎的工作原理

搜索引擎系统和其他 NoSQL 数据库差别较大。

常见的基于数据库的查询方法，一般是基于字段的精确查询（等于）或范围查询（大于、小于）等条件。虽然数据库支持"存在（IN）"等模糊查询条件，但是这种查询一般通过全文遍历等方式实现，其效率较低、限制较多。

而搜索引擎通过建立独特的索引机制和查询方法，实现高效的全文模糊查询，甚至处理查询结果排名等细节问题，但对原始数据（可能是结构化、半结构化或非结构化信息）的存储、管理等方面并不涉及。搜索引擎系统常和其他 NoSQL 数据库或分布式文件系统配合使用，如 HBase、HDFS 等，由后者实现原始数据的分布式存储和管理。

搜索引擎系统可实现（索引等）数据信息的生成、存储、管理和查询等功能，因此，著名数据库信息与排名网站将全文检索、Web 搜索引擎等属于 NoSQL 数据库，将其统一归类为搜索引擎（Search Engine）。

1. Nutch

Nutch 是一个基于 Java 的分布式开源搜索引擎，由 Apache 软件基金会维护。Nutch 包括全文检索和网络爬虫（crawler）两个部分，当爬虫抓取网页之后，一般会将其保存在 HDFS 之上，并通过 MapReduce 实现对网页的分析，以获取标题、正文、链接等元素，并建立"倒排索引"。实际上，Hadoop 在发展之初，曾经一度被看作是 Nutch 的子项目，为其解决分布式存储和分布式分析处理的问题，如图 8-9 所示。

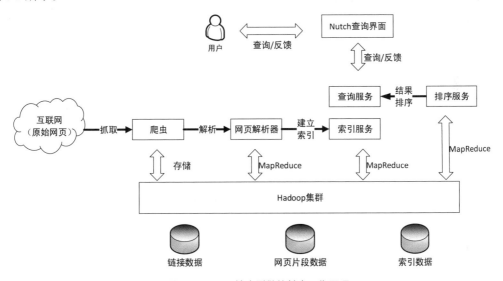

图 8-9　Nutch 搜索引擎的基本工作原理

Nutch 通过网络爬虫技术实现对网页的抓取，抓取的网页被存储为"segment"，包括网页内容和索引信息。"segment"具有时间限制，需要被重复抓取，以应对网页内容的更新。通过对网页内容进行分析，爬虫会将网页中的链接存储为列表，并依次进行深入抓取，抓取到新网页后，再重复进行链接分析、存入列表、依次抓取等步骤，抓取策略可能是深度优先或广度优先的。此外，爬虫还需要解决对噪声链接的分析与过滤等问题。

2. Lucene

Nutch 通过 Lucene 引擎实现网页以及全文索引的建立。Lucene 创立于 2000 年，目前也是 Apache

软件基金会的顶级开源项目，其作者也是 Hadoop 的作者之一道格·卡丁（Doug Cutting）。

如果采用全文遍历的方式实现全文检索，则在互联网等领域无法接受其效率。于是，Lucene 及其类似软件采用预先建立索引的方式来加速查询。

Lucene 所建立的索引称为倒排索引（Inverted Index），这种索引是从字符串（如单词）映射到全文，而非从全文映射到字词，如图 8-10 所示。

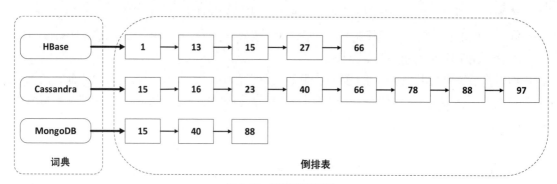

图 8-10　倒排索引原理

当用户查询某个词语时，通过索引可以找到所有相关的文档。倒排索引的建立相当于一个全文扫描并分析处理的过程，索引一旦建立好，就可以提供实时检索能力。由于网页可能经常更新、重复抓取，因此倒排索引也需要不断维护、重建，但该过程的开销不会体现到用户的查询过程。

建立倒排索引，需要扫描全文，将全文分解为单独的词语，同时去除标点符号和格式符号等内容，对于不需要的词汇，如介词、量词等，可以根据用户建立的"停用词表"将其去除。

对于英文文本，词语之间是通过空格隔开的，可以直接进行单词切分；对于汉语，由于其词汇之间没有空格，因此需要借助中文分词组件（如 IKAnalyzer）进行单词切分，此时需要解决较多技术问题，例如，如何识别专有名词和网络新词，这可以通过建立用户词典的方式解决；如何判断分词的粒度，例如北京火车站是当作一个整体处理还是当作"北京"和"火车站"两个词语处理，该问题可以通过数据统计和数据挖掘来判断词汇使用概率，选择合适的分词策略等方法解决。

考虑到互联网中，网页数量巨大，对网页的抓取、存储、分析和查询等操作是典型的大数据业务，Lucene 需要借助 Hadoop 实现分布式的网页处理和索引维护，其自身不负责分布式处理的实现和过程管理。

搜索结果数量可能很大，Lucene 等搜索引擎还需要解决搜索结果的排名问题。其基本思路是根据相关度和原始网页的权重进行排名。

对于相关性，一般考虑两个权重：TF 和 IDF。如果查询词在某篇文本中出现的次数多，则该文本的相关度较高，该权重称为 TF（Term Frequency），即词频。如果查询词在多篇文档中的出现频率都很高，则该词汇重要性较小，如一些连词、量词等，该权重称为 IDF（Inverse Document Frequency），即逆文档词频。将这两个权重相乘，就得到了一个词的 TF-IDF 值，该值越大，即说明该文本的相关度越高。

对于原始网页权重，一个典型实现是谷歌的 PageRank 算法。该算法是由谷歌公司的联合创始人拉里·佩奇（Larry Page）和谢尔盖·布林（Sergey Brin）在 1998 年所发表的文章"The PageRank Citation Ranking:Bringing Order to the Web"中提出的。

PageRank 算法的核心思想认为，如果一个网页被很多其他网页链接，说明该网页重要性较高，即 PageRank 值较高；PageRank 值很高的网页链接到其他的网页，则被链接到的网页的重要性或 PageRank 值会因此相应地提高。在进行搜索时，PageRank 值高的页面，排名应该更靠前。此外，PageRank 值的计算过程可以转化为多轮 MapReduce 过程实现，也就是说可以通过分布式处理得到，其可实现性较好。

需要说明的是，目前成熟的商用搜索引擎服务，其排名算法更加复杂先进，并且还会考虑竞价排名、人工干预排名结果等业务场景。

准确地说，Lucene 是一种全文检索引擎架构，而不是一台完整的全文检索产品，它为搜索引擎提供了包括索引和查询在内的完整架构和接口支持，核心内容是仅限于纯文本文件的语言处理工具、索引处理工具、多功能查询、排序机制和相关性工具等，欠缺了完整的全文检索系统应该具有的许多功能特性，如缓存机制、索引管理、可定制的文本处理和搜索功能等。Lucene 的工作流程如图 8-11 所示。

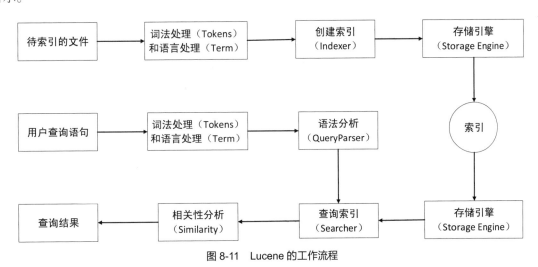

图 8-11　Lucene 的工作流程

3. Solr 和 Elasticsearch

直接使用 Lucene 构建全文检索系统的难度较大，其接口、性能和可管理能力都不是很好。因此，目前出现了一些基于 Lucene 构建的较完整的开源搜索引擎系统，如 Solr 和 Elasticsearch 等，以降低全文检索系统的使用和管理难度。

Solr 是由 Java 开发的基于 Lucene 的完整的开源企业级全文检索引擎系统，目前也由 Apache 软件基金会维护。Solr 的核心功能如建立索引、全文检索、分词等都是使用 Lucene 来实现的，同时 Solr 也对 Lucene 进行了封装、完善和扩展，提供了比 Lucene 更丰富的查询语言，实现了可配置、可扩展，并对查询性能进行了优化，提供了一个完善的功能管理界面。一般业务场景下，使用 Solr 比 Lucene 更加简单，系统的可维护性更好。

Elasticsearch 也是一个基于 Lucene 的企业级搜索引擎系统，目前已经有独立的公司来进行维护，但其基本产品仍保持开源免费状态。Elasticsearch 基于 Java 语言开发，采用 RESTful 风格的操作接口，使用 Json 格式标准化查询格式。Elasticsearch 和 Solr 的功能比较相似，一般认为 Elasticsearch 的实时搜索能力较强，对于大数据的分布式处理能力更强。在一些网站的数据库热度排名中，Elasticsearch

的排名更高，在一定程度上说明其受关注度更高。

小结

本章首先介绍了以 Neo4j 为代表的图数据库，对其安装、使用和编程方法进行了介绍。之后简单介绍了以 Redis 为代表的内存键值对数据库，以及以 Lucene 和 Solr 为代表的搜索引擎系统，简要说明了其特点和主要技术原理。

思考题

1. 内存数据库是否是一种独立的存储模式？
2. Redis 中是否存在多副本冲突检测的问题？
3. 试分析全文检索系统是否可以采用关系型数据库实现？为什么？
4. 搜索引擎中是如何对搜索结果排序的？
5. 除了文中所描述的应用场景，图数据还可以应用在哪些场合？
6. 电商推荐系统可以实现"绝大部分浏览了该网页的用户购买了××产品"，试分析如何在图数据模型之上实现该业务。

附录

附录 1   在 CentOS 7 上实现 SSH 无密码访问

部署 SSH 无密码访问，目的是启动 Hadoop 系统时，可以在主节点执行一条命令，则启动所有节点上的所有相关组件，例如，启动 HDFS 和 YARN 服务的所有组件：

```
start-all.sh
```

单独启动 HDFS 或 YARN 服务的相关组件：

```
start-hdfs.sh
start-yarn.sh
```

如果不进行该操作，则只能在各个节点上依次启动每个相关组件，操作较为烦琐。

部署的基本思路是，使用公私钥对进行 SSH 验证，替代默认的密码方式。一般要求主节点能够在不输入密码的情况下，可通过 SSH 命令访问从节点就达到目的。

相关部署步骤如下。

1. 确保各个节点（部署和使用 Hadoop 的）的系统用户名是相同的。
2. 确认各个节点上 SSH 服务已经安装，并正常启动。

（1）yum install openssh 安装 SSH 协议

（2）systemctl start sshd 启动服务

3. 在主节点生成 SSH 使用的 RSA 密钥，执行：

```
ssh-keygen -t rsa
```

该命令会进行多次交互提示，但一般情况下，可以直接按回车键使用默认参数，效果如附图 1-1 所示。

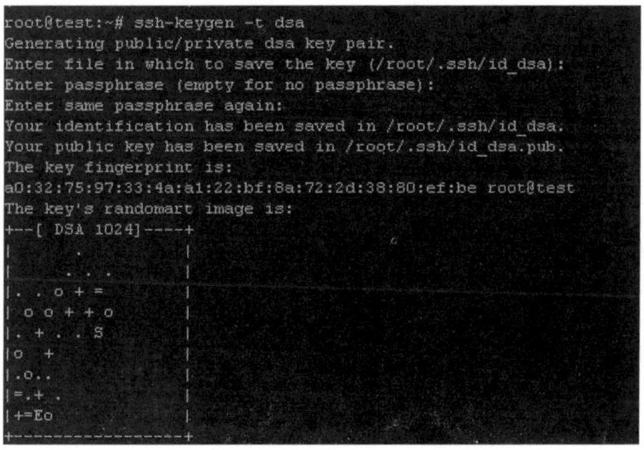

附图 1-1   生成 SSH 使用的 RSA 密钥

4. 将上述命令生成的 RSA 公钥文件：~/.ssh/id_rsa.pub，导入所有从节点（包括本机）。执行：

```
sh-copy-id -i ~/.ssh/id_rsa.pub node2
```

上述命令中的 node2，假设其为某一个从节点。

5. 确保所有节点上的~/.ssh 目录与其中文件具有合适的权限，可以通过 chmod 命令进行权限设置：

```
chmod 600 ~/.ssh/*
```

6. 确认在/etc/ssh/sshd_config 文件中具有如下配置项和配置值：

```
RSAAuthentication yes #启用 RSA 认证
PubkeyAuthentication yes #启用公钥私钥配对认证方式
```

7. 确认在 /etc/ssh/ssh_config 文件中具有如下配置项和配置值：

```
StrictHostKeyChecking no #自动信任主机
```

如果第 6 和 7 步中的配置项不存在，则需要手动添加；如果配置项处于注释状态，则需要去掉配置项句首的"#"号。第 6 和 7 步修改完毕后，可以在所有节点上执行：

```
systemctl restart sshd
```

重启 ssh 服务。

此时在 node1（即生成 RSA 密钥的主节点）的命令行中执行：

```
ssh node2
```

如果在不提示输入密码的情况下可以进入到 node2，则说明配置成功（需要依次在各个从节点上进行验证）。

附录 2　在 CentOS 7 上部署 NTP 服务端与客户端

　　在集群环境中，经常需要保持各个节点之间的时间同步。下面介绍在 CentOS 7 上部署 NTP 服务端和客户端的基本方法。

　　根据系统安装方式的不同，CentOS 7 中可能已经默认安装 NTP 服务，如果没有安装，可以在服务端和客户端依次执行：

```
yum install ntp
```

　　安装 NTP 服务和客户端。安装完毕后，在 NTP 服务节点上编辑/etc/ntp.conf 文件。该文件为文本形式，在其中合适的位置加入条目：

```
restrict 192.168.209.1 mask 255.255.255.0 nomodify
```

　　允许该服务节点为 192.168.209.x 网段提供对时服务，这里采用子网掩码（mask）的方式标注网段，如果只允许单个 IP 地址 192.168.209.1，则不设置 mask 字段。nomodify 关键字表示不允许客户端采用管理工具远程修改该服务节点的时间。

　　/etc/ntp.conf 文件中还有一个重要的参数是 server，例如：

```
server 0.centos.pool.ntp.org iburst
```

　　其目的是设置远程时间同步站点地址，即允许该 NTP 服务节点向更权威的远程站点对时。server 的第一个参数为站点地址，最后的 iburst 参数表示当该站点不可用时，本机会发送一系列数据包进行检测。

　　安装完毕后，在 NTP 服务节点上执行：

```
systemctl restart ntpd
systemctl enable ntpd
```

　　启动 NTP 服务，同时将其设置为随系统启动。

　　如果需要校准自身时间，服务端可以执行：

```
ntpdate -u 0.centos.pool.ntp.org
```

　　立即进行一次对时（地址可以更换为其他 NTP 服务站点），并执行：

```
timedatectl set-ntp yes
```

　　打开自身的 NTP 客户端，定期向权威站点对时。

　　至此，完成服务端的基本配置。

　　在 NTP 客户端节点，只需要编辑/etc/ntp.conf 文件，在 server 条目中加入：

```
server 192.168.209.180 prefer
```

　　将刚配置的 NTP 服务节点设置为该客户端的时间同步服务端。prefer 参数表示如果存在多个时间同步服务端，则优先和该节点对时。配置完该项之后，可以将其他 server 条目删除，或者通过在句首加入#符号对其注释。

　　之后打开自身的 NTP 客户端，定期同步时间，执行：

```
timedatectl set-ntp yes
```

　　如果需要，还可以利用 ntpdate 命令进行手动对时。

　　注意，NTP 服务默认使用 UDP 协议和 123 端口。在进行服务端配置时，要确保防火墙中已经设置了合适的权限。

　　其他更详细的时间同步方式以及时间设置方式，请查阅和具体操作系统有关的技术资料。

附录 3　在 CentOS 7 上安装 Python 3

该附录解决以下问题：在 CentOS 7 上安装 Python 3.x 和 pip 3，并且和 Python 2.x 版本共存。

首先安装各类依赖包：

```
yum -y groupinstall "Development tools"
yum -y install zlib-devel bzip2-devel openssl-devel ncurses-devel sqlite-devel
readline-devel tk-devel gdbm-devel db4-devel libpcap-devel xz-devel libffi-devel
```

之后下载 Python 3.x 的源代码，可以到官方网站自行下载，本例以 3.7 版本为例。下载后解压到合适的目录。

建立一个目标目录：

```
mkdir /usr/local/python3
```

进入 Python 3 的源代码目录，执行编译安装过程，注意参数中目标目录的位置：

```
./configure --prefix=/usr/local/python3
make && make install
```

最后创建软链接，注意和已存在的 Python（Python 2）相区别。

```
ln -s /usr/local/python3/bin/python3 /usr/bin/python3
ln -s /usr/local/python3/bin/pip3 /usr/bin/pip3
```

安装完毕后，执行 Python 3 和 pip 3 命令，可以通过版本号等信息验证安装情况。

附录 4　在 CentOS 7 上安装 Thrift 编译器

为了和 HBase（1.2.6 版本）所使用的 Thrift 版本相一致，建议部署 Thrift 0.93，不建议部署更新的版本，主要步骤如下。

首先在线安装各类依赖包：

```
yum install automake libtool flex bison pkgconfig gcc-c++ boost-devel libevent-devel
zlib-devel python-devel ruby-devel openssl-devel
```

然后下载并安装 boost 包。通过 wget 或自行下载 boost 包，建议版本在 1.5 以上，现在以 1.53 版本为例。

首先下载软件包并解压缩：

```
wget http://sourceforge.net/projects/boost/files/boost/1.53.0/boost_1_53_0.tar.gz
tar xvf boost_1_53_0.tar.gz
```

进入到软件目录，并执行下列编译安装过程。

```
cd boost_1_53_0
./bootstrap.sh
./b2 install
```

如果没有报错信息，说明安装成功。

最后进行 thrift 的下载安装。下载并解压：

```
wget http://mirrors.hust.edu.cn/apache/thrift/0.9.3/thrift-0.9.3.tar.gz
tar xzvf thrift-0.9.3.tar.gz
```

进入解压目录，并执行编译过程：

```
cd thrift-0.9.3
./configure
make
make install
```

由于该附录操作的目的是为了实现利用 Python 语言访问 HBase，因此在执行./configure 后，应确认输出信息中包含：

```
Building Python Library ...... : yes
```

此外，在 make 时，可能会出现报错：

```
g++: error: /usr/lib64/libboost_unit_test_framework.a: No such file or directory
```

如果确认不存在其他操作错误或环境问题，可以通过下面方法解决：

```
cp /usr/local/lib/libboost_unit_test_framework.a /usr/lib64/
```

安装过程完毕后，执行 thrift 命令，看到附图 4-1 所示的版本信息，则说明安装成功。

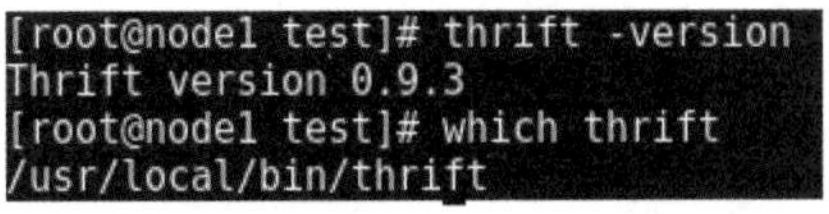

```
[root@node1 test]# thrift -version
Thrift version 0.9.3
[root@node1 test]# which thrift
/usr/local/bin/thrift
```

附图 4-1　验证 thrift 的安装效果

附录5 《NoSQL 数据库原理》配套实验课程方案简介

大数据技术强调理论与实践相结合，为帮助读者更好地掌握本书相关知识要点，并提升应用能力，华为技术有限公司组织资深专家，针对本书内容开发了独立的配套实验课程，具体内容如下。详情请联系华为公司或发送邮件至 haina@huawei.com 咨询。

实验项目	实验内容	课时
华为云实验资源准备	申请华为公有云资源	1
HBase 安装配置	HBase 的安装模式、Hadoop 启动及相关进程	1
HBase 常用命令	HBase 启动、表操作等	1
HBase API	Java 中 HBase API 类	2
HBase Java 编程实例 1	Eclipse 的配置、HBase 实例编程	4
HBase Java 编程实例 2	Thrift 安装、服务配置，HBase 实例编程	2
Cassandra 安装与运行	在 Windows 和 Linux 上安装 Cassandra	1
CQL 基本命令	CQL 的增删改查等操作	2
Cassandra 编程实例	Eclipse 搭建 Cassandra 项目、常用 API 类	4
MongoDB 安装配置	MongoDB 的安装、文件配置	1
MongoDB 基本操作	基本数据操作、游标机制、索引机制、聚合操作	2
MongoDB 数据库管理	MongoDB 副本集管理、节点管理和监控	2
MongonDB 编程实例	管理员工基本信息的实例操作	2
Solr 安装配置	Solr 的安装、文件配置	1
Solr 基本操作	Solr 的常用命令	1
Redis 安装配置	Redis 的安装、文件配置	1
Redis 基本操作	Redis 启动、表操作等	2
Redis 基本管理	Redis 的管理和监控	2